# 烟用农药

## 安全使用技术

王凤龙　周义和　李义强　主编

孔凡玉　　　　　　　　　　副主编

中国农业科学技术出版社

## 图书在版编目（CIP）数据

烟用农药安全使用技术／王凤龙，周义和，李义强主编.—北京：中国农业科学技术出版社，2014.12

ISBN 978 - 7 - 5116 - 1777 - 4

Ⅰ.①烟…　Ⅱ.①王…②周…③李…　Ⅲ.①烟草 - 农药施用
Ⅳ.①S435.72

中国版本图书馆 CIP 数据核字（2014）第 172546 号

责任编辑　姚　欢
责任校对　贾晓红

出 版 者　中国农业科学技术出版社
　　　　　北京市中关村南大街 12 号　邮编：100081
电　　话　(010)82106636(编辑室)　　(010)82109702(发行部)
　　　　　(010)82109709(读者服务部)
传　　真　(010)82106636
网　　址　http://www.castp.cn
经 销 者　各地新华书店
印 刷 者　北京富泰印刷有限责任公司
开　　本　850mm×1 168mm　1/32
印　　张　9.875
字　　数　250 千字
版　　次　2014 年 12 月第 1 版　2014 年 12 月第 1 次印刷
定　　价　20.00 元

# 前　言

　　我国是一个农业大国，防治害虫、病菌、杂草等有害生物是农业生产的重要环节，是保证农业增产增收的关键。农药是农业生产十分重要的生产资料，在防治农作物病虫害，挽回农产品损失，保障人类基本生活条件等方面发挥着非常重要的作用。资料显示，从不使用农药的自然农业发展到使用农药的现代农业，农药做出了积极的贡献，使用农药带来的收益大体上为农药投入的四倍。化学防治是重要的植物保护手段，具有快速、高效、经济等特点，迄今为止并在今后一定的时间内，没有其他手段可以完全代替。显而易见，农药使用给人们带来了巨大的效益，为人类的生存做出了重大贡献。

　　然而，任何事物都具有两面性。绝大多数农药，尤其是化学农药及其代谢物和杂质存在着对人、畜、有益生物的毒害及对环境的影响等问题。毫无疑问，由于农药是一类有毒化学物质，长期大量使用，对环境安全和人体健康都将产生较大的不利影响。这给人们提出了不容回避的现实问题：在充分肯定农药有利作用的同时，如何充分认识农药对生态环境和人体健康产生的危害，如何降低农药对环境以及农产品的污染危害，如何保证合理的用量达到较好的防治效果？面对上述问题，全面落实农药科学合理使用是解决病虫害防治和降低农药危害的关键因素。

# 目 录

# 第一章  农药基础知识

## 一、农药的概念和分类

农药主要是指用于预防、消灭或者控制危害农业生产的病虫草和其他有害生物，有针对性地控制有害生物生长和调节植物自身发育的化学合成物质，或者来源于自然界有杀虫、杀菌功效的天然物质。

根据农药的用途及成分、防治对象、作用方式机理、化学结构等，农药分类的方法也较多。

### （一）按原料的来源及成分分类

**1. 无机农药**

主要由天然矿物原料加工、配制而成的农药。其有效成分都是无机的化学物质，常见的有石灰、硫磺、磷化铝、硫酸铜等。

**2. 有机农药**

通过有机合成方法获得的农药，主要由碳、氢、氧和其他相关元素构成。目前农业生产所用的农药大多数属于这一类。通常可以根据其来源及性质，分为植物性农药（苦参碱、印楝素、除虫菊）、矿物性农药（石油乳剂、柴油乳剂等）、微生物农药（苏云金杆菌、农用链霉素等）和人工化学合成的有机农药。

### （二）按用途和作用方式分类

按照防治对象，农药可分为杀虫剂、杀螨剂、杀菌剂、除草剂、杀线虫剂、杀鼠剂、植物生长调节剂等几大类。

1. 杀虫剂

杀虫剂主要用来防治农业、林业、卫生、畜牧、仓储等方面的害虫，是对昆虫机体有直接毒杀作用，以及通过其他途径控制害虫种群形成，或减轻和消除害虫为害程度的药剂。该类农药使用广泛、发展迅速、品种较多。

按照作用机理和作用方式分，杀虫剂又可分为以下几类：

（1）触杀剂　害虫接触杀虫剂后，药剂从体表进入体内，干扰害虫正常的生理代谢过程或破坏虫体某些组织，引起害虫中毒死亡，称为触杀作用。具有触杀作用的药剂为触杀剂，如马拉硫磷、氰戊菊酯、溴氰菊酯等。

（2）胃毒剂　杀虫剂随食物一起被害虫吞食，在肠液作用下溶解和被肠壁细胞吸收到致毒部位，引起害虫中毒死亡，此机理为胃毒。具有胃毒作用的药剂为胃毒剂，如敌百虫、乙酰甲胺磷等。

（3）熏蒸剂　杀虫剂自身挥发出的气体，或者杀虫剂与其他药品或空气作用后产生毒气，进入害虫呼吸系统，引起害虫中毒死亡，此作用机理为熏蒸。具有熏蒸作用的药剂为熏蒸剂，如磷化铝、氯化苦、溴甲烷等。

（4）内吸剂　农药施于植物体或通过土壤、水等介体，由于药剂的穿透性能和植物的吸收作用而进入植物体内，随着植物体进入植株各部位，使植物体在一定时期内带毒，但对植物自身生长没有影响。当害虫刺吸了汁液或取食了含有药剂的植物体后，即中毒死亡，此作用机理为内吸作用。具有内吸作用的药剂为内吸剂，如氧化乐果、涕灭威等。内吸作用是针对植物而言，但对害虫防治来讲，主要是胃毒作用。

（5）驱避剂　有些药剂本身无毒或毒性低，但由于其自身具有特殊气味或颜色，使昆虫远离药剂，从而对药剂周围的植物不造成危害，具有这种特性的药剂称为驱避剂，如香茅油、樟脑等。

（6）拒食剂　农药通过对昆虫触角、下颚须或下唇须上的感觉器，干扰了这些感觉器将食物的特性转化为电信号并传至中枢神经系统，从而导致了昆虫对植物拒食，或者取食量明显减少，导致害虫饥饿而死，此作用机理为拒食作用。具有这种作用的药剂为拒食剂，如印楝素。拒食剂杀虫作用较缓，一般用药3～6天后才出现明显的死虫现象。

（7）不育剂　有些农药使用后通过对生殖系统的作用，抑制昆虫生殖细胞的成熟分裂或受精过程，影响或破坏昆虫的生殖能力，造成不孕，无后代产生，具有这种性能的药剂为不育剂，如鼠类不育剂。

（8）引诱剂　自身散发的气味或颜色对害虫有趋向性，使大量害虫向带有此物质的地点集中。具有此作用的药剂为引诱剂，如性诱剂、半枯萎的杨树枝把等，常用于病虫害的预测预报。

（9）昆虫生长调节剂　在使用时不直接杀死昆虫，药剂干扰昆虫表皮几丁质的形成，干扰正常生长发育过程，影响害虫蜕皮、变态或生理形态上发生变化而形成畸形虫体，常见的药剂如蜕皮激素、保幼激素、灭幼脲、噻嗪酮等。

按化学结构分：

（1）有机氯杀虫剂　20世纪40年代发展起来的含氯碳氢化合物。有机氯杀虫剂性质稳定，在水中溶解度很低，在脂肪中溶解度高，易被吸附在分散性的颗粒物上，不易分解，残留时间长，并能通过生物富集与食物链在动物体内累积。由于其积累毒性，我国自1983年起已停止生产六六六原粉，这一类杀虫剂已逐渐被其他高效、低毒、低残留的农药所取代。有机氯杀虫剂主要品种有：六六六、滴滴涕、氯丹、七氯、艾氏剂、狄氏剂、异狄氏剂等。

（2）有机磷杀虫剂　使用品种较多、产量大的一类农药，具有药效高、用途广泛等优点。常见的品种有对硫磷、甲基对硫磷、敌百虫、甲胺磷、乐果、氧化乐果、毒死蜱、马拉硫磷、久效磷、辛硫磷、杀螟硫磷等。自2007年1月1日起，农业部全面禁止甲胺磷、对硫磷、甲基对硫磷、久效磷和磷胺等5种高毒有机磷农药在农业上使用，开始了对高毒有机磷农药有序管控。

（3）氨基甲酸酯类杀虫剂　在甲酸酯类化合物中，连在碳原子上的氢原子被氨基取代的化合物。大部分氨基甲酸酯类杀虫剂比有机磷杀虫剂毒性低，不易污染环境，因而广泛应用于杀灭农业和卫生害虫。目前常用的品种有丁硫克百威、灭多威、克百威、涕灭威等。

（4）拟除虫菊酯类杀虫剂　根据天然除虫菊酯化学结构而仿生合成的杀虫剂，具有杀虫活性高、击倒作用强、对高等动物低毒及在环境中易生物降解的特点，目前已发展成为一类极为重要的杀虫剂。常用的品种有氰戊菊酯、二氯苯醚菊酯、溴氰菊酯、氯氰菊酯、氯氟氰菊酯等。

（5）沙蚕毒素类杀虫剂　按照沙蚕毒素的化学结构，仿生合成了一系列能作农用杀虫剂的类似物，统称为沙蚕毒素类杀虫剂，也是人类开发成功的第一类动物源杀虫剂。可用于防治水稻、蔬菜、甘蔗、果树、茶树等多种作物上的多种食叶害虫、钻蛀性害虫，有些品种对蚜虫、叶蝉、飞虱、蓟马、螨类等也有良好的防治效果。常见品种有：杀螟丹、杀虫双、杀虫单、杀虫环、杀虫蟥等。

（6）新烟碱类杀虫剂　近十几年新发展起来的新型杀虫剂。具有高杀虫活性，作为后突触烟碱乙酰胆碱受体（nAChRs）的激动剂作用于昆虫中枢神经系统，对哺乳动物低毒，很少或无交互抗性，该类杀虫剂为防治一些世界性重大害虫（包括对有机磷和拟除虫菊酯类农药产生了较强抗性的害虫）做出了重要贡献，但近几年害虫对新烟碱类杀虫剂也产生了较明显的抗性。常见药剂有吡虫啉、啶虫脒、噻虫嗪、氯噻啉等。

（7）苯甲酰胺类杀虫剂　苯甲酰胺类杀虫剂属低毒杀虫剂，对哺乳动物的急性、亚慢性和慢性毒性极低，具有优良的速效性和持效性，表现出更快更好的作物保护效果。其通过终止幼虫进食而导致害虫在 1～3 天死亡，叶面施药处理几分钟后害虫即停止进食，具有高效广谱的优点，对鳞翅目的夜蛾科、螟蛾科、蛀果蛾科、卷叶蛾科、粉蛾科、菜蛾科、麦蛾科、细蛾科等均有很好的控制效果，还能控制鞘翅目象甲科、叶甲科；双翅目潜蝇科；烟粉虱等多种非鳞翅目害虫。是一类对哺乳动物低毒、安全、作用机理独特、无交互抗性和对环境友好的新型杀虫剂。在杀虫剂发展史上，是继以吡虫啉为代表的新烟碱类杀虫剂后的又一个新的突破。常用农药有氯虫酰胺、氟虫酰胺。

2. 杀菌剂

对植物体内的病原真菌、细菌和病毒能起到杀死、抑制作用，使植物及其产品免受病原菌为害的药剂。

按照化学成分来源和化学结构分：

（1）无机杀菌剂　以天然矿物为原料的杀菌剂和简单工艺人工合成的无机杀菌剂，如硫酸铜、石硫合剂、波尔多液等。

（2）有机杀菌剂　20 世纪 60 年代后，通过人工方式合成的杀菌剂，具有保护作用、治疗作用和铲除作用，目前农业生产中常用药剂多为有机杀菌剂。

（3）生物杀菌剂　从生物体内提取或通过生物体培养形成的具有杀菌作用的农药，包括农用抗生素类杀菌剂和植物源杀菌剂。包括井冈霉素、春雷霉素、链霉素等。

按化学结构分：

（1）有机硫类　福美锌、福美双、福美甲胂、丙森锌、代

森锌、代森铵、代森锰锌、二硫氰基甲烷等。

（2）取代苯类　五氯硝基苯、百菌清。

（3）二甲酰亚胺类　腐霉利、扑海因、菌核净。

（4）有机膦杀菌剂　异稻瘟净、乙膦铝、甲基立枯磷等。

（5）苯并咪唑类杀菌剂　多菌灵、噻菌灵、硫菌灵、乙霉威等。

（6）酰胺类　噻氟菌胺。

（7）氨基甲酸酯类　霜霉威。

（8）吡咯类　咯菌腈。

（9）噻唑类　噻枯唑、三环唑。

（10）噁唑类　恶霉灵。

（11）甲氧丙烯酸酯类　烯酰吗啉、氟吗啉。

（12）苯酰胺类　甲霜灵等。

（13）三唑类　苯醚甲环唑、三唑酮、戊唑醇、腈菌唑等。

按作用方式和作用机理分：

（1）保护剂　在植物感病前施用，抑制病原菌孢子萌发，或杀死初萌发的病原菌孢子，防止病原菌侵入植物体内，以保护植物免受病原菌侵染为害。如波尔多液、代森锰锌、百菌清等。

（2）治疗剂　植物感病后使用，直接杀死已经侵入植物体的病原菌。如多菌灵、三唑酮、甲霜灵、菌核净等。

按使用方法分：

（1）土壤处理剂　通过喷施、浇灌、翻混等方法，防止土壤传带病害的药剂，如氯化苦、熟石灰、五氯硝基苯等。

（2）叶面喷洒剂　通过喷雾或喷粉的方法施于作物的药剂，如甲霜灵、菌核净等常见农药。

（3）种子处理剂　在播种前，通过处理种子达到防治种子传带病害或土传病害的农药，如福美双、咪酰胺等。

3. 除草剂

可以用来杀灭或控制杂草生长的药剂。

按杀灭方式可分为：

（1）灭生性除草剂（非选择性除草剂） 在正常药量下能将作物和杂草统统杀死的农药，如草甘膦、百草枯等。

（2）选择性除草剂 在正常药量下，只能杀死杂草不能伤害作物，甚至只杀死某一种或某一类杂草的农药，如敌草胺、异丙甲草胺等。

按作用方式可分为：

（1）内吸性除草剂 药剂可被植物根、茎、叶、腋芽吸收，并在植物体内传导到其他部位而起作用的药剂，如草甘膦、敌草胺等。

（2）触杀性除草剂 在植物体内不传导，只能对着施药部位发生作用，导致施药部位变黄、枯萎的除草剂，如百草枯、灭草松等。

根据施用时间分为：

（1）苗前处理除草剂 在杂草出苗前施用，对未出苗的杂草有抑制作用，对出苗杂草活性低或无效。如多数酰胺类、取代脲类除草剂。

（2）苗后处理剂（茎叶处理剂） 对萌发后的杂草茎叶产生作用的药剂，如喹禾灵、草甘膦等。

（3）苗前兼苗后除草剂 如甲磺隆、异丙隆等。

按化学结构分：

（1）苯氧羧酸类除草剂 分子结构中都以苯氧基羧酸为基本构架，为最早人工合成的除草剂种类。常见品种如：2,4-D、2,4-D 丁酯、2 甲 4 氯等。

（2）磺酰脲类除草剂 分子结构中含有磺酰脲结构，20 世纪 70 年代研发的高效除草剂种类。除草剂通过植物根和叶吸收，药效缓慢，主要通过抑制乙酰乳酸合成酶（ALS）的活性抑制植物生长，该除草剂残效期长，使用时必须注意对后茬作物的影响。如氯磺隆、苄嘧磺隆、砜嘧磺隆等。

（3）三嗪类除草剂　以三嗪环为基本化学结构的除草剂，在植物体中有内吸性，在玉米植株体内可以快速降解，通过抑制光合作用来达到除草效果，使用方法主要为土壤处理。是我国防治玉米田杂草的主要除草剂品种，如莠去津、草净津等。

（4）取代脲类除草剂　20世纪50年代开发的除草剂种类，以脲为基本构架。大部分作为土壤处理剂，少数品种也可作为芽前芽后兼用性除草剂。如绿麦隆、利谷隆等。

（5）酰胺类除草剂　分子结构中含有酰胺，对一年生禾本科杂草有特效，对阔叶杂草防效较差。作为土壤处理时的用量，与土壤墒情及土壤性质有密切关系，随着土壤有机质及黏重度增加而使用量相应加大。中等湿度的土壤或施药后遇到小雨利于药效发挥，干旱时施药后一定要混土。如敌草胺、异丙甲草胺等。

（6）氨基甲酸酯类除草剂　大多数品种通过根部吸收，向茎叶传导，用于防治一年生禾本科杂草及阔叶类杂草。如麦草畏、禾草特等。

（7）有机磷类除草剂　主要作用在植物的分生组织，通过抑制杂草分生组织细胞分裂而对杂草发生作用，接触土壤后容易失效，因此，不能作为土壤处理剂，只能作为叶面喷雾使用。常见种类如草甘膦。

（8）硝基苯胺类除草剂　20世纪50年代开始开发的以硝基苯胺为基本构架的除草剂，该类除草剂杀草谱广，对一年生禾本科杂草、一年生阔叶杂草和宿根类杂草有特效，药效稳定，可以在干旱条件下使用，也可作为土壤处理剂在播后苗前使用，代表种类如二甲戊灵、仲丁灵等。

4. 植物生长调节剂

经人工合成或天然的具有植物激素活性的物质，对植物生长发育有控制、促进或调节作用的药剂。

按作用方式分为：

（1）生长抑制剂 具有抑制植物细胞生长或分裂，使植物节间变短、茎秆变粗、变矮或幼芽不萌发等。常见药剂如矮壮素、多效唑、仲丁灵、抑芽丹等。

（2）生长促进剂 具有促进植物细胞分裂、根系发育和诱导器官发生的作用，如赤霉素。

5. 杀线虫剂

对植物线虫具有高效杀伤能力，用于防治农作物线虫病的药剂。具有毒性高和使用量大的特点，既有杀虫作用，剂量大时又有灭生性的功能，常用的药剂有克百威、涕灭威、溴甲烷、阿维菌素等。

6. 杀鼠剂

用于防治鼠类的药剂。按照作用方式分为胃毒剂、熏蒸剂、驱避剂、引诱剂和不育剂等。

## 二、农药剂型

农药原药，除少数挥发性大的和水中溶解度大的可以直接使用外，绝大多数必须加工成各种剂型，方可使用。在原药中加入适当的辅助剂，制成便于使用的形态，这一过程叫做农药加工。加工后的农药，具有一定的形态、组分、规格，称作农药剂型（pesticide formulations）。一种剂型可以制成不同含量和不同用途的产品。这些产品统称为制剂（pesticide preparations）。迄今为止，国际上使用农药剂型约有 120 种，其用量较大的仅有 10 余种，主要剂型类型及代码见表1。

## 表1 农药主要剂型类型代码及中英文名称对照

| 代码 | 英文名称 | 中文名称 |
| --- | --- | --- |
| TC | technical material | 原药 |
| TK | technical concentrate | 母液 |
| AS | aqueous solution | 水剂 |
| CS | aqueous capsule suspension | 微囊悬浮剂 |
| EC | emulsifiable concentrate | 乳油 |
| EW | emulsion, oil in water | 水乳剂 |
| ME | micro-emulsion | 微乳剂 |
| RB | bait | 饵剂 |
| OL | oil miscible liquid | 油剂 |
| SC | aqueous suspension concentrate | 悬浮剂 |
| OF | oil miscible flowable concentrate | 油悬浮剂 |
| SL | soluble concentrate | 可溶性液剂 |
| SO | spreading oil | 展膜油剂 |
| DP | dustable powder | 粉剂 |
| GR | granule | 颗粒剂 |
| CG | encapsulated granule | 微粒剂 |
| WP | wettable powder | 可湿性粉剂 |
| WG | water dispersible granule | 水分散粒剂 |
| FS | flowable concentrate for seed treatment | 种子处理悬浮剂 |
| VP | vapour releasing product | 熏蒸剂 |
| DC | dispersible concentrate | 可分散液剂 |
| BR | briquette | 缓释剂 |
| SP | water soluble powder | 可溶粉剂 |

（续表）

| 代码 | 英文名称 | 中文名称 |
|------|----------|----------|
| HN | hot fogging concentrate | 热雾剂 |
| OF | oil miscible flowable concentrate | 油悬浮剂 |
| SE | aqueous suspo-emulsion | 悬乳剂 |
| ED | electrochargeable liquid | 静电喷雾液剂 |
| TB | tablet | 片剂 |
| EB | effervescent tablet | 泡腾片剂 |

注：参照农药剂型名称及代码国家标准 GB/T 19378—2003。

## （一）传统剂型

1. 乳油（emulsifiable concentrate，EC）

乳油是农药基本剂型之一。它是由农药原药（原油或原粉）按规定的比例溶解在有机溶剂（如二甲苯、甲苯等）中，再加入一定量的农药专用乳化剂制成的均相透明油状液体，加水能形成相对稳定的乳状液。

该剂型一般贮存温度较宽，−10~50℃至少可以稳定2~3年。药效高，易计量和倒出，制造相对简单。因此，它是农药剂型加工中最基本和最重要的剂型，长期以来一直占据农药市场的首位。可是，国内的乳油含有有毒的挥发性有机溶剂（如甲苯、二甲苯等），存在易燃、易爆和中毒的危险，易产生药害、污染环境和贮运不安全等问题。该剂型使用挥发性有机溶剂和易产生药害和对环境污染的缺点，近几年在农药登记中已经暂停了乳油剂型的登记。

2. 可溶液剂（soluble concentrate，SL）

可溶液剂是均一、透明的液体制剂，剂型中农药活性成分呈分子或离子状态分散在介质中，直径小于0.001μm，是分散度极高的溶液。水剂（aqueous solution，AS）是有效成分或其盐的水溶液制剂，药剂（分散相/溶质）以分子或离子状态分散在水（介质/溶剂）中的真溶液制剂。水剂是可溶液剂中的一种特例。

可溶液剂主要是由活性物质（农药有效成分）、溶剂（水或其他有机物）、助剂（表面活性物质以及增效剂、稳定剂等）三部分组成。此剂型容易加工、药害低、毒性小、易于稀释、使用安全方便，并具有良好的生物活性。但以这种方式加工的农药活性成分的品种数目受到它在水中溶解度和水解稳定性所限制。

3. 粉剂（dustable powder，DP）

农药粉剂是由原药，填料（滑石、叶蜡石、高岭土、膨润土、凹凸棒土、硅藻土等）和少量助剂（稳定剂、黏着剂、分散剂、抗飘移剂、助磨剂等）混合，粉碎至一定细度的粉状制剂。以喷粉形式用于作物上。它具有使用方便、药粒细、均匀分布、撒布效率高、节省劳力和加工费用较低等优点，特别适宜于供水困难地区和防治暴发性病虫害。

粉剂中有效成分含量一般为 1% ~ 10%，依据它的效率和应用比例而定。95% 以上的粉剂的粒径小于 45μm，因此，在使用时粉粒会产生飘移现象，导致药剂有较大损失，对环境也不利，在靶标上的黏着性较差，比可溶性液剂、乳油和水悬浮剂的药效低，因此，正逐步被悬浮剂或水分散粒剂所取代。

4. 可湿性粉剂（wettable powder，WP）

可湿性粉剂是加工技术比较成熟、使用方便的一种最基本的剂型。可湿性粉剂是含有原药，载体或填料，表面活性剂（润湿剂、分散剂等），辅助剂（稳定剂、警色剂等）并粉碎成极细的农药制剂。此种制剂在用水稀释后，能形成稳定的，可供喷雾的悬浮液。一般来说，可湿性粉剂是农药有效成分含量较高的干制剂。在形态上，它类似于粉剂，在使用上，它类似于乳油。许多杀菌剂、除草剂和部分杀虫剂往往都加工成此剂型。

可湿性粉剂的优点：生产成本低；对作物毒性低，并对作物产生的毒害相对较小；在多孔的载体或填料上持久性好；可以加工高含量制剂，活性成分含量高达 90%。缺点是加工中存在严重的卫生和安全问题。此外，在应用时也有粉尘危险，在用水稀释时难于润湿和混合，与其他剂型有不良的配伍性，比其他液剂的效率低。因此，可湿性粉剂正逐渐被悬浮剂或水分散粒剂所代替。

5. 颗粒剂（granule，GR）

农药颗粒剂为松散颗粒状产品，由原药、载体（黏土、高岭石等矿物质微粉）、填料及其他辅助成分（黏结剂、助崩解剂、分散剂、吸附剂等）制成。

颗粒剂优点：避免撒布时微粉飞扬，污染周围环境；减少施药过程中操作人员身体附着或吸入微粉，可避免中毒事故；施药时具有方向性，使撒布的粒剂准确到达需要的地点；可控制粒剂中有效成分的释放速度，延长持效期；不附着于植物的茎叶上，避免直接接触而产生药害。其缺点是载体用量大、有效含量低、药效低。

（二）环保剂型

1. 水乳剂（emulsion，oil in water，EW）

水乳剂也称浓乳剂（concentrated emulsion，CE），是不溶于水的原药溶于非亲水性有机溶剂后分散水中形成的一种农药制剂。外观呈乳白色牛奶状。油珠粒径通常为 $0.7 \sim 20 \mu m$，比较理想的是 $1.5 \sim 3.5 \mu m$。用水稀释时与乳油倒入水中形成的外观相同。水乳剂通常由有效成分、溶剂、乳化剂或分散剂等助剂组成。水乳剂是用水来替代乳油中有机溶剂作为介质，是一种水基性制剂。因此，比乳油更安全，使用时几乎无刺激性，对人的皮肤毒性非常小，减少对环境污染，是一种代替乳油的优良环保型农药新剂型。但是，由于制剂中水的存在，配方选择的技术要求较高。

2. 悬浮剂（aqueous suspension concentrate，SC）

农药悬浮剂为与水不相溶的固体农药或不混溶的液体农药在水或油中的分散体。该农药悬浮剂是指以水为分散介质，将农药、助剂（润湿分散剂、增稠剂、稳定剂和消泡剂等）经湿法超微粉碎制成的农药剂型。悬浮剂加水稀释后在靶标上达到较大的均匀覆盖，在作物叶面上有较高的展着性和黏着性，大多数用于作物叶面喷雾。其药效和持效性都优于可湿性粉剂，其效果基本和乳油相近，优点是可与水任意比例均匀混合，不受水质和水温影响，使用方便。对操作者和使用者及环境安全、成本相对低、生物活性增强，还可以加工成高含量的剂型。国外农业生产中更倾向于用悬浮剂而不是可湿性粉剂。

3. 悬浮乳剂（aqueous suspo-emulsion，SE）

悬浮乳剂是由不溶于水的固体原药和油状液体原药及各种助剂在水介质中分散均化而形成的油、固、水三相的高分散的稳定的悬浮乳状体系。悬浮乳剂是一种较新的剂型。

它具有悬浮剂和水乳剂的优点，避免了农药乳油和可湿性粉剂因为有机溶剂和粉尘对环境和操作者的污染和毒害；贮运安全；避免通常桶混时产生的不均匀性，保持了原有生物活性，扩大了应用范围，延缓抗药性的产生，同时也避免几种农药活性成分在使用前临时复配，保证其复配的合理性。其主要缺点是：配方选择的技术要求很高。

4. 微囊悬浮剂（capsule suspension，CS）

微囊悬浮剂是用物理、化学或物理化学及其相结合的方法，先使农药分散成其粒径在 $1 \sim 40 \mu m$（更多在 $1 \sim 20 \mu m$），而后用高分子化合物包裹和固定起来，而形成的具有一定包覆强度的半透膜囊。半透囊膜的存在，起到了延长药效、降低高毒农药毒性、防止有效成分分解和挥发、减少用药量、防止飘移、减少环境污染、提高药剂选择性等作用。其缺点是：研发周期较长和开发成本较高。

5. 水分散粒剂（water dispersible granule，WDG 或 WG）

水分散粒剂又称干悬浮剂（dry flowable，DF）。在水中，能较快地崩解、分散，形成高悬浮的分散体系。水分散粒剂是由活性成分、载体（尿素、硝酸铵等）、助剂（润湿剂、分散剂、崩解剂、稳定剂等）一起用气流粉碎或超细粉碎，制成可湿性粉剂，然后进行造粒，从而制得水分散粒剂。

水分散粒剂是 20 世纪 80 年代初期发展起来的相对比较新的剂型，具有很多优点：没有粉尘，对作业者安全，减少了对环境的污染；活性成分含量高（高达 80% ~ 90%）；物理化学稳定性好，特别是在水中不稳定农药，制成此剂型比悬浮剂要好；水中分散性好，悬浮率高。

水分散粒剂与可湿性粉剂有很多类似之处。实际上，水分散粒剂是可湿性粉剂的颗粒化，国际农药工业协会联合会（GIFAR）将它定义为"在水中崩解和分散后使用的颗粒剂"。即将它投入水中，将其崩解并分散后，就可按可湿性粉剂一样施药。虽然水分散粒剂加工技术复杂（用多种工艺技术），投资费用大，但目前在发达国家已成为代替粉剂、可湿性粉剂、乳油和悬浮剂的主要剂型。

6. 微乳剂（micro- emulsion，ME）

微乳剂是一个自发形成的热力学稳定的分散体系，狭义的微乳剂定义为由油组分 – 水 – 表面活性剂构成的透明或半透明的单相体系，是热力学稳定的、胀大了的胶团分散体系。广义上定义为透明或半透明的稳定分散体系。微乳剂是由有效成分、乳化剂和水 3 个基本成分组成。但根据需要，有时还得加入适量溶剂、助溶剂、稳定剂和增效剂等。微乳剂具有对植物和细胞有良好的渗透性，吸收率高，生产、贮运和使用安全等优点。

## （三）其他剂型

**1. 油悬浮剂**（oil miscible flowable concentrate，OF）

油悬浮剂是指一种或一种以上农药有效成分（其中至少有一种为固体原药）在非水系分散介质中依靠表面活性剂形成高分散、稳定的悬浮液体制剂。油悬浮剂一般用水稀释后供喷雾使用，也可不经稀释，作超低容量喷雾用。

**2. 展膜油剂**（spreading oil，SO）

展膜油剂与一般所说的油剂（OL）不同，它是一种施于水面形成薄膜的非水溶的制剂。它是由农药活性成分，至少一种植物油和极性惰性溶剂加工成的单相液体剂型。目前，该剂型主要应用于稻田，这种剂型使用时是将药剂由瓶中向水田滴下（亦可从田埂上滴下），农药活性成分进入水中迅速扩散成油膜，并展开到整个田块，油膜再黏附在稻叶鞘或叶上，从而防治水稻害虫。

**3. 可分散液剂**（dispersible concentrate，DC）

可分散液剂是一种农药活性成分在水溶性或半水溶性溶剂中，在一种或几种表面活性剂聚合物存在下加工成的液体剂型。该剂型用水稀释后得到的稀释液，既不是溶液也不是悬浮液，而是具有很细结晶的分散液。可分散液剂在国外也是一种极新的剂型，在国内很少有报道，也未见开发。目前，可分散液剂主要产品是德国 BASF 公司的 50g/L 氟虫脲可分散液剂。

**4. 片剂**（tablet，TB）

由于某些农药的蒸汽压较高，在常温下易挥发，气化（升华）或与空气中的水、二氧化碳反应，生成具有杀虫、杀菌、杀鼠或驱避、诱杀等生物活性的物质。此种农药很适于制成片剂，制成的片剂通常我们称为熏蒸剂。片剂是在医药行业使用最多的剂型之一。但在农药剂型中片剂不普遍，目前只有磷化铝片剂的使用较多。磷化铝与空气中或仓储烟叶中的水分发生化学反应生成具有生物活性的磷化氢。磷化氢是毒性很强的气体，在密闭的环境中有强烈的杀虫、灭螨、杀鼠作用。因此，磷化铝从 20 世纪 40 年代起，一直被国内外用来作为最佳的仓储害虫熏蒸剂。目前该剂型广泛应用于烟厂仓库中仓储害虫的防治。

5. 泡腾片剂（effervescent tablet，EB）

泡腾片剂是针对水田使用的一种片剂。它是由有效成分、崩解剂（柠檬酸、碳酸钠等）和其他成分（润湿剂、分散剂、吸附剂等）制成的一种无粉尘、无雾滴飘移的片状制剂，投入水中，药片遇水后迅速泡腾崩解，均匀扩散，接触靶标，达到防除效果。该剂型使用时只需将药片直接抛入水田中即可，使用时省工省力。

6. 超低容量喷雾剂（ultra low volume concentrate，ULV）

超低容量喷雾剂是一种用特殊的喷雾设备将药剂直接应用到靶标无需稀释的特制油剂，超低容量喷雾剂一般应用在地面作物上或用飞机喷洒成 60～100μm 的细小雾滴，均匀分布在作物茎叶的表面上，从而有效地发挥防治病虫草害作用。目前，超低容量剂型主要包括超低容量液剂（UL）和超低容量微囊悬浮剂（SU）。与常规喷雾相比，超低容量剂型具有喷雾量低、药效期长、无须稀释等优点，其缺点是需要采用专用设备喷雾。

7. 热雾剂（hot fogging concentrate，HN）

热雾剂是将液体农药有效成分溶解在具有适当闪点和黏度的溶剂之中，再添加其他助剂加工成一定规格要求的制剂，使用时借助烟雾机将此制剂定量地送至烟化管内与高温高速气流混合的瞬间，立即被喷射至大气中而迅速挥发并形成直径为数微米至几十微米的微滴分散悬浮于大气之中。热雾剂的施药技术既不同于常规地面喷雾，亦不同于超低容量喷雾技术，该制剂必须和烟雾剂配套使用，凭借热气流的能量使制剂微细化而形成雾滴。热雾剂具有工效高、对靶标黏着力和耐雨水冲刷能力强等优点。但其缺点是由于热雾剂的雾滴极细，长时间弥漫飘浮，极易受气流的影响。

## 三、农药毒性、药效和毒力

### （一）毒性

农药毒性是指农药具有使人和动物中毒的性能。农药可以通过口服、皮肤接触或呼吸道进入体内，对生理机能或器官的正常活动产生不良影响，使人或动物中毒以致死亡。影响农药毒性的物理因素有农药的挥发性、水溶性、脂溶性等，化学因素有农药本身的化学结构、水解程度、光化反应、氧化还原以及人体体内某些成分的反应等。农药毒性可分为急性毒性、亚急性毒性、慢性毒性。

#### 1. 急性毒性

农药的急性毒性是指药剂经皮肤、口或经呼吸道一次性进入动物体内较大剂量，在短时间内引起中毒。农药毒性分级标准是以农药对大白鼠"致死量"表示。目前，国内外通常用"致死中量"或"半致死中量"（$LD_{50}$）表示。"致死中量"是指毒死半数受试动物剂量的对数平均值，即每千克体重的动物所需药物的毫克数，以"mg/kg"表示。$LD_{50}$愈小，药物毒性愈大。我国农药毒性分级标准见表2。

表 2 我国暂行的农药毒性分级标准

| 测试方法 | Ⅰ高毒 | Ⅱ中等毒 | Ⅲ低毒 |
|---|---|---|---|
| 大白鼠经口 LD$_{50}$（mg/kg） | <50 | 50～500 | >500 |
| 大白鼠经皮 LD$_{50}$［mg/（kg・24h）］ | <200 | 200～1 000 | >1 000 |
| 大白鼠吸入 LD$_{50}$［g/（m$^3$・h）］ | <2 | 2～10 | >10 |
| 鱼毒（鲤鱼）［mg/（L・48h）］ | <1 | 1～10 | >10 |

**2. 亚急性毒性**

农药的亚急性毒性是指动物在较长时间内（一般连续投药观察 3 个月）服用或接触少量农药而引起的中毒现象。

**3. 慢性毒性**

农药的慢性毒性是指供试动物在长期反复多次小剂量口服或接触一种农药后，在体内积蓄或者造成体内机能损害所引起的中毒现象。在慢性毒性问题中，农药的致癌性、致畸性、致突变等特别引人重视。

凡有"三致"作用的化合物，均不能做农药使用。另外，还有些农药对水生动物和鱼类、蜜蜂以及有益的天敌等有毒或有二次中毒问题，使用时也要特别注意，或者忌用。

## （二）毒力

农药能防治病虫草鼠，是由于药剂对这些有害生物具有毒杀致死的能力。表示农药这种毒杀致死能力的大小，通常称为毒力。严格地讲，毒力是指药剂本身对防治对象发生杀灭作用的性质和程度，因此测定农药毒力，必须在实验室内一定的控制条件下（如光照、温度、湿度等），采用精确的器具和熟练的操作技术，使用标准化饲养和培养出的供试生物进行测定。如比较多种药剂的毒力大小，以其中某一药剂作为标准，设定其相对毒力指数为 100，来计算其他药剂的相对毒力指数。

毒力的量化指标：在规定的控制条件下对药剂进行生物测定得到的数据，计算出能表示药剂毒力大小的指标，这些指标有如下几种：

（1）致死中量（$LD_{50}$）　能使供试生物群体的50%个体死亡所需的药剂用量。

（2）致死中浓度（$LC_{50}$）　能使供试生物群体的50%个体死亡的药剂浓度。

（3）有效中量（$ED_{50}$）　能使供试生物群体的50%个体产生某种药效反应所需的药剂用量，某种药效反应是指能使供试生物产生任何不正常反应表现。

（4）有效中浓度（$EC_{50}$）　能使供试生物群体中有50%个体产生某种药效反应所需的药剂浓度。

（5）相对毒力指数　在对多种药剂进行毒力比较时，有时需要分批进行毒力测定，由于测定时供试生物个体的内在因素和测定时处理条件等的差异，致使不同批次的试验结果有一定程度的变化。为消除上述差异的影响，选一种农药作为标准药剂，求出每种被测药剂与其毒力的比值。这种与标准药剂的比值，即称为相对毒力指数。相对毒力指数用下式算出：

$$相对毒力指数 = \frac{标准药剂的等效剂量}{其他药剂的等效剂量} \times 100$$

等效剂量是在相同的试验条件下，两种以上药剂对供试生物产生同样大小的反应所需的剂量（或浓度）。通常是采用致死中量，也可用致死90%的剂量（$LD_{90}$）或其他致死率的剂量。相对毒力指数越大，表示药剂的毒力越大。用相对毒力指数可以把经过生物测定的药剂的毒力，按顺序排列出来。

（6）半数致死时间（$LT_{50}$）　也称致死中时间，是指在一定条件下，供试生物群体50%个体死亡所需的时间。

（7）击倒中时间（$KT_{50}$）　也称半数击倒时间，是指在一定条件下，供试昆虫50%个体被麻痹所需的时间。

（8）击倒中量（$KD_{50}$） 是指在一定条件下，供试昆虫50%个体被击倒所需的药量。与致死中量不同，昆虫反应是击倒（麻痹）而不是死亡，是群体接受的药量，而不是个体接受的药量。

（9）最小致死量（MLD） 即受试动物开始中毒症状而死亡的剂量。

（10）全致死量（$LD_{100}$） 指受试动物全部死亡所使用的最低剂量。

### （三）药效

农药的药效是指在实际使用时，除药剂的毒力在起作用外，实际使用时其他各种条件都对药剂毒力的发挥产生影响，包括不同施药方法、施药质量、作物生长情况、防治对象生育情况以及天气条件等都对药剂毒力发挥产生影响。药效的测定，一般先经室内毒力试验证明有效后，再进行田间小区试验。在小区试验基础上，证明药效比较好的若干品种，可进行大区试验以进一步肯定其药效和推广价值。所以说药效是药剂在田间条件下，对作物的病虫草害产生的实际防治效果。药效数据是在田间生产条件下实测得到的，对生产防治更具有指导意义。

农药的毒力和药效在概念上并不等同，但是在大多数情况下应该是一致的，即毒力大的药剂，其药效也应该是高的。影响农药药效的因素主要有以下3个：

（1）农药本身的因素 农药的化学成分、理化性质、作用机制、使用剂量以及加工性状都直接或间接地影响药效。因此，要根据防治对象、作物种类和使用时期，选择合适的农药品种、剂型和使用剂量。

（2）防治对象的因素　不同病虫害的生活习性有差异，即使是同一种病害或害虫，由于所处的发育阶段不同，对不同农药或同类农药的反应也不一样，常表现为防治效果的差异。

（3）环境因素　温度、湿度、雨水、光照、风、土壤性质等环境因素，直接影响着病虫害的生理活动和农药性能的发挥，结果都会影响农药的药效。因此，在使用农药前，必须掌握它的性能特点、防治对象的生物学特性；在施用过程中，充分利用一切有利因素，控制不利因素，以求达到最佳防治效果。

## 四、农药的稀释配制方法

除一些特殊的低浓度粉剂、颗粒剂等农药可以直接使用外，一般农药在使用前都要经过稀释，配制成一定浓度或稀释成一定倍数后才能进行喷洒。因此，必须掌握准确的农药配制方法，才能充分发挥农药的效能，避免人畜中毒事故和药害，减少对环境的污染，达到预期的防治效果。

### （一）农药浓度的表示

目前，我国在生产中常用的农药浓度表示方法有3种，分别为百分浓度、百万分浓度和倍数法，其中百分浓度和百万分浓度均称为有效成分浓度。

1. 百分浓度

表示100份药液或药剂中含有效成分的份数，用%表示。如80%代森锰锌可湿性粉剂，即表示100份药剂中含有80份代森锰锌有效成分。

百分浓度又分为容量百分浓度和重量百分浓度两种。液体与液体之间配药时常用容量百分浓度表示，固体与固体或固体与液体之间配药时多用重量百分浓度表示。

2. 百万分浓度

即 100 万份药液（或药粉）中含有有效成分的份数，以 mg/L 或 mg/kg 来表示。

3. 倍数法

在药液（或药粉）中，稀释剂（水或填充剂等）的量为原药剂量的多少倍，一般以重量表示。如 3% 啶虫脒乳油 1 500 ~ 2 500 倍液，表示用 3% 的乳油 1 份，加水 1 500 ~ 2 500 份稀释后的药液。

倍数法一般不能直接反映出药剂有效成分在药液中的质量浓度。在配制农药时，如果未注明按容量稀释，均按重量计算。在实际应用时，多根据稀释倍数的大小，用内比法和外比法来配药。

（1）内比法 用于稀释 100 倍或 100 倍以下药剂，计算时要扣除原药剂所占的 1 份。如稀释 50 倍时，用原药剂 1 份加稀释剂 49 份。

（2）外比法 用于稀释 100 倍或 100 倍以上药剂，计算时不扣除原药剂所占的 1 份。如稀释 2 000 倍，则用原药剂 1 份加稀释剂 2 000 份。

### （二）不同浓度表示法间的换算

1. 百分浓度与百万分浓度换算

$$百万分浓度 = 10\ 000 \times 百分浓度（不带\%）$$

例如，3% 多抗霉素可湿性粉剂，其百万分浓度为多少？百万分浓度 = 10 000 × 3 = 30 000（mg/kg）

2. 农药稀释倍数与有效成分浓度换算

$$百分浓度（\%）= [原药剂浓度（\%）/稀释倍数] \times 100$$

例如，0.3% 多抗霉素水剂稀释 200 倍后，百分浓度为多少？百万分浓度为多少？百分浓度（%）=（0.3%/200）×100 =

0.001 5（％）；百万分浓度 = 10 000 × 0. 001 5 = 15（mg/kg）

### （三）农药稀释的计算法

1. 有效成分稀释计算法

通用公式：农药制剂浓度（有效成分）×农药制剂重量 = 所配药剂浓度×所配药剂重量

（1）计算稀释剂（通常为水）用量

稀释剂用量 = 农药制剂重量（体积）×农药制剂浓度（有效成分）/所配药剂浓度

例如，0.5% 苦参碱水剂 10 mL，要稀释成 50mg/kg（即 $50 × 10^{-6}$）的药液，用水量是多少？

根据公式计算，10 × 0.5%/50 = 10 ×（0.5 × 10 000）/50 = 1 000（mL）= 1（L），即需加 1 L 水才能将 0.5% 苦参碱水剂 10 mL 配成 50mg/kg 浓度的药液。

（2）计算用药量

农药制剂用量 = 所配药剂重量（体积）×所配药剂浓度/农药制剂浓度（有效成分）= 每公顷有效成分用量/制剂有效成分含量

例如，40% 菌核净可湿性粉剂配 100L 含量为 500mg/L（即 $500 × 10^{-6}$）的药液，求原药剂用量需多少？

根据公式计算，100 × 500/40% = 100 × 500/（40 × 10 000）= 0. 125（kg）= 125（g），即 125g 菌核净即可配 100L 浓度为 500mg/L 的药液。

有效成分含量为 15g/L 的溴氰菊酯乳油，若每公顷需用 20g（有效成分），需要多少制剂用量？

根据公式计算，20/15 = 1.3（L），即需用 15g/L 的溴氰菊酯乳油 1.3L，才能获得有效成分为 20g 的溴氰菊酯药液。

## 2. 倍数法稀释计算法

此法不考虑药剂的有效成分含量。

（1）计算稀释剂用量　当稀释倍数在 100 倍以下时，

稀释剂用量 = 农药制剂重量（体积）×（稀释倍数 − 1）

例如，用 3% 啶虫脒乳油 10mL 加水稀释成 50 倍药液，求需加水多少？

计算：10 ×（50 − 1）= 490（mL）。

当稀释倍数在 100 倍以上时，稀释剂用量 = 农药制剂重量（体积）×稀释倍数

例如，用 3% 啶虫脒乳油 10mL 加水稀释成 200 倍药液，求需加水多少？

根据公式计算，10 × 200 = 2 000（mL）。

（2）计算用药量

农药制剂用量 = 所配药剂量/稀释倍数

例如，用 3% 啶虫脒乳油加水稀释成 50 倍药液 1 000mL，需要用药多少？

根据公式计算，1 000/50 = 20（mL）

### （四）农药配制的计量方法

#### 1. 药剂的量取

固体农药制剂可直接用秤称，最好采用小称量的秤或天平称取固体农药制剂。液体农药制剂的量取，最方便的是采用容量器，主要有量筒、量杯、移液管等。

#### 2. 配制用水（稀释剂）的量取

量取配药用的水，施药人员多习惯于用水桶或喷雾器水箱来计量。实际上水桶、药箱都不是量器，一般不能用于计量。如果使用水桶，一般需要在水桶内壁画出 1 条水位线，并进行校准，才比较可靠。如果喷雾器水箱的内壁上有水位线并标明

容积量，则也可勉强作为计量的依据。但在药箱内配药，勿先把水加到水位线以后再加药，防止农药制剂中的助剂被很快稀释，不利于乳油的渍珠和粉粒的分散。正确做法是：先在水箱内加入 1/3～1/2 的水，加药后再补加水到水位线；这样可使药剂先同少量的水接触，容易混匀，后来补加的水对药剂还有搅动作用。

几种农药混用时，不是每加一种药都加一次水，而是各种药都用同 1 份水来计算浓度。另外，对水时，应先配成母液，再加水至所需浓度，充分溶解，提高悬浮性，提高药效，防止药害。

3. 两步配药法

第一步：用少量水把农药制剂配制成母液；第二步：用水稀释到所需浓度。此法配成的药液分散性好，浓度均匀。特别是质量不高的可湿性粉剂，往往有一些粉粒团聚成粗的团粒，配药时先用少量水把粉剂配成母液，便于粉粒分散和充分搅拌。如果将粉剂直接投入喷雾器的水箱中，粗团粒尚未分散即沉入水底，再搅拌也难使其分散。

采用两步配药法时，两步配药的用水量应等于所需用水的总水量。切不可先把总用水量计量以后，再另取水配制母液。否则配成的喷洒液浓度就会降低。在进行田间小区药效试验时，每小区用水量少，配药时更应注意。

## （五）农药稀释的注意事项

### 1. 粉剂农药的稀释方法

一般粉剂农药在使用时不需稀释，但当作物植株高大、生长茂密时，为了使有限的药剂均匀喷洒在作物表面，可加入一定量的填充料进行稀释。稀释时，先取一部分填充料，将所需的粉剂农药混入搅拌，这样反复添加，不断拌匀，直至所需的填充料全部加完。在稀释过程中一定要注意做好完全防护措施，以免发生中毒事故。

2. 可湿性粉剂的稀释方法

通常也采取两步配制剂，即先用少量水配制成较浓稠的"母液"进行充分搅拌，然后再倒入药水桶中进行最后稀释。因为可湿性粉剂如果质量不好，粉粒往往团聚在一起形成较大的团粒，如直接倒入药水桶中配制，则粗粒团尚未充分分散便立即沉入水底，这时再进行搅拌就比较困难。这两步配制法需要注意的问题是所用的水量要等于所需用水的总量，否则，将会影响预期配制的药液浓度。

3. 液体农药的稀释方法

要根据药液稀释量的多少及药剂活性的大小而定。用液量少的可直接进行稀释，即在准备好的配药容器内盛好所需用的清水，然后将定量药剂慢慢倒入水中，用小木棍轻轻搅拌均匀，便可供喷雾使用。如果在大面积上防治，需配制较多的药液量时，这就需要采用两步制法，其具体做法是：先用少量的水，将农药稀释成母液，再将配制好的母液按稀释比例倒入准备好的清水中，搅拌均匀为止。

4. 颗粒剂农药的稀释方法

颗粒剂农药其有效成分较低，大多在5%以下。所以，颗粒剂可借助于填充料稀释后再使用，可采用干燥均匀的小土粒或同性化学肥料作填充料，使用时只要将颗粒剂与填充料充分拌匀即可。但在选用化学肥料作为填充料时一定要注意农药和化肥的酸碱性，避免混后引起农药分解失效。

### 表3 农药加水稀释一定倍数所需商品农药用量查对表

| 用水量 (kg) | 稀释倍数 | | | | | | | | | | | |
|---|---|---|---|---|---|---|---|---|---|---|---|---|
| | 10 | 20 | 50 | 100 | 150 | 200 | 500 | 750 | 1 000 | 2 000 | 2 500 | 4 000 |
| | 商品农药用量 (mL 或 g) | | | | | | | | | | | |
| 5 | 555 | 263 | 101 | 50 | 33.3 | 25 | 10 | 6.67 | 5 | 2.5 | 2 | 1.25 |
| 6 | 666 | 316 | 121 | 60 | 40.0 | 30 | 12 | 8.00 | 6 | 2.75 | 2.2 | 1.5 |
| 7 | 777 | 368 | 141 | 70 | 46.7 | 35 | 14 | 9.33 | 7 | 3 | 2.4 | 1.75 |
| 8 | 888 | 421 | 161 | 80 | 53.3 | 40 | 16 | 10.7 | 8 | 3.25 | 2.6 | 2 |
| 9 | 1 000 | 474 | 181 | 90 | 60.0 | | 18 | 12 | 9 | 3.50 | 2.8 | 2.25 |
| 10 | 1 111 | 526 | 202 | 100 | 66.7 | 50 | 20 | 13.3 | 10 | 3.75 | 3 | 2.5 |
| 20 | 2 222 | 1 052 | 404 | 200 | 133 | 100 | 40 | 26.7 | 20 | 4 | 3.2 | 5 |
| 40 | 4 444 | 2 105 | 808 | 400 | 267 | 200 | 80 | 53.3 | 40 | 4.25 | 3.4 | 10 |
| 50 | 5 555 | 2 632 | 1 010 | 500 | 333 | 250 | 100 | 66.7 | 50 | 4.5 | 3.6 | 12.5 |
| 100 | 11 111 | 5 263 | 2 020 | 1 000 | 667 | 500 | 200 | 133 | 100 | 4.75 | 3.8 | 25 |
| 150 | 16 666 | 7 500 | 3 030 | 1 500 | 1 000 | 750 | 300 | 200 | 150 | 5 | 4 | 37.5 |
| 200 | 22 222 | 10 526 | 4 040 | 2 000 | 1 333 | 1 000 | 400 | 267 | 200 | 7.50 | 6 | 50 |
| 300 | 33 333 | 15 789 | 6 060 | 3 000 | 2 000 | 1 500 | 600 | 400 | 300 | 10 | 8 | 75 |
| 400 | 44 444 | 21 054 | 8 080 | 4 000 | 2 667 | 2 000 | 800 | 533 | 400 | 12.5 | 10 | 100 |
| 500 | 55 555 | 26 328 | 10 101 | 5 000 | 3 333 | 2 500 | 1 000 | 667 | 500 | 15 | 12 | 125 |
| 750 | 83 333 | 39 473 | 15 151 | 7 500 | 5 000 | 3 750 | 1 500 | 1 000 | 750 | 17.5 | 14 | 187.5 |
| 1 000 | 111 111 | 52 631 | 20 202 | 10 000 | 6 667 | 5 000 | 2 000 | 1 333 | 1 000 | 20 | 16 | 250 |

## （六）农药防效统计

### 1. 杀虫剂防效统计

施药前调查虫口基数（每小区固定 20～25 株，调查烟株上的幼虫数量，虫口基数每小区不少于 15 头），在施药后第 1 天、3 天、7 天各调查一次存活的幼虫数量，分别计算各小区的虫口减退率和防治效果，并进行相关的统计分析。防治效果计算方法如下：

$$虫口减退率（\%）\frac{施药前虫数 - 施药后虫数}{施药前虫数} \times 100$$

$$防治效果（\%）\frac{处理区虫口减退率 - 空白对照区虫口减退率}{100 - 空白对照区虫口减退率} \times 100$$

2. 杀菌剂防效统计

在各次用药前以及最后一次用药 10 天后进行调查，每小区采用 5 点取样方法，每点固定调查 5～10 株，记录调查总株数及各级病株数，计算防治效果。

施药前有病情指数基数的试验，其防治效果按式（1）和式（2）计算；无病情指数基数的则按式（1）和式（3）计算。

$$病指 = \{[\Sigma(各级病叶 \times 相对级数值)]/$$
$$(调查总叶数 \times 最高级值)\} \times 100 \qquad (1)$$

$$防效(\%) = \left(1 - \frac{空白对照区药前病指 \times 处理区药后病指}{空白对照区药后病指 \times 处理区药前病指}\right) \times 100 \qquad (2)$$

$$防效(\%) = \frac{空白对照区病指 - 处理区病指}{空白对照区病指} \times 100 \qquad (3)$$

3. 除草剂防效统计

喷药（施药）后第 20 天、40 天各调查一次。调查时每小区取 4 个点，每点取 $0.25 m^2$，每处理共调查 $1 m^2$，第一次只调查单子叶杂草和双子叶杂草的种类和株数；第二次调查单子叶杂草和双子叶杂草的种类、株数，并分种类称量单双子叶杂草的鲜重。调查结束统计防除效果。防治效果计算方法如下：

株数减退率（%）=（施药前杂草株数 - 施药后杂草株数）/ 施药前杂草株数 × 100

株数相对防治效果（%）=（对照区杂草株数 - 处理区杂草株数）/ 对照区杂草株数 × 100

鲜重相对防治效果（%）=（对照区杂草鲜重 - 处理区杂草鲜重）/ 对照区杂草鲜重 × 100

4. 抑芽剂防效统计

每小区取 3 点，每点 10 株，在施药后 2 周、4 周、6 周各调查一次活芽数（超过 2cm 的活芽数），在最后一次调查时采活芽称重。试验结束后，统计抑芽效果。防治效果计算方法如下：

$$防效（\%）= \frac{对照平均单株芽数（重）- 处理平均单株芽数（重）}{对照平均单株芽数（重）} \times 100 \qquad (4)$$

## 五、农药安全间隔期

安全间隔期，是指最后一次施药至收获前农药降解到残留限量以下的间隔时间。各种农药因其降解的速度不同，加之各种作物的生长趋势和季节不同，其施用农药后的安全间隔期也有所不同。在给农作物喷药时，最后一次喷药与收获之间的时间必须大于安全间隔期，不允许在安全间隔期内收获作物。因此，正确掌握农作物的安全间隔期对保证粮食、瓜果、蔬菜的食用安全很重要。

到目前为止，我国已经陆续颁布了 9 批《农药合理使用准则》（GB/ T 8321.1~9），为加强农药管理、科学使用提供了技术保证。

## 六、农药的混配与混用

绝大多数农药对病虫害的防治范围是有限的，一般只针对一种或几种有害生物发生作用，而在作物的生长期内可能同时发生不同种类的病虫害。为了达到一次用药兼治几种同时发生的有害生物的目的，合理混配或混用农药是充分发挥药效、防止有害生物产生抗药性、节省劳力、及时防治的重要手段。

## （一）混配

农药混配，也称农药复配，是指农药企业在取得农药"三证"后，在工厂生产加工的具有固定复配组分的农药产品，复配农药应具有两年两地的大田药效试验数据，产品质量稳定，药效也基本一致。

（1）明确研制目的　农药复配的主要目的：一是扩大防治谱，对同时发生的虫害、病害或杂草有较均匀的药效，从而尽量延缓甚至克服由于化学农药在种间筛选而引起的有害生物种群的演替；二是克服或延缓有害生物种群演替后可能成为优势种的抗药性，减少用药量，从而减少农药对环境的污染。

（2）一药多治、克服抗性　在进行农药复配的过程中必须兼顾其一药多治、克服抗性的特点。田间发生的有害生物是一个总体，它们相互制约，共存于一个统一体中，但它们对于农药的反应是不一样的，有的有抗性，有的抗性一般，有的抗性较强。而抗性强的有害生物也可能并非优势种。复配农药时，既要考虑扩大防治谱，也要考虑虽不是优势种但抗药性较强的种群，否则会造成药剂对有害生物的种间筛选时导致种群的演替；既要考虑到优势种群的抗药性，也要考虑同时发生的其他有害生物。

（3）不降低药效　农药复配有相加作用、增效作用和拮抗作用三种结果。相加作用又分为相似联合作用和独立联合作用。相似联合作用是两种或两种以上作用机理相同的农药复配，有害生物对它们的抗性机制也是一样的，所以，一种农药的量被适量的另一种农药取代后，仍可获得同样的效果。用这样的复配农药来防治有害生物，有害生物会对参与复配的农药同时产生抗药性，对其他同类药剂也会有交叉抗性。这样的复配农药是不可取的。独立联合作用是两种或两种以上作用机理不同的农药复配，各自独立作用于不同的生理部位而不相互干扰，因为是各自独立作用于不同的生理部位，所以，减少一种药剂的用量不能被另一药剂所取代。然而长期单一地使用这种复配农药来防治有害生物，有害生物会对参与复配的各单剂均产生抗药性，其后果是产生多抗性。复配农药中各单剂在有害生物体内相互影响，如产生的药效超越了各自单独使用时的药效总和为增效作用。但是如果相互影响的结果是复配农药所产生的药效低于各单剂的总和则为拮抗作用。

（4）不产生药害　使用农药的目的不仅仅是有效地杀死有害生物，更重要的是必须对作物绝对的安全，不对当季作物产生各种程度的药害，还必须对下茬作物不产生药害。

（5）注意对天敌的毒力　田间天敌能同时控制多种有害生物。复配剂如大量杀伤天敌且又不能有效地控制某种有害生物，既滋生了该有害生物同时也失去了天敌的控制作用，这样的复配农药是不可取的。要求复配剂对天敌的毒性小于有害生物是不现实的，但必须注意对天敌的毒性尽可能不大于对有害生物的毒性。

（6）不增加对人、畜的毒性　凡是复配后毒性增加的或是低毒农药与高毒或极毒农药复配而成为高毒或极毒农药的，都不应该认为是好的复配组合。应本着对复配剂生产者和使用者负责的态度来研制复配剂。另外，还应注意对家禽、水生动物、有益昆虫等的毒性。

（7）不增加成本　当一种较好的复配剂由于成本太大，农户会选择虽然较差但便宜的其他药剂；或是放宽防治标准，使农作物造成不必要的损失。总之，要用科学的方法有目的地研制复配剂，使其产生良好的社会效益、经济效益和生态效益。

（二）混用

农药的混用是指施药者根据一定的技术资料和施药经验，在施药现场临时将两种或多种农药混合在一起使用。方法虽然比较方便，但必须具有丰富的植保和农药知识。

1. 在混用农药时，必须遵循以下原则

（1）不应影响有效成分的化学稳定性　农药有效成分的化学性质和结构是其药效的基础。混用时一般不应让其有效成分发生化学变化，否则会分解失效。如氨基甲酸酯类农药对碱性比较敏感，拟除虫菊酯类杀虫剂和二硫代氨基酸酯类杀菌剂在较强碱性条件下也会分解；酸性农药与碱性农药混配后会发生复杂的化学变化，破坏其有效成分。农药混用时不宜放置过久。

（2）不能破坏药剂的物理性状　两种乳油混用，要求仍具有良好的乳化性、分散性、湿润性、展着性能；两种可湿性粉剂混用，则要求仍具有良好的悬浮率及湿润性、展着性能。这不仅是发挥药效的条件，也可防止因物理性状变化而失效或产生药害。如果混配后有效成分结晶析出，药液中出现分层、絮结、沉淀等都不能混用。

（3）注意混配药剂的使用范围　在混配农药时，应明确农药混配后的使用范围与其所含各种有效成分单剂的使用范围。

2. 农药混用的一般规律

（1）氨基甲酸酯类农药大多数具有酸性，在碱性条件下不稳定，容易分解生成无生物活性的物质，不能和碱性农药复配混用。

（2）在有机硫类杀菌剂中，二硫代氨基甲酸酯衍生物如代森锌、福美锌、福美双等，虽然有一定的稳定性，但在强碱性条件下亦分解失效，不宜和碱性农药复配混用。

（3）含三氯甲硫基的杀菌剂，如克菌丹和灭菌丹，虽然强碱性也能使其发生复杂的化学变化，但通常是比较稳定的。因此，它们的复配混用范围比较广，尤其含克菌丹的混剂数量较大。

（4）内吸性杀菌剂，如多菌灵、甲基硫菌灵、三环唑等，都有一定的稳定性，适合与许多保护性杀菌剂混用。苯氧乙酸类除草剂，如2,4-D等化学性质一般比较稳定，与含金属元素的药剂混用能生成盐，但是一般不会使药效显著降低，在除草剂中含有金属元素的药剂很少，因而其复配混用范围也比较广。

（5）植物源农药性质比较复杂，一般与有机合成的药剂复配混用时不起多大的化学作用，对药剂的效果影响不大。在各类农药复配混用中，最容易发生化学反应，降低药效，出现药害的是无机农药。在无机农药中，碱性农药和含金属元素的农药最多，它们在复配混用中最容易使其他农药分解失效，或产生药害。

总之，两种或两种以上的农药混合施用，必须有充分的科学依据，不能随意混配。有些农药混用后出现失效、减效、中毒、药害等不良反应，因此，必须严格按照农药混用条件，通过必要的试验加以证实，进行合理混用。

（李义强，王秀国，杨金广，陈丹，胡钟胜，杨清林）

# 第二章 农药环境行为

## 一、农药对生态环境的污染

农药污染指农药及其降解产物，通过各种渠道进入土壤、水体、大气，破坏生态系统，造成环境中有害物质大大增加，从而危及生态环境、人体健康安全以及其他生物的正常生存发展。化学农药污染包括对土壤、大气、水体和生物的污染。据有关资料统计，农药在使用后，仅有 20% ~30% 的农药附着在植物体上，30% ~50% 的农药降落在地面上，有 5% ~20% 农药弥散在大气中，被雨水冲淋污染土壤和水源，危害生物和人类的生存环境，危及人类的健康。

### (一) 对土壤的污染

土壤质量退化是当前影响人类生存的十大环境问题之一。化肥、农药等农用化学品对土壤的污染，被认为是农田土壤退化的最重要原因。农药污染土壤后，造成土壤中农药残留量及其衍生物含量的增加。如 20 世纪 60 年代曾广泛使用的含汞、砷农药，目前在许多地区土壤中仍有残留；有机氯农药在 70 年代大量使用后，目前仍然可以从个别土壤中检测到 DDT、六六六等农药的残留或衍生物；虽然有机磷与氨基甲酸酯类等农药在土壤中易被降解，但由于 80 年代后期的频繁大量用药和日常生产中农药不规范使用，个别产区土壤中仍然能够检测到一定含量的残留。

农药进入土壤的途径主要有以下几个方面：一是防治病、

虫、草害的农药直接进入土壤；二是喷洒时附着在作物上的农药，通过雨水淋洗、落叶等途径进入土壤；三是随大气沉降、雨水、灌溉水等进入土壤；四是农药生产过程中产生的三废（废气、废水、废渣）直接或间接排入土壤；五是使用后的废弃农药包装和未用完的农药随意丢弃或农药运输泄漏等。

农药进入土壤后，被土壤胶粒及有机质吸附，在土壤中降解、转化、迁移。因农药的结构、土壤性质、农药用量、农业措施、气候条件不同，农药在土壤中的残留和迁移转化行为有很大差异。各类农药在土壤中残留期长短的顺序依次为：含重金属农药＞有机氯农药＞取代脲素、均三氮苯类和大部分磺酰脲类除草剂＞拟除虫菊酯农药、氨基甲酸酯农药、有机磷农药。农药对土壤的污染主要集中在农药使用地区，大多数农药由于被土壤吸附，随土层径流的迁移一般不大；随水的淋溶通常也较小，对土壤的残留和污染主要集中在 0 ~ 30cm 深度的土壤层中。

农药残留易在土壤中累积，导致农药残留量不断增加。长期受农药污染的土壤会出现明显的酸化，土壤养分（氮、磷、钾等）随污染程度的加重而不协调。此外，还会改变土壤的物理性状，造成土壤空隙率变小，土壤结构板结，土壤退化、农作物产量和品质下降。

## （二）对水体的污染

农药对水体的污染包括对地表水的污染和对地下水的污染。农业活动中使用的农药，经地表水或地下水的渗透与流动而进入水体，使得水体环境受到污染。研究发现，我国大部分水域均不同程度地受到了污染。进入水体中的农药一方面可以通过沉积物的再悬浮作用而重新进入水体，降低水生态环境质量，打破水生生态系统的平衡；另一方面可以通过水生生物富集，再通过人类食用而危害人类健康。

农药污染主要来源有：农田农药流失；大气飘移和沉降；水面直接喷施农药；施药工具和器械的清洗；农药生产、加工企业废水的排放等。其中，农田农药流失为最主要来源。一般情况下，水体中农药污染范围较小，但随着农药的迁移扩散，污染范围逐渐扩大。水体污染的程度和范围，对不同的农药和水体环境也不相同。通常对于水溶性化学农药，质地轻的砂土、水田栽培条件和病虫草发生期降水量大的地区容易发生化学农药的流失而污染水环境；反之，则相对较轻。而对于水环境而言，农药对水体污染的顺序一般为：农田水 > 河流水 > 海水 > 自来水 > 地下水。以农田水污染最重，但污染范围较小；河流水污染程度次之，但因农药在水体中的扩散与农药随水流运动而迁移，其污染范围较大；海水污染程度更次之；自来水与地下水因经过净化处理或土壤吸附过渗，污染程度最小。

农药对水体的污染，导致了一系列不良后果。农业使用污水，使作物减产，品质降低，甚至使人畜受害，大片农田遭受污染，降低土壤质量。水的富营养化，影响水生生物正常生存发展；饮用水源受到农药污染，饮用这些农药含量超标的水，会危害人体健康，导致急性或慢性中毒等。

## （三）对大气的污染

化学肥料和农药的使用是农业生产过程中的大气的主要来源。进入大气的农药，当其超过允许限度，即自然环境的自净化能力，就有可能造成大气的污染。大气污染是一个极其复杂的物理和化学变化过程，能否形成大气污染主要取决于农药在大气中的浓度和滞留时间。大气中含有的浓度越高，停留时间越长，就越容易形成污染。

大气中的农药主要来源有：地面或飞机喷雾或喷粉施药，农药喷洒过程中雾滴或粉粒逸散到大气中，并随风飘移；土壤、水体或作物上残留农药的扩散、蒸发；农药生产、加工企业"三废"的排放。大气中的残留农药漂浮物或被大气中的飘尘所吸附，或以气体与气溶胶的状态悬浮于空气中，并随大气运动而扩散，使大气的污染范围不断扩大。一些稳定性高的农药，如有机氯农药，进入到大气层后传播到很远的地方，污染区域更大，甚至污染到了两极地区。据报道，在地球的南极圈、北极圈内和喜马拉雅山最高峰等从未使用过农药的地区，生物体中均曾检测到有机氯农药。

因此，为了减少农药对大气的污染，要选用高效、低毒、低残留农药，并做到科学合理用药。粉剂对大气污染最严重，乳剂和水剂介于两者之间，粒剂对大气污染最小。为降低大气农药浓度，可在农药中加入加重剂和抗蒸发剂，加快农药的沉降速度、减少蒸发速度。

### （四）对环境生物的污染

农药作为外源物质进入生态系统后，除了对防治靶标的作用外，还对非靶标生物产生影响，导致某些生物种类减少，生态系统的结构和功能改变，最终影响生物多样性，破坏生态平衡。农药在防治病虫害的同时，对害虫的"天敌"及传粉昆虫等也会产生毒害作用，导致捕食性、寄生性害虫的天敌数量减少，害虫与天敌间失去平衡，害虫更猖獗；同时也会导致传粉昆虫数量的减少，使作物产量受到影响。有些农药具有"三致"（致癌、致畸、致突变）作用，虽然起始浓度不高，但由于食物链的富集作用，可通过食物链的转化过程逐级浓缩，从而导致对环境生物的富集与污染。研究表明，环境生物对农药的浓缩程度可从几十至数百万倍。位于食物链位置愈高的生物，其生物浓缩倍数也愈高，受农药污染的程度也最严重。

1. 农药对鸟类种群的影响

农药的大量使用，给鸟类带来了严重的危害。危害主要表现在两个方面：一是鸟类体内蓄积的农药达到一定量时中毒致死。二是对非靶标生物造成影响，使生物多样性（杂草多样性、动物种群多样性等）降低，影响鸟类捕食，最终影响鸟类的生长发育和繁衍。

2. 农药对昆虫种群的影响

使用农药，特别是广谱杀虫剂不仅能杀死诸多害虫，也同样杀死了益虫和害虫天敌。昆虫是地球上数量最多的生物种群，全世界大约有100多万种，其中，对农林作物和人类有害的昆虫只有数千种，真正对农林业能造成严重危害的，每年需要防治和消灭的仅有几百种。因此，使用农药杀伤了大量无害的昆虫，不仅破坏了构成生态系的种间平衡关系，而且使昆虫多样性趋于贫乏。

3. 农药对土壤无脊椎动物种类的影响

土壤无脊椎动物是许多哺乳动物和鸟类的重要食物来源。因此，它们体内的残留农药可以伤害食物链上高级的动物。进入土壤中的农药能杀死某些土壤中的无脊椎动物，使其数量减少，甚至于种群濒于灭绝。

## 二、农药对烟草的污染与危害

### （一）农药与农药残留

农药是指在农业生产过程中用于防治农作物病虫害、消除杂草、调控植物生长的各种药剂的统称。所谓农药残留，即使用农药后，在农产品及环境中农药活性成分及其在性质上和数量上有毒理学意义的代谢（或降解、转化）产物。正确使用农药可控制农作物病、虫、草、鼠危害，促进产品高产优质、保证农业丰产丰收。不合理的用药，不但影响药效的充分发挥，更对作物本身及人类造成潜在的、持久性污染与危害。

## （二）我国农药使用现状

用药水平高是农药污染的主要原因，据报道，我国单位面积的农药施用量高出世界平均水平的 2 倍。我国于 20 世纪 50 年代开始使用有机氯农药，60～80 年代，有机氯农药的生产和施用量占中国农药总产量的 50% 以上。我国幅员辽阔，气候差异较大，病虫害发生频率差异较大，加之各地区经济发展水平不平衡，各地农药的施用水平差异较大，在中国平均用药水平较其他国家高的同时，部分地区的用药水平又远高于我国平均用药水平。

## （三）烟草农药残留现状

烟草虽然不被直接食用，但很多国家依然把烟草划分为食品类或准食品类。烟草作为我国重要经济作物之一，病虫草害是影响其产量和质量的重要因素。化学农药防治是目前生产上采用的主要的烟草病虫草害治理措施。我国烟草产区地域辽阔，种植面积和总产量均居世界首位。近几年，通过标准化生产的持续推进，烟叶质量稳定，且接近或达到了国际水平。为了有效地防治病虫害，每年都要施用大量的农药。据统计，全国每年施用于烟草的农药为 6 000t 左右，单位面积的用药量仅次于棉花、水稻和果树。因此，在烟叶生产过程中，大量频繁使用化学农药，对烟草本身和吸烟者造成不可忽视的污染与危害。

在 20 世纪 50～60 年代，食品安全意识不强，但到了 60～70 年代，世界许多国家和国际组织对农药残留污染危害予以重视，纷纷修订了食品或农产品中农药最大残留限量标准（Maximum Residue Limit，MRL），国际食品法典于 1963 年成立，并成立了农药残留委员会。中国自 2007 年正式成为国际食品法典（Codex Alimentarius Commission，CAC）—农药残留委员会（Codex Committee on Pesticide Residues，CCPR）的主席国，连续承担了 8 届农药残留委员会年会，讨论国际食品法典农药残留限量。国内层面，20 世纪 80 年代起，国内陆续颁布了农药残留管理的相关技术文件和残留限量。2010 年 4 月 12 日，由农业、化学、医学、食品、营养等方面的专家和国务院有关部委的代表组成的第一届国家农药残留标准审评委员会成立。国家农药残留标准委员主要负责审议农药残留国家标准，制定农药残留国家标准体系规划，为农药残留国家标准管理提供政策和技术意见，研究农药残留标准相关重大问题。2012 年把国内分散的农药残留国家标准、行业标准进行了合并和统一，制定了包含 2 293 种残留限量的"食品中农药最大残留限量（GB 2763—2012）"，2014 年进一步修订完善，农药残留指标增加到 3 650 种。

烟草领域，国际烟草合作研究中心（CORESTA）于 2003 年首次制定了全球通用的烟草及烟草制品农用化学指导性残留限量，并分别于 2008 年、2013 年进行了改版，目前该限量标准中涉及的农药种类为 120 种。中国烟草总公司也于 2014 年 4 月 15 日颁布生效了包含 123 种农药的"烟叶中农药最大残留限量"企业标准。在食品安全需求和农药残留限量标准的双重压力下，不同国家和行业采取了许多相应措施来控制和防止农药残留污染危害。进入新世纪以来，烟草种植面积不断扩大，新烟区逐渐增多，部分未经在烟草上推荐的农药在烟草上违规施用，严重影响了优质烟叶的生产及安全性。

## （四）农药残留对烟草的污染

烟草的农药污染及其污染程度受多种因素影响，主要有农药的理化特性（如农药溶解性、降解性、附着性、渗透性和内吸性等）、农药的施用技术（如剂型、用药量、施药方式等）、烟草的生物学特性（如受药部位的比表面积、粗糙度和蜡质层厚度等），以及使用部位对农药的富集性等。

1. 施药后农药对烟草的直接污染

烟草上施药方式主要为喷施和灌根，叶片为喷施农药的直接受体，施药时农药附着于烟草叶片，光照吹雨淋流失外，附着和渗入内部的农药致使烟草产生农药残留；灌根方式施用的农药，经烟草根系输导转运至叶片同样对叶片造成农药残留污染。

烟草中农药残留量与农药的性质、施用浓度、采收间隔期及烟草自身特性有较大关系。具有内吸性的农药，施用后易被烟草植株吸收并运转，残留量会较大。另外，农药施用量越大，从施药到采收的间隔时间越短，农药残留量越高，反之农药残留量越低。从烟草自身特性来说，烟叶表面积大，表面褶皱多，具黏性，且下部叶片较上部叶片大，对农药的吸附力强，比其他作物更易附着农药。

2. 烟草从污染环境中对农药的吸收（间接污染）

一般情况下，施用于烟草上的农药，被茎叶和根表面黏附，直接发挥作用的仅占10%～20%，其余的大部分均在喷洒过程中以多种方式损失在环境中，给环境带来污染。大气中的农药微粒或雾滴可随风飘移到较远的地方，并且随大气的沉降、降水等过程落入地面，进入土壤的部分农药，通过物理吸附、化学吸附、氢键结合及配位键结合等形式吸附在土壤颗粒表面。烟草根系较发达，土壤中的农药经烟草根系吸收，经输导组织和蒸腾作用运送至叶片及其他部位，造成间接农药污染。

间接污染的程度与农药性质（稳定性、挥发性、水溶性等）、土壤性质（酸碱性、有机质含量等）和烟草自身特性等因素有关。稳定性好、难挥发和脂溶性的农药在土壤中的残留时间长，对烟草的污染程度较大。另外，由于多数农药在碱性条件下易分解，所以，烟草在酸性土壤中吸收的农药要大于碱性土壤；同样，由于土壤对农药的吸附能力不同，烟草更易在砂质土壤中吸收农药，而在黏土和有机质含量高的土壤中吸收较少。

### （五）农药对烟草的危害

农药具有生物和化学活性，能与环境中的某些物质发生相互作用，或在特定环境中转移。施用的农药，通过扩散、转运、吸附、吸收、降解、富集等过程进行多方式、多途径的运动和循环。运动和循环的结果在某一阶段可能得到很高浓度的富集，从而影响烟草内在品质和外在质量，危及人体安全；在另一阶段可能得到降解，降解产物的毒性可能消失，也可能变成毒性更高的物质。

我国是农业大国，农药使用量大，使用面积广阔，由于施药技术等问题，其中 70% ~ 80% 的农药直接渗透到生态环境中，对土壤、地表水、地下水和农产品造成污染，并通过生物链传递，对所有环境生物和人类健康造成严重的、持久的和潜在的危害。

1. 直接危害

农药对烟草的直接危害主要由农药所产生的化学或物理作用而造成的。如不溶于水的药剂（铜制剂、砷制剂、石硫合剂等）在烟草叶面通过气孔等组织，渗透进入烟草组织内部，对烟叶品质造成不良影响。

波尔多液等碱性农药可侵蚀烟草叶面表皮细胞而造成伤害；石油乳剂等可渗透进入叶片细胞组织或阻塞叶表面气孔，对烟草造成伤害。

农药对烟草的危害症状主要有：植株矮化、畸形；须根少、根粗短肥大；叶片表面变厚发脆、叶斑穿孔、焦灼枯萎、黄化、卷叶、落叶等。

2. 间接危害

农药使用不当，使生态环境中大量的有益种群和天敌死亡，影响生态结构，造成恶劣的烟草生长环境，另外，长期的使用农药，导致土壤中农药残留累积，影响烟草产量和质量。

3. 药害

为追求防治效果而使用违禁、对烟草敏感的农药，使用浓度过大，混用品种过多，使用方法不正确，使用时期不正确，对药剂、药械的管理不规范，前茬作物农药残留等因素，都易造成农药药害。

## （六）农药对人体的危害

烟草使用部位为叶片，而叶片易于高富集农药，在卷烟燃吸过程中，通过卷烟内热解区烟丝柱中的温度梯度、抽吸力、水蒸气、压力等作用使残留农药随烟气进入人体，从而危害人体健康。报道显示，部分氨基甲酸酯类农药在烟气中的迁移率达4.9%。据报道，目前有70余种可能干扰人体内分泌的化学物质，其中农药中存在40余种。它们主要使人体生殖能力下降、导致异常现象、降低免疫力并诱发肿瘤、损害神经系统等。

## （七）烟草中农药残留来源

1. 烟草病虫害防治

防治烟草病虫害的农药，大多直接喷雾喷施于叶片或灌根施于土壤，这些农药多次施用后直接与烟株或烟叶接触，造成某种农药在烟草上残留累积。

此外，多种农药在烟草上混合使用，存在农药间的复合效应。单一农药在作物上具有一定的消解规律和半衰期，烟草生长期较长，病虫害发生种类复杂，程度严重，因此，生产上多种农药混合使用的现象较普遍。当农药混合使用时，各种农药在同一系统内的消解规律会发生变化。高效氯氰菊酯、吡虫啉为烟草上常用农药，研究表明，二者混合使用，高效氯氰菊酯能使吡虫啉降解半衰期延长，同时吡虫啉也能使高效氯氰菊酯降解速率减缓，结果导致农药在烟草上残留时间延长。

2. 除草剂的使用

常见的农田杂草有近200种，与烟草争夺营养、水分、光照和生存空间，除草工作量大，目前烤烟生产中多施用除草剂以减轻劳动强度。不正常的除草剂使用方法，使烟叶表面接触药剂，导致除草剂残留；另一方面，部分除草剂在土壤中残留时间长，容易造成后茬作物中除草剂药害。

3. 烟草抑芽剂的使用

打顶抹杈是烟草生产一项特殊过程，化学抑芽是一项必要的手段。但是化学抑芽剂的使用时期为烤烟生产中后期，其残留和特殊作用引起人们的广泛关注，1997年美国环境保护机构提出某些抑芽剂对人有致癌、致突变特性和增殖反应，我国近年来在烟叶出口贸易中也出现了抑芽剂超标而退货的事件。

4. 其他来源

（1）土壤残留　土壤中农药可通过烤烟的根系转移至烤烟组织内部，土壤中农药残留量与烟叶中农药残留量呈正相关。

（2）灌溉水源　土壤中的农药经雨水冲刷，流入附近水体或渗透到地下水中，使用受到农药污染的水浇灌烤烟，也会不同程度增加烟叶农药残留。

（3）调制加工　烤烟是一种特殊的农产品，鲜烟叶要经初烤、复烤、醇化等过程才能进入制丝环节，进而制成烟草制品。烘烤和复烤过程中，烟叶表面残存的农药，在高温作用下生成衍生物或分解成其他有毒物质，有的化学农药，其衍生物毒性高于农药本身。

## 三、农药在环境中的残留和降解

农药的使用是农业生产上的一次巨大飞跃，但任何事情都有其两面性，农药的使用也带来了许多环境问题。为对农药的环境安全性做出正确的评价，国内外科技工作者对农药在环境中的降解和迁移规律开展了深入细致的研究工作。

直接向土壤或植物表面喷洒农药，是农药施用最常见的方式，也是造成土壤污染的重要原因。一般农田土壤均受到不同程度的污染，化学农药在使用过程中，只有一部分附着于植物体上。对不同作物，采用不同的施用方式喷洒农药，除被植物体吸收外，大约有 20% ~ 50% 进入土壤。直接进入土壤的农药，大部分可被吸附，残留于土壤中的农药，由于生物的作用，经历着转化和降解过程，形成具有不同稳定性的中间产物或最终成为无机物。化学农药在土壤中的蒸发决定于农药本身的溶解度、蒸汽压和接近地表空气层的扩散速度以及土壤温度、湿度和质地。土壤中的农药可随水淋溶而在土体中扩散，但受农药本身的溶解度和土壤吸附性能的限制。如除草剂 2,4-D 等水溶性大的农药易于淋溶，可直接随土壤水分流入水体。一般来说，农药在土壤中的淋溶较弱，故残留于土壤中的农药大多聚集于表土之中。土壤中残留农药的降解作用有：微生物降解、光化学降解、化学降解和土壤自由基降解等。

### （一）农药在土壤中的环境行为

土壤是环境的重要介质，农药不论以何种方式进入环境，都会直接或间接进入土壤环境中。土壤环境中 80% 左右的农药是通过喷施过程进入的。农药在土壤中的残留降解，一般仅研究农药在耕作层土壤中的消解规律，但农药在土壤中随水向下移动是农药的重要环境行为之一。农药在土壤中的移动能力与土壤的吸附性有关，不同农药品种在土壤中的移动性存在较大的差异，它与农药的水溶解度，蒸汽压和分子结构特性有关，尤其是一些水溶性高、农药使用量大的品种，更易在土壤中移动。在土壤中能够最终将有毒的农药或者其他污染物除去，主要靠环境对农药的降解和转化。在土壤中同时存在非生物和生物的两种类型的降解和转化。一般来讲，在耕作层中由于养分供应充足，气体交换充分和有机质含量较高，微生物种类和数量较多，因此，农药的生物降解相对活跃。但是，这并不排除非生物降解的可能性，在一定条件下非生物降解在耕作层中仍然能够占优势，例如，在酸性土壤中莠去津的化学水解占优势地位，成为持续性的决定因子。在耕作层以下，由于缺乏必要的营养和水汽条件，微生物种群较小，当农药淋溶至耕作层以下时，非生物降解就可能成为主要的途径。另外，当土壤受到高浓度的毒物污染时，土壤的生物活性被严重抑制，此时非生物降解将成为消除毒害的主要途径。

1. 土壤中微生物对农药的降解

一般情况下，农药的生物降解是农药降解的最有效途径，尽管农药可被动植物吸收转化，但是主要作用还是由微生物来完成。农药的微生物降解作用实际上是酶促反应，大多数农药的微生物降解途径已经明确。总体上，农药的微生物降解途径包括氧化、还原、水解、脱卤缩合、脱羧、异构化等。如：DDT、对硫磷、艾氏剂等的主要降解途径是通过微生物降解。微生物具有其他生物所不具有的特性，代谢形式多样，包括好气、厌气、无机营养代谢以及发酵和胞外酶代谢等多种代谢形式，可适应不同生态条件而无处不在。

温度、微生物的菌属、土壤含水量、有机物含量等因素成为影响微生物降解的主要条件。温度影响微生物降解速度，主要是因为温度影响了微生物的活性，从而影响了降解速度。在微生物适宜温度 0 ~ 35 ℃ 范围内，微生物降解通常符合一级反应模型。

土壤的含水量、有机物含量、微生物组成可能极大地改变微生物的降解速度。例如，二嗪农在厌氧条件下（水淹土壤）能快速降解，可能是由于降解二嗪农的细菌属（如黄杆菌属、链霉菌等）是属于厌氧菌，在水淹条件下大量繁殖而导致二嗪农的快速降解。在研究甲胺磷农药的微生物降解中，分离得到 PseudomomasWs-5 对甲胺磷有很强的降解能力，它能利用甲胺磷作为唯一碳源进行生长，而且如 $Cu^{2+}$、$Ca^{2+}$、$Mn^{2+}$ 等金属对其生长有明显促进作用。

土壤环境水中有机碳浓度影响着微生物的生长，有机碳浓度越高，残留农药的降解越迅速。研究证实了这一点，有机质含量高的土壤能加快农药涕灭威的降解，这主要是因为有机质高的土壤能促进更多微生物的生长。

2. 土壤中农药的光解

由于农药一般含有 C－C、C－H、C－O、C－N 等键，而这些键的解离正好在太阳光的波长范围内，因此，农药在吸收光子之后，就变成为激发态的分子，导致上述键的断裂，发生光解反应。研究表明，在实验室条件下测定杀虫双的光解行为，按一级动力学方程计算出杀虫双的光解半衰期为 3.75h，其代谢产物沙蚕毒素为 21min。甲基对硫磷、氟乐灵和三唑酮在土壤中的光化学降解，都符合一级动力反应。而且在不同湿度条件下它们的光解半衰期有很大的变化。由此可以推断，当土壤湿度大时，其水溶解的农药量增加，水中的 $OH^-$ 等氧化基团因光照增加，从而使农药的氧化降解速率加快。

3. 土壤中农药的水解

水对残留农药的降解行为也是农药在土壤环境中降解的主要途径之一。其主要形式分为两类：一种是农药在土壤中因酸催化或碱催化而发生的反应。研究吡虫啉的水解时发现，吡虫啉在酸性和中性介质下稳定性好，在弱碱性条件下易降解，且降解速率随碱性的增加而加快。另一种是由于黏土的吸附催化而发生的反应，如，扑灭津降解就是由土壤有机质的吸附作用催化的。

## （二）农药在水中的降解

### 1. 农药在水中的环境行为

农药对水体的污染主要来源于：直接向水体施药；农田施用的农药随雨水或灌溉水向水体迁移；农药生产、加工企业废水的排放；大气中残留农药随降水进入水体；农药使用过程中，雾滴或粉尘微粒随风飘移沉降进入水体以及施药工具和器械的清洗等。各种水体受农药污染的程度和范围，因农药品种不同而有所差异。一般而言，农药水溶解度越大，性质越稳定，农药使用后进入水体的概率越大，在水体中的残留也越高。除农药自身性质外，受纳水体的不同也影响农药的污染程度。不同水体遭受农药污染程度的大小依次为：农田水，田沟水，径流水，塘水，浅层地下水，河流水，自来水，深层地下水，海水。地表水体中的残留农药，可发生挥发、迁移、光解、水解、水生生物代谢、吸收、富集和被水域底泥吸附等一系列物理化学过程。

农药的水化学降解是一个化学反应过程，农药分子（RX）与水分子发生相互作用，农药分子的离去基团 X 断裂，和水共价形成新的基团。在许多农药分子中存在着可以被水解的化学结构，如酰胺、腈、醚等。农药水解时，一个亲核基团（水或 $OH^-$）进攻亲电基团（N，P，S 等原子），并且取代离去基团（$Cl^-$，苯酚盐等）。这其中包括两种亲核取代反应：单分子亲核取代反应（SN1）和双分子亲核取代反应（SN2）。对于大多数农药而言，很少存在单纯的 SN1 或 SN2 反应，常常是两种亲核取代反应同时存在。通过水解作用可以使农药原来的分子发生改变，变成水解产物。一般情况下，水解作用生成低毒产物，更易于生物降解，但也可能生成毒性更大的产物，如2,4-D酯类的水解作用就生成毒性更大的2,4-D酸。农药的化学水解速率主要取决于农药本身的化学结构和水体的pH值，温度，离子强度及其他化合物的存在，其中尤以pH值和温度影响最大。

2. pH值对水解的影响

刘毅华等研究了三唑酮在不同pH值条件下的水解速率，发现三唑酮在酸性或弱酸性条件下是比较稳定的，而在中性条件下即发生水解反应，在强碱性条件下三唑酮则更易水解；在pH值为5~9的缓冲溶液中，三唑酮水解半衰期分别为28.8天、13.8天、5.7天、2.1天和1.4天。Morrica等研究表明，磺酰脲类化合物在酸性pH值溶液中水解较快，而在中性条件下相对稳定；莫汉宏等报道了涕灭威及其代谢物在pH值为6、7和8水介质中的水解结果：随着水介质碱性增加，水解速率增加，当介质pH值从7增至8时，水解速率常数增加4~10倍，半衰期也相应缩短；对吡虫啉的水解研究发现，吡虫啉在酸性和中性条件下水解较慢或不发生水解，但是在碱性条件下容易受OH$^-$进攻，从而发生亲核取代反应。

3. 温度对水解的影响

Berger等研究表明，磺酰脲类除草剂的水解反应表现出明显的温度效应，并可用一级动力学方程很好描述；Dineili等在对氯磺隆、甲磺隆、氟吡磺隆等8种磺酰脲除草剂水解研究基础上，结合文献资料得出了磺酰脲类化合物的活化能为83~135kJ/mol。

4. 农药在环境中的光化学行为

施用农药后，无论是残留于植物表面，还是进入土壤、水体和大气，均受到太阳光的照射而发生光化学降解，光稳定性已成为农药环境安全性评价的重要内容之一。农药（或其他物质）必须吸收适当波长的光能呈激发态分子，才能进行光化学反应。太阳发射的光谱较宽，但到达地球表面最短波长为286.3nm。

286.3nm 以下波长的光几乎被大气臭氧层吸收，太阳光中的紫外部分（290～450nm）是环境中农药进行光化学反应的最重要因素。由于农药分子中一般含有 C－C、C－H、C－O、C－N 等键，而这些键的离解正好在太阳光的波长能量范围内，因此农药在吸收光子之后，变成激发态的分子，导致键的断裂，从而发生光解反应。光化学反应可以用爱因斯坦定律来说明，农药（或其他物质）分子吸收辐射光量子被激发，激发过程所传递的能量与光波长有关，可用下式表示：

$$E = hv = hc/\lambda = 2.8591 \times 105/\lambda$$

式中，$E$ 为辐射能；$h$ 为普朗克常数；$v$ 为辐射频率；$c$ 为光速，$\lambda$ 为波长。

由上式可以计算出给定波长传递的能量，波长越短，其能量越高。农药光解根据其分子吸收光能的方式不同分为直接光解和间接光解两种类型。根据分子吸收光的途径，光解可分为直接光解和间接光解。

（1）直接光解

农药或其他物质吸收适当波长的光能呈激发态分子，吸收光子的能量正好在分子中一些键的离解能范围内，而导致键的断裂发生降解。直接光解是农药在纯水或饱和烃中唯一的光化学转化机制。1954 年 Gunthe 首先观察到杀虫剂 p,p-DDT 在夏天喷到田间由于自然光照降解而很快失去毒效。后来许多研究者采用太阳光、紫外光、氨灯、汞灯等不同光源对农药在不同介质（有机溶剂、水溶液、土壤表层等）中的直接光解开展了广泛研究。朱忠林等利用 NDC 光化学反应仪测定了吡虫啉农药的光降解反应速率：在 300 W 低压汞灯下，吡虫啉在水相溶液中的光解反应呈一级反应动力学规律，光解半衰期为 6.81 小时；在 pH 值为 5、7、9 的缓冲溶液中的光解半衰期分别为 30.6 天、13.6 天和 8.0 天。溴氰菊酯水相溶液和石油醚溶液中的光解呈二级反应动力学规律，光解半衰期分别为 13.7 天和 9.4 天。在 pH 值为 5、7 和 9 的缓冲溶液中，其水解半衰期分别为 15.6 天和 8.3 天。石利利等采用同样的方法测定了三十烷醇的光解作用，结果表明三十烷醇在水相中的光解符合一级动力学反应，其光解半衰期为 5.6 天。

（2）间接光解

农药间接光降解是在光的照射下，激发供体（光敏剂）把激发能传递给受体分子农药，使农药进行光化学反应的过程，其对环境中生物难降解的有机污染物更为重要。由于到达地面上的太阳光波长大于 290nm，一些不能吸收 290nm 以上波长的农药其光解主要通过环境中广泛存在的光敏剂转移光能而发生，同时大多数农药对 300nm 以上光已无吸收，380nm 以上波长的光子能量难以破坏化学农药键能，因此发生光解多数是间接光解。在光照条件下，激发供体可被激发产生单线态氧、氢基自由基、超氧阴离子等活性氧和自由基，这些自由基能使有机物发生脱氢或亲电加成反应，自由基一系列的氧化降解反应使有机物矿化。

## 四、农药安全性评价的方法

目前，农药安全性评价（Safety Evaluation）已成为各国农药科学管理的核心和主要方式。同时，农药安全性评价为解决农药生产与使用的诸多问题提供了有效途径，为维护农药规范生产、安全使用与健康发展提供了有效保障。

### （一）安全性评价的进展

农药的诞生曾经在很大程度上提高了农作物产量，促进了农业发展。至今，农药已成为现代农业生产不可缺少的生产资料之一。事物都是一分为二的，随着新农药种类的不断出现、生产与使用，农药给人类健康和环境造成的负面效应越来越大，同时不同程度上造成农药的扩散、残留与富集等问题，农药的各种污染与危害也逐步地显现。自 1992 年巴西里约热内卢及 1997 年美国纽约召开的环境与发展大会之后，把环境安全纳入发展计划，实现经济、社会和环境的可持续发展的观点，已被大多数人认同，并被世界各国所接受。从而人们对化学农药由 20 世纪早期的盲目乐观，转向了审慎的态度，对化学农药着手开展安全性评价及风险管理。

安全性评价的理论发展经历了三个代表性阶段，首先，事故理论阶段（从工业社会到 20 世纪 50 年代）；其次，危险分析与风险控制理论阶段（20 世纪 50~80 年代）；第三，安全理论不断发展和完善的现代阶段（20 世纪 90 年代以来）。安全性评价是对系统的危险性进行定性或定量分析，评价系统发生事故的可能性及严重程度，它是安全管理和决策科学化的基础；同样，安全性评价能使公众认清风险，接受风险，正确看待和处理生活及生产过程中出现或产生的实际问题。

事实上，化学农药风险评价中的环境风险评价是 20 世纪 70 年代发展起来的环境评价科学。其中，以有毒有害化学品（尤其农药）的安全问题为环境安全（风险）性评价与风险管理研究的热点和重点。40 年代杀虫剂应用只注重急性毒性，对农药给环境带来的潜在威胁认识不足，对有害生物的防治过分依赖化学防治措施。50 年代全球广泛使用 DDT 和六六六（有机氯农药），虽然它们的急性毒性并不高，但存在长期的残留毒性。随着这两种有机氯农药的大量使用，60 年代农药残留问题逐渐暴露出来，引起世界各国对环境问题的高度关注，对农药的安全性评价也从急性毒性发展到此阶段要求做农药残留检测和慢性毒性试验。80 年代后期，以美国为代表的一些国家把计算机技术和数学模型的开发和应用与环境生态风险评价相结合，从整体、系统联系的观点出发进行评价研究，使得风险评价更为全面、准确、迅速、可靠，也使得重大问题的决策和农药管理更具科学性。目前农药安全性评价涉及农药研究、开发、生产和使用的整个过程，并且涉及原药、制剂及使用方式等方面。评价内容涵盖了农药毒理、残留、环境生态等诸多与农药安全性有关的方面。从评价指标的性质以及评价重点上，风险评价可概括为卫生毒理风险评价和环境毒理风险评价两大类。前者包括农药对哺乳动物的急（慢）性毒性，如过敏性、三致性（致畸、致癌、致突变）和迟发性神经毒性等，以及急（慢）性毒性与人体健康直接有关的指标；后者包括农药环境行为、残留、农药对有益生物的影响等与环境、生态安全有关的指标，故又称环境（生态）风险评价。与早期农药的开发与使用相比，现代开发的化学农药必须进行使用前全面的安全性评价，结合相应的风险管理措施，使农药的负面作用得到有效控制。建立严格、完善的安全性评价与管理制度，达到现代化学农药安全使用的目的。

## （二）安全性评价的基本程序与方法

一个完整的安全性评价亦称为风险评价（Risk Assesment）及风险管理，程序包括：风险识别、风险评价和风险决策管理。

### 1. 风险识别

任何一种农药在被批准应用于农业或其他用途之前，必须经过与人畜健康相关的测试亦即安全性评价。该阶段主要明确农药中的化学成分可能对人畜健康以及环境产生的危害，描述或列出各种毒性作用现象，如神经毒性、发育毒性等。这些信息包括流行病学数据、动物生测数据、离体试验数据和分子生物学信息等。危害的识别包括一系列离体和活体的研究，在剂量足够高的情况下有可能产生副作用的化合物需确定其生物活性。在试验中供试生物体（微生物、细胞系或活体动物试验）接触化学成分水平的增加直至不良效应的产生。为了确保数据的可靠性，采用国际通用的准则指导安全性评价的试验过程。

安全性评价的第一步是风险识别，在环境安全性评价方面，目前常采用三种风险识别途径：专家调查（包括智力激励法和特尔菲法）、幕景分析（Scenarios Analysis），即：筛选、监测和诊断，以及故障树（事故树）分析法（FTA）。这些途径在评价时又可采取定性评价、指数评价、半定量评价和概率危险评价等方法。各国正在开发和试图应用相应的安全性评价软件。

2. 风险评价的基本方法

农药对人类健康潜在的危害性主要是通过大鼠、兔、豚鼠、犬等动物对一定剂量农药做出的反应进行的。在农药登记时需要提供一系列毒性研究报告，这些毒性研究包括农药对不同动物种类从急性毒性试验到慢性毒性试验的一系列试验。"农药安全性毒理学评价程序"中规定的安全评价项目，按"农药登记要求"所需的相应试验，依次分为4个阶段。即急性毒性试验、蓄积毒性与致突变试验、亚慢性毒性试验和慢性与致癌试验阶段。

第一阶段：急性毒性试验

急性毒性试验对于每种农药都是必测的项目。急性毒性研究是通过使动物接触一定量农药后测定死亡率和对其他方面的影响，同时测定对眼和皮肤的刺激性。一般以药物使动物致死的剂量为指标，通常求其半数致死量（$LD_{50}$），按农药急性毒性分级标准判定毒性级别。实验动物常用大鼠和小鼠，一般设计 4~5 个剂量组，每组雄雌各 5 只，体重大鼠为 180~220g、小鼠为 18~22g，采取不同的途径和方法一次给药，观察动物的中毒表现，记载有无中毒症状、症状表现时间、恢复时间、死亡时间和死亡数。一般观察 2 周后，按中毒症状和程度全面评价其急性毒性。

皮肤刺激试验是将一定量的农药原药一次性接触动物（兔）皮肤，观察是否产生局部炎症反应，包括充血、水肿、红斑、丘疹和溃疡，并以对侧相应区域为空白对照，根据接触剂量、时间和反应程度，对其皮肤刺激反应进行评分，以分数鉴定农药化合物对皮肤是否有刺激或腐蚀作用，估计人体接触该农药时可能出现的类似症状。

眼刺激试验是通过动物（兔）试验了解农药对眼睛的刺激作用和程度，为农药生产和使用中的安全防护提供依据。一般将一定量的农药原药放入兔的一只眼内，另一只眼作空白对照；给药后 1h、24h、48h、72h 分别检测结膜、角膜和虹膜，如出现损伤要继续观察其经过及可逆性，最长观察至 21 天，并根据损伤程度评分，来判断对眼睛的刺激程度。

皮肤致敏试验：选择白色豚鼠、分受试物、空白对照和阳性对照三个组；每组 10~20 只，雌雄各半，体重 250~300g；经皮肤重复接触农药后，观察机体免疫系统在皮肤上的反应。一般致敏接触 3 次后进行激发接触，于激发接触后 6h、24h、48h 观察皮肤致敏反应情况，在 24h、48h 记录致敏反应分值；根据局部皮肤出现红斑、水肿和全身过敏性的动物例数，求出致敏率，并按致敏率进行强度分级，来判定皮肤致敏程度。

尽管 $LD_{50}$ 很低的农药可以用添加助剂等方法稀释，从而减轻对施用者的毒害，但对生产农药的工人来说，急性毒性高的农药很大程度上是较大的威胁，生产中应采取必要的防护措施。在急性毒性试验中，国外比较重视对皮肤和眼的局部刺激作用和皮肤过敏反应，因为局部刺激作用较强和有较高致敏性的农药往往不为生产工人和田间施用者欢迎。化学物质的吸入毒性研究需要昂贵的设备，目前只在少数先进国家开展，由于气体农药（烟熏剂）现在很少使用，而绝大多数固体和液体农药的挥发性又都较低，除生产车间工人在防护不周时，可能吸入化学物质粉尘和来自原料、溶剂、中间产物的挥发性气体外，田间农药施用者经呼吸吸入中毒的机会一般比较少。所以，即使一些先进国家也未将吸入毒性试验列为必检项目。我国的章程准则明确要求只对气体、易挥发性的固体和液体农药做吸入染毒测定，其适用范围实际是很小的。

第二阶段：蓄积毒性试验和致突变试验

（1）蓄积毒性试验　我国在农药毒理学评价中提出20天蓄积毒性试验法，试验动物选大鼠或小鼠，试验设4个剂量组和一个对照组，每组雌雄各5只；每天饲毒1次，连续20天，按各剂量组动物死亡数来判定该农药蓄积性的强弱，以便为慢性毒性试验及其他有关的毒性试验的剂量选择提供参考数据。

（2）致突变试验　主要是检测农药的诱变性，并预测其遗传危害和潜在致癌作用的可能性。其测试方法较多，"农药登记毒理学试验方法"中推荐的方法有Ames试验、小鼠骨髓嗜多染红细胞微核试验、骨髓细胞染色体畸变试验、小鼠睾丸精母细胞染色体畸变试验、显性致死试验。

事实上自Boreri首先提出染色体结构异常以来，研究化学物质诱发哺乳类动物畸变的方法日渐增多，20世纪70年代初Ames首创了鼠伤寒沙门氏杆菌回复突变法（即Ames法），这一试验被广泛应用。短期致突变试验方法简单易行、快速，对各种化学物敏感，不需要使用大量昂贵的动物。现在世界上每年都有成千上万的化学品出现，动物试验远远不能满足检测的需要，这就使得快速致突变试验在农药的筛选中发挥越来越大的作用，随着遗传毒理学的发展，80年代以来致突变试验越来越多地为各国采用。为满足现实的需要，世界许多有关试验室都做了调整，加强了遗传毒理学的研究力量。在我国，致突变检测方法也推广很快，1983年颁布的"食品安全性评价程序（试行）"给予致突变试验以重要地位，规定致突变试验结果若有3项为阳性，即表示所测试化学物质很可能有致癌性，一般应予放弃，不需要再做长期的动物试验。

遗传毒理学是现代毒理学的重要分支，化学物质可能对机体的体细胞和生殖细胞的遗传结构有潜在作用，能造成 DNA 损伤，已经证明：致突变物多数是致癌物，致突变反应如发生在生殖细胞，则致突变物即是致畸源。为快速检测化学物的遗传毒性和潜在致癌性，近年来设计了许多短期致突变测试方法，现通用的方法有 40 余种，可分为以下几类：

①细菌诱变试验：鼠伤寒沙门氏杆菌回复突变法（*Salmonella typhimurium* Reverse Mutation Assay）、大肠杆菌回复突变法（*Escherichia coli* Reverse Mutation Assay）和枯草杆菌回复突变法（*Bacillus sobtilis* Reverse Mutation Assay）。

②体细胞突变试验：啮齿动物微核试验（Micronucleus Test），哺乳动物骨髓细胞遗传学试验（Invivo Mammalian Bone Marrow Cells Cytogenesis Test）、小鼠点试验（Mouse Spot Test）、果蝇隐性伴性致死试验（The Sex‐linked Recessive Lethal Test in *Drosophila melanogaster*）等。啮齿动物微核试验已广泛应用于遗传、食品、药物、环境等多领域的遗传毒性评估，以及作为易受化学品危害职业和生活环境暴露人群遗传损害的生物标志物。

③生殖细胞突变试验：显性致死试验（Dominant Lethal Assay）、精子畸形试验（Sperm Abnormality Test）。

④其他试验：DNA 修补试验（DNA Repair Tests）、姊妹染色单体交换试验（Sisterchromatid Exchange Tests）等。

由于上述方法各自都有局限性，各国都规定要同时采用上述几类方法中的几种，以互相补充、互相验证，尽可能全面地检测和评定农药的致突变性。

第三阶段：亚慢性毒性试验

亚慢性毒性试验是在 13 周或几个月内让动物每天接触一定

量农药，然后测定农药对该动物器官（肝脏、肾脏、脾脏等）和组织的影响。测试化学物对人的慢性危害，传统的方法是用动物做毒理学试验，通过亚慢性和慢性试验了解农药在长期作用下所产生的毒性影响，包括致癌、致畸和繁殖试验。亚慢性毒性试验的目的是了解农药的生殖毒性作用。

①致畸试验：用受孕大鼠或兔来鉴定农药是否有母体毒性、胚胎毒性以及致畸形效应。如有致畸效应，可得出最小致畸形量求得致畸指数，表示致畸强度。

②繁殖试验：为了获得农药对动物亲代或第二代的生殖与仔代早期发育影响方面的资料。

③迟发性神经毒性试验：有机磷农药还应作鸡的迟发性神经毒性试验，并对其神经系统进行病理学评定。

④代谢试验：代谢研究在毒理学研究中具有很特殊的地位。为研究对胚胎的毒性，必须采用妊娠动物。比较农药在人和动物体内代谢的异同，可将动物试验的结果推演到人体中。现行较为有效的研究方法是应用同位素示踪标记，通过同位素示踪可了解化学物质在体内各器官的吸收、分布、转化与贮存，对代谢物进行分离和鉴定，测试代谢物是否有致毒作用，这是代谢研究不可缺少的部分。除了用正常的活体动物进行代谢试验外，还可做体外试验。

第四阶段：慢性试验和致癌试验

人类在生产或生活环境中一次性接触化学物质水平一般很低，不易发生中毒；但长期反复接触低剂量的化学物质则可产生慢性中毒或诱发肿瘤。慢性毒性试验和致癌试验一般给药期为二年，确定长期接触农药后所产生的危害或对动物的致癌性，并确定最大无作用剂量，为制定每人每日容许摄入量和农药最大残留限量或施药现场空气中最高容许浓度提供依据。为了预防化合物的慢性中毒和肿瘤的发生，对其诊断、治疗和中毒机理的研究提供一定的指示和毒理学依据；所以，慢性试验和致癌试验是农药安全评价程序中最重要的试验，也是最后阶段试验。

3. 风险评价的其他方法

（1）流行病学调查研究　一些农药特别是生物活性较高的农药并没有受到毒理学检测的限制，而是"用了再说"，在这一思想指导下的农药推广与应用，必须重视人群的流行病学调查。下面的例子足以说明流行病学调查的重要性，每天按 1mg/kg 的敌枯双用量，在大鼠妊娠期间从第 6 天使用，发现敌枯双对受试动物有致畸胎的影响，与此相对应，有人追踪调查了一次意外事故中敌枯双中毒的 16 名孕妇（中毒期或中毒后一周怀孕），其胎儿生后无一例畸形发生，还大面积在施用敌枯双的地区进行人群调查，也未发现该药有致畸作用，也许可以这样说：评价一个农药是否对人安全，现行的毒理学检测方法是不够完善的，有时，最后还要依赖人群的流行病学调查。

（2）剂量反应评价　剂量反应评价是研究某农药导致产生某种毒性作用的条件，并且研究接触量与毒性反应之间的定量关系，可以凭此关系预测该农药的不同接触水平可能对人体健康影响的程度。

在毒理学试验过程中，剂量效应关系可以分为阈值效应和非阈值效应两大类。阈值效应是指那些作用机理中需要存在足够的化合物，才能扰乱正常平衡状态的反应，且剂量反应关系所展示的结果表明阈值低于无生物学或统计学意义上明显反应产生的阈值。对阈值效应而言，剂量反应评价需要确定每日允许最大摄入量（ADI）。在美国常用的术语为急性参考剂量（ARfD）。ADI 和 ARfD 的科学含义是相同的。下面介绍与阈值效应有关的三个概念。ADI（每日允许摄入量）指依据所有已知事实，人体终生每日摄入某种化学品对健康不引起可察觉有害作用的剂量；ARfD（急性参考剂量）指依据所有已知事实，人体在一餐或一日中摄入某种化学品，对健康不引起可察觉有害作用的剂量；AOEL（操作者允许接触水平）指在数日、数周或数月的一段时期内，有规律地接触农药的操作者每日接触某个化学品，不产生任何副作用的水平。关于 ADI 的计算，国际上公认的方法是将所测定的无毒副作用剂量（NOAEL）除以 2 个安全系数，即代表从试验动物推导到人群的种间安全系数 10 和代表人群之间敏感程度差异的种内安全系数 10。因此一般情况下，ADI 或 ARfD = NOAEL/ 100。在特殊情况下，可根据实际需要降低或提高安全系数。在美国为了更好地保护婴儿和儿童，EPA 可以根据各农药的特性及所获得毒理学数据的完整性和可靠性，增加 10 倍或 10 倍以下的食品质量保护法系数（FQ2PA）。EPA 把这种更加安全的剂量称为人群调整剂量（PAD），即 PAD = ADI 或 ARfD／FQPA 系数。

非阈值效应指生物作用（诸如基因毒性），根据作用机制在剂量反应关系中不存在阈值。对非阈值效应而言，假设不存在农药接触，也就不存在任何风险。美国非阈值效应的剂量反应关系也被用于推算人体允许的摄入水平。这种推算的结果完全依赖于从试验动物的剂量推算到人体接触剂量所采用的数学模型，而通常这要相差 4～5 个数量级。而英国推算得出的最低剂量被认为是不准确的，不足以用作风险评估数据，对这些化合物的接触总保持在适当的最低限度。具有基因毒性或其他非阈值性质的农药不可能获批使用。

（3）接触评价及风险描述　　农药的接触途径主要是经口吸入和皮吸收，因此，农药的接触评价需要对各种可能接触途径进行全面评价。接触评价包括饮食接触评价、职业接触评价和居住环境接触评价。农药在食物中的残留是公众接触农药的主要途径之一。膳食接触量与摄取食物的种类、数量及农药在该食物中的残留量相关。任何人对某一农药总的膳食摄入量等于所摄入食物中所含该农药量的总和，计算公式为：摄取的农药 = Σ（残留浓度 × 摄取食物量）。

食谱调查是膳食接触评价的重要手段之一。这是因为人们的食物消耗模式是在不断地变化的。为了提高膳食接触评价的准确性，定期进行食谱调查是必不可少的。

膳食接触通常被认为有慢性接触和急性接触两种。目前有很多膳食接触评价模型，包括从单一农药残留接触分析模型到用概率论去估计复杂接触的模拟分析模型。但是不管怎么复杂，所有模型都是基于最基本的关系，即农药在食物中的残留浓度和消耗食物总量决定农药接触量。慢性接触需持续很长的时间，因此，用平均摄入食物量和平均残留值来计算。相反，急性接触考虑大量的短期或一次性接触，采用个体最大摄入食量来计算，所用残留值一般用最大残留限量或统计学方法计算所获得的可能出现的最大残留浓度。

大量的研究资料表明，长期膳食接触评价方法的研究已经比较成熟。科学家们认为，短期膳食接触评价也非常重要，同时对短期膳食接触评价方法的研究已经成为国际组织和各国政府关注的焦点。建立和完善人类膳食结构数据库早已成为比较重要的研究内容。另外，由于残留量受各种因素的影响，差异较大，并且在食品加工过程中不易检测其代谢，因此，研究比较精准的预测模型非常重要。累计接触评价的模型虽然有了一定的发展，但还有待进一步开发，同时累积接触评价的方法也需要进一步研究完善。

风险描述是将危险识别、剂量反应评价和接触评价的结果进行综合分析，描述农药对公众健康总的影响。一般需要设定一个可以接受的风险水平。简单地说，风险是毒性和接触的函数，即：风险 = $f$（毒性，接触）。

当进行风险描述时目标之一就是确定一个代表可接受风险水

平的接触量。对于阈值效应而言，当接触量低或等于 *ADI* 或 *ARfD* 时，就认为是可以接受的接触水平。一般以接触量占 *ADI* 或 *ARfD* 的百分数来表示风险的大小。

$$ADI \text{ 或 } ARfD \text{ 的百分数} = \text{总接触量}/ ADI \text{ 或 } ARfD \times 100$$

因此，可以通过残留饮食摄入量占 *ADI* 或 *ARfD* 的百分数来表示风险的大小，从而对日常饮食进行风险性评估，为饮食安全提供保证。

（4）微宇宙土芯、彗星试验等方法 我国利用微宇宙土芯研究六六六在环境中的动向，国外从事农药安全性评价的研究往往采用小型的模拟生态系统，我国利用类似的模拟系统——微宇宙土芯模拟装置初探了六六六在土壤、淋溶水、水稻植株、空气等农业环境因素中的迁移、消失和残留规律，并取得了良好的效果。我国还开展了彗星试验（Comet Assay）又称单细胞凝胶电泳试验，是一种快速、简便、灵敏的检测单个细胞 DNA 断裂的新技术，具有极高的使用价值。目前该技术在国外已经广泛地应用于体内、体外化合物诱导的 DNA 损伤和修复的研究。

同时，我国吴谷丰等还开展了农药安全性模糊综合评价试验，建立了农药评价安全性的指标体系，给出了指标的权重及各种指标对安全性的隶属函数，建立了农药安全性的模糊综合评价模型，用所给模型评价了多种农药的安全性。

近年来国外还比较注意生态毒理学的研究，用藻类、蚯蚓、鱼、蜜蜂等做毒性试验，欧洲经济共同体组织推荐的规章要求登记的农药具备在各种生态系统中转化的资料。

4. 风险的决策管理

近年来农药的风险决策管理受到全球各国的普遍重视，各国对农药的生产、销售和使用，一般都根据自己的国情，颁布农药管理法，制定了安全性评价程序，要求出售的农药要具备一定的毒理学资料，并尽快建立农药良好实验室规范（Good Laboratory

Practice，GLP）体系。

（1）GLP 的发展　　长期以来经济协作与发展组织（Organization for Economic Cooperation and Development，OECD）成员国的化学品控制立法工作前瞻性的基本出发点一直是测定和评价化学品，确定其潜在危害性，最终降低其风险性。控制立法的一个基本原则就是要求化学品评价必须以高质量、严格和可重复的安全性试验数据为基础。

1978 年化学品控制专项下属的 GLP 专家工作组提出了 GLP 准则。所谓 GLP 是一个管理概念，即良好实验室规范。GLP 是包括试验设计、实施、查验、记录、归档保存和报告等组织过程和条件的一种质量体系。主要用于以获得登记、许可及满足管理法规需要为目的的非临床人类健康和环境安全试验，适用对象包括医药、农药、兽药、工业化学品、化妆品、食品/饲料添加剂等；应用范围包括实验室试验、温室试验和田间试验。其目的就是提高试验数据的质量和正确性，以便确定化学品和化学产品的安全性；保证试验数据的统一性、规范性和可比性，实现试验数据的相互认可，避免重复试验，消除贸易技术壁垒，促进国际贸易的发展；提高登记、许可评审的科学性、正确性和公正性，更好地保护人类健康和环境安全。GLP 要求试验机构在为国家管理部门提供数据而进行的化学品评价和其他与人类健康及环境保护有关的产品的试验过程中必须遵循 GLP 准则。工作组以美国为首，参加的国家有澳大利亚、奥地利、比利时、加拿大、丹麦、法国、联邦德国、希腊、意大利、日本、荷兰、新西兰、挪威、瑞典、瑞士、英国、美国，以及欧盟、世界卫生组织（WHO）和国际标准化组织（ISO）等，是以美国食品与药品管理局（USFDA）于 1976 年颁布的非临床实验室试验的 GLP 规章为基础的。

GLP 准则于 1981 年正式建议在 OECD 成员国中实施，并作为理事会关于化学品评价数据相互认可（Mutual Acceptance of Data，简称 MAD）决议中的一部分，决议要求"OECD 成员国中按照 OECD 试验准则和 GLP 准则进行化学品测试获得的数据，可在其他成员国中接受，作为评价依据和保护人类健康与环境安全的其他需要"。

经过 15 年的实施，成员国认为，由于安全性试验的科学和技术有了较大发展，而且与 20 世纪 70 年代后期相比有更多的领域需要进行安全性评价试验，有必要重新修订 GLP 准则。根据化学品工作组与化学品控制专项管理委员会联席会议的提议，于 1995 年成立了新的专家工作组，开始重新修订 GLP 准则。工作组以德国专家为首，包括澳大利亚、奥地利、比利时、加拿大、捷克、丹麦、芬兰、法国、德国、希腊、匈牙利、爱尔兰、意大利、日本、韩国、荷兰、挪威、波兰、葡萄牙、斯洛伐克、西班牙、瑞典、瑞士、英国和美国，以及国际标准化组织（ISO）等国家和组织的专家，并于 1996 年完成了修订工作。

修订后的 OECD GLP 准则，经 OECD 有关政策部门审核，理事会于 1997 年 11 月 26 日批准通过，正式替代 1981 年理事会决议中附件 Ⅱ 的内容。本出版物首次以《OECD GLP 准则与遵循监督管理系列》（OECD Series on Principles of Good Laboratory Practice and Compliance Monitoring）形式发行，除了包括 1997 年修订的 GLP 准则外，同时还将 OECD 关于数据相互认可的理事会法规作为第二部分一并出版。

农药安全性评价是农药登记管理中一个必不可少的关键环节，是各国农药管理部门保障人类健康、环境安全和质量可靠的重要基础，同时农药安全性评价体系建设也是服务于全社会科技创新的支撑体系建设的主要组成。目前 GLP 已成为国际农药安全性评价试验的基本准则。我国的 GLP 体系建设是由农业部、国家食品药品监督管理局、国家环保部及卫生部负责，其中，农业部负责农药、兽药、饲料的登记管理，具体工作由农业部农药检定所和中国兽医兽药监察所承担；国家食品药品监督管理局负责食品、药品、医疗器械等项目，由药品认证中心承担具体的GLP监督实施；国家环保局负责新的化学品的登记管理，由有毒化学品登记中心承担具体工作；卫生部负责化妆品的登记管理。

（2）我国农药风险评价的管理  早在1980年，我国学者就将GLP管理规则引入中国毒理学界，1981年，我国派出第一个农药代表团赴英国、德国、日本对国外的农药研究及GLP进行专项调查。1982—1986年，联合国计划开发署（UNIDO）、工业发展组织（UNDP）联合资助在我国建立了第一个农药安全性评价中心，目的是最终在中国建立一个符合GLP标准的农药安全性评价机构。1989年，国家环保局发布《化学农药环境安全评价试验准则》。1995年颁布了国家标准《农药登记毒理学试验方法》（GB15670—1995），2003年颁布行业标准《农药毒理学安全性评价良好实验室规范》（NY/T 718—2003）。2007年颁布行业标准农药理化分析良好实验室规范准则（NY/T 1386—2007），以后又陆续制订了《农药环境良好实验室规范准则》《农药残留良好实验室规范准则》。2006年，农业部第739号公告颁布了《农药良好实验室考核管理办法（试行）》，为农药GLP实验室的考核制定了评定标准，至此，我国GLP建设的标准和相关法规基本建立。为了确保GLP在我国农药管理与应用中的实施，我国建设了GLP实验室，建立完善农药登记资料要求试验准则，建立GLP管理数据库，如中国GLP管理和检查体系及相关法规数据库、中国相关实验室基本情况及GLP执行情况数据库等相关GLP管理数据库，以及我国农药GLP检查考核程序。

### （三）农药安全性评价体制的建立与完善

农药品种的安全性评价包括卫生毒理和环境毒理两个方面，

其目的是检验农药品种对人畜等动物的安全性及对生态环境的影响。安全性评价体制的建立与完善旨在规范安全评价研究的方法，以提供准确的毒理学数据，使我国的农药安全性评价系统与国际接轨，解决我国农药进入国际市场的瓶颈问题。

## 五、农药污染控制对策和措施

众所周知，农药是人们主动投放于环境中数量最大、毒性最广的一类有毒化学物质。据最新研究，人类许多癌症和某些疾病的发生都直接与农药有关。长期生活在高残留农药环境中的生物极易发生某种基因变化，使生物物种退化甚至衰竭死亡而灭绝，从而对生态系统的结构和功能产生不利影响。农药在食物链上的传递与富集，可使处于高生物位上的生命体甚至人类遭受高剂量有毒化学物质危害的风险。农药环境污染已成为全球性关注的重要环境问题之一。

### （一）国外在控制农药污染方面的举措

1. 不断形成管理体系及修订农药登记指南

例如，加拿大作物保护协会（CPIC）最近就农药生产、储藏、销售、检验、综合、害物治理、种植者安全、容器、过期产品回收处理推出了新措施。瑞典 1987 年对 1976 年以前注册的 500 多个农药品种进行了重新审议，对 200 多个农药品种取消了注册资格。再如，日本的蔬菜批发市场也设有专门的卫生检验部门，对市场上的瓜果蔬菜及时进行检验，根据日本《市场法》规定，农产品批发经营必须通过拍卖，日本政府主要通过《食品卫生法》对蔬菜农残问题加以控制。

2. 推出 StweadrshPiFisrt 管理系统

以日本为例，除对原登记所需要测试项目进行补充外，还提出了新的登记测试要求：急性神经毒性研究、重复剂量口服神经毒性研究、农药在水体的趋势研究（包括水解、光解）；真菌生长抑制研究、水蚤类生物毒性研究；基因毒性。

3. 加强审批与监管制度的针对性

以德国为例，德国农药审批制度从市场准入着手，有效的防范了农药风险，德国的农药许可审批单位是联邦农林生物中心（BBA），其法律基础是《植物保护法》《农药条例》，在审批中强调了农药风险防范。其内容包括：农药特性评估和风险防范（有7种情况不予颁发农药许可，如：有效物质浓度超过确定的最高限量；物理特性—如溶解性、分散性及沉淀性等有缺陷且不易改变的）；农药效果的检测与风险防范（如有的农药虽然有相当效果，但对植物产品的质量或者其他方面有负影响—如口味改变，也不予颁发农药许可证）；农药常规分析与风险防范（申请人无法提交分析方法，及提供适当的，可使用一般仪器进行并开支费用合理的分析程序，从而无法确定已获得许可农药在食品、饲料和生态系统的残留物、分解物，难以检测是否符合残留量最高限量值的，则不发许可证）；农药残留的最高限量与风险防范（遵循原则：只要农药操作上允许，尽量将此值定得低一些，决不允许高于能保护人体健康的最高限量值）；环境中残留的检测与风险防范（包括土壤、地下水、空气中农药残留、滞留的影响）；农药毒性的检测与风险防范；生物富集的检测与风险防范；德国注册农药产品的有效期规定4年，瑞典规定5年，一般不超过10年。再如，瑞典自1990年就建立了植保员培训制度，只有接受过3天以上专业授课，并通过专业考试合格者才颁发植保员证书。植保员证书有效期为5年，若延续，需要再经过一天的培训，才能延续。这些经验值得我国借鉴。

4. 对天然农药的管理

以美国为例，美国对生物农药的登记一般划分为第二类

(第一类为生物化学和微生物农药、化学农药),第一阶段需进行哺乳动物毒理学和生态效应的研究,如为阴性则无须进入下一阶段;反之,有明显负影响,则需要进行第二阶段研究。

5. 税收手段促进管理

经济合作与发展组织〔Organization for Economic Co-operation and Development,简称经合组织(OECD),是由 30 多个市场经济国家组成的政府间国际经济组织〕中的一些国家已对本国内的农药征收产品税,而且效果显著。例如,瑞典从 1984 年起对农药进行征税,税率为每千克活性成分 2.27 欧元,约占农药产品成本的 5%~8%,使瑞典的农药使用量在 9 年内降低了 65%。丹麦对零售杀虫剂按 20% 的税率征收环境税,环境税的征收大大降低了农药使用量,但没有对农民和社会造成大的负担,从 1996—2009 年,丹麦降低了约 50% 的农药使用量,而其他病虫害防治技术如生物控制手段和机械除草技术得到了较好发展。挪威从 1988 年开始征收杀虫剂税,1991 年杀虫剂的税率为售价的 13%。德国环境税政策实施 7 年,农药使用量降低了 30%。法国以农药毒理学为基础征收农药税,税收为 0~11 000 法郎/t,高毒高税。

6. 法律政策手段的管理

以日本为例,2002 年 9 月 7 日,日本开始实施新的(食品卫生法)修正案。根据该法案的有关规定,如果发现有残留农药超标问题,可以预先禁止该食品的进口。此外,如果发生违反食品进口规定的问题,进口商将被处以 6 个月以下的有期徒刑或 30 万日元以下的罚款。这也对许多日本国内进口商产生了极大的震慑作用。国际上针对农药和其他有毒化学品制定了许多公约,如 PIC 公约和 POPs 公约。PIC 公约生效后,列入其名单的农药品种在出口之前必须通知进口国,在征得进口国的同意之后才能出口;POPs 公约目的在于在全球全面销毁、禁止和限制列入暂定清单的 12 种产品，并在公约生效后逐步扩大限控名单。

## （二）国内在控制农药污染方面的举措

我国农药管理法规的制定和管理制度的实施都比发达国家晚约半个多世纪。我国 1982 年实行农药登记制度，国家农业部农药检定所组织力量完成了上千项残留试验，为合理使用农药提供了根据。并根据研究结果先后制定了 9 批《农药合理使用准则》国家标准。起草制定了《国家食品安全标准-食品中农药最大残留限量（GB2763—2012)》，包含了 2293 项农药残留限量标准，2014 年修订为 3650 项农药残留限量。1997 年实行生产许可和经营许可制度，1997 年 5 月 8 日，颁布实施了《农药管理条例》（以下简称《条例》），这是我国农药行业有史以来第一部完整的法律法规，解决了我国长期以来农药管理无法可依的问题，标志着我国农药管理走向法制化、规范化管理的道路。1999 年 7 月 23 日，农业部签发了《农药管理条例实施办法》（以下简称《办法》），使《条例》内容更完善，操作性更强，执行主体更明确，处罚更合理。为具体贯彻和落实《农药管理条例》，各地方和有关部门也制定了相关法规和规章。农业部和国家工商总局联合发布了《农药广告审查办法》，农业部和卫生部制定了《农药安全使用规定》，以细化和具体实施国务院颁布的《农药管理条例》。目前我国已建立了较为完整的农药管理法律体系，为依法治药奠定了法律基础。此外，我国还参照联合国粮农组织（FAO）/世界贸易组织（WTO），以及一些发达国家农药管理准则发布了《农药登记资料要求》《农药田间药效试验准则（国际)》《农药环境安全评价试验准则》《农药登记毒理学试验方法》《农药安全性毒理学评价程序》等国家和部门技术标准，统一农药登记试验，规范登记评审；颁布了《农药包装通则》《商品农药采样方法》《商品农药验收规则》《农药标签通则》《农药毒性分级和标志》《农药剂型名称及代码》等标准，指导农药登记及相关管理；制定了《农药安全使用标准》和《农药合理使用准则》等国家标准，指导农药的安全、科学、合理使用。上述标准和准则基本与联合国粮农组织（FAO）/世界卫生组织（WHO）水平一致。2002 年 7 月 2 日，农业部就加强农药管理工作在北京举行新闻发布会，决定对高毒农药采取更为严格的管理措施，并连续发布了农业部 194 号、199 号、274 号、322 号公告和中华人民共和国农业部第 17 号部长令：《农药限制使用管理规定》。通过无公害农产品生产基地的示范引导作用，实现在大中城市、旅游地区的蔬菜农药残留超标率控制在 5% 以内，出口基地农产品农药残留问题超标基本得到控制。

自 1997 年《农药管理条例》颁布实施以来，我国的农药管理工作成效显著：一是农药管理工作已步入法制化、规范化轨道；二是农药登记管理水平明显提高，农药登记制度处于亚洲领先水平，并得到国际社会的认同；三是农药市场监督力度不断加大，农药市场秩序明显好转；四是农药安全使用工作得到重视，农药残留监控有了好的起步。农业部从 2004 年开始，每年将向社会公布两次检测结果。

（王秀国，杨金广，孙惠青，时焦，丁才夫，王永）

# 第三章　农药使用方法

## 一、常用施药方法

农药使用过程是农药制剂分散到环境体系中直接作用生物靶标的过程，因此，施药方法的选择将会直接影响到农药的防治效果。现代农药使用技术要求农药既能最大限度地击中生物靶标而又能最小程度危及环境。根据农药制剂种类的不同、防治对象的不同、施药部位和施药环境的不同，施药方法也不尽相同。生产上常用的施药方法主要有喷雾法、喷粉法、颗粒撒施法、泼浇法、灌根法、拌种法、浸种（苗）法、种子包衣法、毒饵法、熏蒸法、熏烟法、烟雾法、涂抹法、杯淋法和土壤施药法等。

### （一）喷雾法

喷雾法是病虫害防治中最常用的施药方法。它是先利用分散介质将农药制剂调制成均匀的乳状液、溶液或悬浮液，然后借助喷雾器械的压力使药液形成微小雾滴，均匀的覆盖在寄主及防治对象上的施药方法，主要用来防治植株地上部分的病虫害及田间杂草，对于隐蔽性病虫害防效较差。适用于喷雾法的农药剂型主要包括乳油、胶悬剂、水分散粒剂、微乳剂、可湿性粉剂、乳粉和可溶性粉剂等。

根据喷液量的多少可将喷雾法分为常规喷雾法、低容量喷雾法和超低容量喷雾法。常规喷雾法主要借助常规喷雾器械，产生的压力较小用液量较大，雾滴直径也较大，一般大田作物用液量为 150 ~ 2 000kg/hm²，雾滴直径为 100 ~ 200μm；低容量喷雾法又称弥雾法，借助带有助力的喷雾器械，产生的压力较大用液量较小，雾滴直径较小，一般大田作物用液量为 20 ~ 150kg/hm²，雾滴直径为 50 ~ 100μm；超低容量喷雾法又称旋转离心雾化法，借助高能雾化装置可以直接使用农药原液或经过极低倍稀释的药液，一般大田作物用液量小于 20g/hm²，雾滴直径为 15 ~ 75μm。

影响喷雾施药效果的因素主要包括农药剂型、器械性能、生物表面结构、水质以及施药环境等。

1. 农药剂型

农药被加工成不同的剂型，其乳化性、湿展性也不同，进而影响到药液表面张力的大小，表面张力越小，雾滴就越小，药液的雾化效果越好；另一方面，药液表面张力的降低还有利于增强它在固体表面上的湿展性，进而增加药剂的沉积量。不同剂型药液的表面张力大小一般为乳状液 > 悬乳液 > 溶液。

2. 药械性能

药液的雾化主要依靠施药器械来完成，药液的雾化效果与药械的性能有直接关系，一般水压越大、喷头孔径越小、涡流室越小，则雾滴的直径也越小，雾滴覆盖密度越大。

3. 生物表面结构

作物或防治对象的表面结构也直接影响到药剂的喷雾效果。例如，对于叶片表面蜡质层较厚或绒毛较长的作物，药液不易附着和湿展，防效也不好，可通过添加湿展剂来提高药液的附着性和湿展性；有些害虫表皮具有保护层和厚蜡层，影响到药剂在其体表的附着性，可采用渗透性较强的药剂进行防治。

4. 水质

水质的硬度和水质的酸碱度能够改变药液的理化性质，从而影响喷雾效果。若水质硬度过大，会降低药剂中表面活性剂的乳化性能，轻则影响到乳状液或悬浮液的稳定性和湿展性，重则影响到农药有效成分的均匀分散程度而造成药害或失去药效；若水质碱性偏高会造成对碱性不稳定农药分解，降低农药的有效成分。

5. 施药环境

喷雾时风力的大小、温度的高低以及喷雾后的降雨都会影响到药液的施药效果。喷雾时风力过大则会造成药液向周围飘散进而降低药效并影响周围的环境安全，温度过高则会造成药害。

（二）喷粉法

喷粉法是一种比较简单的施药方法，它主要借助机械所产生的风力将农药粉剂均匀的喷布到寄主和防治对象表面上，适宜在干旱地区或大面积地块上使用或防治暴发性害虫。农药剂型一般使用粉剂或被细土稀释的粉剂。喷粉法要求药粉能够均匀的覆盖到寄主及防治对象表面，具有操作方便、工作效率高、不受水源限制的优点，但同时也具有残效期短、用药量大、环境污染严重和对施药人员危害较大等缺点。

影响喷粉质量的因素很多，主要包括药剂性能、药器性能械和施药环境等。

1. 药剂性能

粉剂的细度和形状能够影响到药剂的分布。粉剂的细度越细，分布性能越好，覆盖面也越大；粉粒为针状和片状时，药剂的附着力也越强，防治效果也越好。

2. 药械性能

各个时间内粉剂的喷出量是否恒定一致是判定喷粉器施药效果的关键，这与喷粉器的进料速度和送风速度有关，进料及送风速度越快，喷出粉量则越多。

3. 施药环境

喷粉受施药环境尤其是气流的影响较大，一般当风力超过

1m/s 时，就不适于喷粉。喷粉时间一般选择早晨，因为早晨作物上有露水，有利于粉剂的附着。粉剂的附着力较小，不耐雨水冲刷，喷药后 24 小时内若降雨，应补喷一次。

### （三）颗粒撒施法

颗粒撒施法是直接将颗粒状农药抛施或撒施在害虫栖息、为害场所的一种施药方法，主要用于土壤处理、水田施药或作物心叶施药等。主要用于颗粒剂或由其他农药配成的毒土或毒肥。颗粒撒施法可采用徒手抛撒（低毒药剂）、撒粒器抛撒和撒粒机抛撒等方法，具有受气流影响小、工效高、用药少、防效好、残效期长等优点。

### （四）泼浇法

泼浇法是用大量水将药剂稀释到一定浓度后，然后用盆、桶等其他容器将药液泼浇在田间或作物上的一种施药方法，它是通过水层逐步扩散来达到药剂分散的目的，主要用于水田除草剂施药和害虫防治等。

### （五）灌根法

灌根法是将农药药剂用水稀释到一定浓度后灌入植物根区的一种施药方法，主要用于防治地下害虫和根茎病害，也可利用药剂的内吸性来防治地上病虫害。如防治烟草黑胫病时，可用72% 甲霜·锰锌可湿性粉剂 800 倍液灌根处理。

### （六）拌种法

拌种法可分为干拌法和湿拌法，主要用来防治地下病虫害和苗期病虫害。干拌法是将一定量的固态杀虫剂或杀菌剂与一定量的种子在拌种器内混合，使每粒种子都能够均匀地沾着一层药粉，达到防治病虫害的目的，粉剂附着量一般为种子量的 0.2% ~0.5%。农药制剂可选用高浓度粉剂、可湿性粉剂、乳油、种衣剂等。湿拌法也叫闷种法，是将一定量的液态药剂与种子拌匀后，再堆闷一段时间，使药剂能够被种子充分吸收，达到防虫的防病的目的。

### （七）浸种（苗）法

浸种（苗）法是将种子、种苗浸入到一定浓度的药液里，经过一段时间充分吸收药剂后再取出晾干，即可用于播种或栽种的种苗处理方法，适宜防治种、苗所带的病原微生物或防治苗期病虫害。浸种（苗）防病虫效果与药液浓度、温度和时间有密切的关系，一般浸种温度控制在在 20 ~ 25℃，温度高时，应适当降低药液浓度或缩短浸种时间；温度一定时，药液浓度高时，浸种时间可短些。药液浓度、温度、浸种时间，对不同种子均有一定的适用范围。

### （八）种子包衣法

种子包衣法就是通过在裸种外面涂上一薄层种衣剂物质，以达到防虫防病目的的种子处理方法。种衣剂主要包括农药、微肥、激素以及分散剂、成膜剂、扩散剂、稳定剂、防腐剂和警戒色料等配套的助剂等物质，具有一定牢固度，又可透水通气。种子包衣可分机械包衣和人工包衣，机械包衣速度快、效率高、污染又小。目前烟草上的种子处理均采用此种方法。

### （九）毒饵法

毒饵法是根据害虫的取食特性将饵料与胃毒剂农药混合制成毒饵，诱其取食，以达到毒杀的目的，主要用于防治小地老虎、蝼蛄、金针虫等地下害虫。饵料一般可采用麦麸、米糠、玉米屑、豆饼、木屑、青草、树叶和新鲜蔬菜等。如在防治烟草苗期的地下害虫时，可将90%晶体敌百虫0.5kg，加水0.5～1.0kg，喷在50kg磨碎炒香的棉籽饼或菜籽饼上，制成毒饵，或用2.5%敌百虫0.5kg，拌切碎的鲜青草10～35kg，制成毒草，于傍晚撒到烟苗根际附近，用量200～300kg/hm²。

## （十）熏蒸法

熏蒸法是利用熏蒸剂或其他易挥发的药剂，在密闭或半密闭的环境中产生的有毒气体来防治病虫害的方法本方法，主要用于仓库、温室、土壤或作物茂密地方的病虫害防治，尤其对于具有隐蔽特性的病虫害具有高效、快速的特点，但操作技术要求高，施药条件较严格。在仓库熏蒸时，要保证密封好，熏蒸完毕后要充分通风，使毒气逸散。土壤熏蒸时，可利用水的封闭作用，即在处理后的土面上喷一层水，可延缓熏蒸剂逸出。在作物行间熏蒸时，应选择茂密的作物和适宜的气温条件，在晴天进行。如在烟草上经常用威百亩60～80倍液熏蒸烟草苗床。

## （十一）熏烟法

熏烟法是利用烟剂农药产生的烟雾来防治有害生物的施药方法，主要用于仓库、房舍、温室、塑料大棚或大片森林、果园等密闭半密闭的环境中防治虫害和病害，有时也可用来防治鼠害，但不能用于杂草防治。烟剂农药经过氧化燃烧，形成悬浮在空气中的微小颗粒，微小颗粒在气流的扰动下，能扩散到更大的空间中和很远的距离，沉降缓慢，药粒可沉积在靶体的各个部位，包括植物叶片的背面，因而防效较好。

## （十二）烟雾法

烟雾法把农药的油溶液借助专用机具分散成为烟雾状态的施

药方法，一般烟雾为直径为 $0.1 \sim 10 \mu m$ 的微粒在空气中的分散体系。微粒是固体称为烟，是液体称为雾。

### (十三) 涂抹法

涂抹法是利用毛笔、刷子等工具直接将药剂涂抹到植株上的一种施药方法，主要用于抑芽剂和除草剂的施药，如在烟草上常用涂抹法施用抑芽剂来达到抑芽的效果，也可用于一些具有较强内吸传导性的药剂施药来防治病虫害，如可用高浓度的吡虫啉高渗乳油涂抹植株来防治蚜虫。涂抹法具有用药量小、施药部位准确、药剂不易扩散污染环境等优点，但相对费工费时。

### (十四) 杯淋法

杯淋法是直接用杯子或瓶子等容器将药液从上到下顺着植株浇淋，使药液能够到达茎秆上每一个腋芽的一种施药方法，主要用于烟草上抑芽剂的施药，此法用药量较大，但较涂抹法省时省工。

### (十五) 土壤施药法

土壤施药法也称土壤消毒法，是将药剂施在地面并翻入土中的一种施药方法，主要用来防治地下害虫、土传病害、土壤线虫及杂草。常用农药剂型有颗粒剂、高浓度粉剂、可湿性粉剂或乳油等。颗粒剂直接用于穴施、条施、撒施等；粉剂可直接喷施于地面或与适量细土拌匀后撒施于地面，再翻入土中；可湿性粉剂或乳油对水配成一定浓度的药液后，用喷洒的方式施于地表，再翻入土中。土壤对药剂的不利因素往往大于地上部对药剂的不利因素，如药剂易流失，黏重或有机质多的土壤对药剂吸附作用强而使有效成分不能被充分利用，以及土壤酸碱度和某些盐类、重金属往往也能使药剂分解等。例如，在防治小地老虎时可用

2.5%敌百虫粉剂2～2.5kg和细土25kg拌匀，撒在青绿肥上耕翻到土壤中，防效较好。

## 二、农药使用新技术

在防治农作物病虫害上，近半个世纪以来采用的是高容量喷雾技术，亦称常规喷雾。喷孔直径达1.3～1.6mm，雾滴直径高达40μm以上，每亩喷洒药液高达50～100kg。有的乃至超越喷雾范畴，除去喷头片进行所谓粗水喷雾，或干脆泼浇，进行"地毯式轰炸"，以达到"彻底消灭的目的"。这种盲目加大药液用量的办法，不仅功效低，劳动强度大，更为严重的是真正与生物靶标接触的有效药液只有10%～20%，80%～90%的药液流失，造成严重的环境污染，非但不能达到彻底消灭病虫害的目的，而且杀伤大量害虫天敌，破坏生态平衡。近年来，随着人们对环境与健康的日益重视，农药施用技术迅速提高，逐渐向精准化、高效化、低害化方向发展，低量喷雾、静电喷雾、种子包衣等施药新技术在生产中得到快速推广应用。

### （一）低量喷雾技术

低量喷雾技术是指单位面积上施药量不变，但减少农药原液的稀释倍数，从而减少喷雾量。用水量相当于常规喷雾技术的1/5～1/10。其主要目的是利用小雾滴（200μm以下）较好的穿透性，达到雾滴在植物各个部位，包括叶子片背面均匀分布的效果。按照单位面积喷洒药液量多少，可以分为低容量喷雾技术、很低容量喷雾技术和超低容量喷雾技术。

1. 低容量喷雾技术

低容量喷雾，又称细喷雾或弥雾。手动大容量喷雾器通过更换喷头可以改装为低容量喷雾器进行细喷雾，如用工农16型和

552-丙型喷雾器，将喷头改装 0.7～1.0mm 喷片孔径。机动喷雾器利用高速气流把药液喷散成雾的常称为弥雾，如东方红 18 型机动喷雾器。低容量喷雾以水稀释，药液浓度在 0.8%～3%，喷洒药液量 40～200L/hm²，雾滴中值直径为 150～250μm，是一种针对性喷雾和飘移性喷雾相结合的喷雾方式，可以避免大雾滴所产生的弹跳滚落现象，且雾滴在植株间的分散性好，能达到防治病虫的有效雾滴覆盖密度标准。并通过植物对农药的内吸传导、渗透以及植物本身的呼吸、蒸腾、生理吐水等功能，使农药起到再分布的作用。

低容量喷雾要达到以少量药液与生物靶标的有效接触，对喷雾药械的要求就更高、更严格，而我国又是一个老式手动背负式喷雾器保有量最多的国家，从我国国情出发，当前仍应以小喷片为主，推广手动低容量喷雾技术，逐步更新换代，使老药械发挥新用途。

手动喷雾器低容量喷雾技术的施药方式有飘移性喷雾、针对性喷雾和定向喷雾三种。有风时施药主要采用飘移性喷雾，喷头在施药人员下风一侧，喷头距作物 0.5～1.0m 处，喷雾方向与风向尽量保持一致，走向与风向尽量保持垂直，喷幅顺序方向由地块下风向处开始。无风时采取针对性喷雾，喷头向下，喷杆在人体下风向一侧，每走一步喷杆在作物上来回摆动一次，其余同飘移性喷雾。定向喷雾作业主要用于作物苗期，根据喷雾方向又分为株顶定向喷雾、叶背定向喷雾和株膛定向喷雾。喷雾头在下风向处，隔行喷雾，喷头与作物的距离以药雾全部笼罩着整棵作物为宜，行走方向、喷幅顺序同飘移性喷雾。

2. 很低容量喷雾

很低容量喷雾，又称微量喷雾，是一种使用电动或机动喷雾器（如东方红 18 型机动喷雾器）以水或油为载体的漂移累积性喷雾。农药浓度在 3%～10%，喷液量为 8～40L/hm²，雾滴直径在80~150μm。适用于少水地区大面积防治病虫害，不适用于农田化学除草。微量喷雾具有耐雨水冲刷，持效期长的优点，但受气候影响大，雾滴飘移损失大，施药技术比较严格，易造成作物药害和人畜中毒，在病虫防治中不常用。

区分低容量喷雾和很低容量喷雾主要是为了适应不同作物、作物的不同生长阶段及不同病虫草鼠害防治的需要。因为不同作物的株冠体积、植株形态、叶形等差别很大，而且随着植株不断长大而发生变化，所需要药液量也必然发生很大的变化，在制定使用技术标准时可作为参考。低容量和很低容量之间不存在绝对的界限，其雾化细度也是相对于施药液量而提出的要求。如前文所述，雾化细度取决于喷头和喷雾压力，是可以根据喷雾需要来调节的。

3. 超低容量喷雾

雾滴体积中径（VMD）小于100μm，每公顷施药液量（大田作物）少于5L的喷雾法称为超低容量喷雾法（ULV）。也有人把施药液量小于每公顷0.5 L的称为超超低容量喷雾法（UULV）。

这两种方法不是简单通过控制药液流量或改变喷雾压力所能做到的，必须从雾化原理上采取新的雾化技术，即离心雾化法或称转碟雾化法。利用电力驱动的带有锯齿状边缘的圆碟，把药液在一定的速率下滴加到以7 000~8 000r/min转速旋转的圆碟上，药液即均匀地分布到转碟边缘的齿尖上，然后断裂成为均匀的雾珠。此法所产生的雾滴的尺寸决定于转碟的速率和药液滴的加速率。转速越快雾滴越细、药液滴加越快，则雾滴越粗，甚至成为不均匀的粗雾滴。

超低容量喷雾法的施药液量极少，不可能采取常规喷雾法的整株喷湿方法，必须采取飘移喷洒法，利用气流的吹送作用把雾滴分布在田间作物上，称之为"雾滴覆盖"，即根据单位面积上沉积的雾滴数量来决定喷洒质量，以区别于常规喷雾法所形成的药液"液膜覆盖"。每 $1cm^2$ 叶面内沉积的雾滴数，决定于雾滴尺寸。可见雾滴尺寸在 $50 \sim 100 \mu m$ 范围内的雾滴沉积覆盖密度已相当大。

由于飘移喷洒法的雾滴运动受气流影响，因此，施药地块的布局、喷洒作业者的行走路线、喷头的喷洒高度和喷幅的重叠都必须加以严格的设计。操作过程中还必须注意气流方向、风向变动的夹角在小于 $45°$ 的情况下才允许进行作业。

4. 低量喷雾技术的特点

低容量、很低容量和超低容量喷雾技术与常规大容量喷雾技术相比，具有工效高、用药量少、防效好、成本低以及农药有效利用率高等优点。如超低容量喷雾，原药一般不需要经过加工就能直接使用，这对节省溶剂、乳化剂、填充剂、包装材料和运输量等都是很有利的，从而可以大大节约使用成本。低量喷雾药液浓度高，药效长，残效期也相应延长，防治时可以适当宽些。作物附着的高浓度药液，能很快地向害虫、病原体内侵入或渗透，大大提高防治效果。喷药时药剂因雾点很细，黏附在作物上的比例相应大些，因此，流失量减少，对环境大气、河流的污染也大大减轻。

低量喷雾技术确有很多优点，但也存在一些不足，如对药剂选择、作业环境、施药人员的素质要求较高。并不是所有农药品种都可以作低量喷洒使用，药剂的毒性要低，致死中量（$LD_{50}$）一般要小于 $100mg/kg$。毒性大，在使用时容易发生中毒事故。药剂要具有较强的内吸作用。对溶剂的要求很高，如水要干净无任何杂质，避免堵塞喷眼。超低容量喷雾溶剂溶解度要大，挥发性要强，沸点要低，对作物要安全无害。对作业环境要求也较为严格，作业效果受气流影响较大。作物叶面有露水或雨水时，不能进行喷药，以防药液流失，降低防治效果。低量喷雾技术对作物中下部的害虫防效较差，特别是烟草生长中后期，叶片重叠覆盖度高，药液雾滴不易溅落到中下部叶、蕾或铃上。所以要注意适时整枝打杈，化学控旺等。由于药液浓度较大，施药过程中还应均匀一致，以免局部施药浓度过大，造成药害。

## （二）静电喷雾技术

"静电喷雾法"应用于农药领域始于20世纪40年代，早期主要是用于粉剂的施用，大大提高了农药药粉对植物的附着率。80年代末，美国佐治亚大学的S. E. Law等专家，首先将静电喷雾技术应用于液体农药的喷撒，研制成功了静电喷雾系统（ESS）和气助式静电喷雾系统（AA-ESS）。至今，美国已有数种农用静电喷雾机，均已被广泛应用于农业病虫害的防治。我国对农药静电喷雾技术的研究起步较晚。由于静电喷雾具有诸多优点，70年代末我国也开始涉足该领域的技术研究，相继试制了手持式静电喷雾器、手持电场击碎式静电喷雾器，并在多种目标物上进行推广应用。

静电喷雾技术原理是应用高压静电在喷头与喷雾目标间建立一静电场，药液经喷头雾化后，通过不同的充电方法带上电荷，形成群体带电雾滴（雾滴云），然后在静电场力和其他外力的联合作用下，雾滴做定向运动而吸附在目标的各个部位，达到沉积效率高、雾滴飘移散失少和改善生态环境等良好的性能。

静电喷雾很好地解决了传统施药过程中存在的农药雾滴穿透性差、飘移严重等技术难题。其优点主要表现在四个方面。一是有效地降低了雾滴尺寸，提高了雾滴谱均匀性。静电压力为20kV时，雾滴尺寸降低约10%，雾滴谱均匀性提高约5%。二是对目标作物覆盖均匀。静电喷雾形成的雾滴带有相同的负电荷，在空间运动时相互排斥，不发生凝聚，且尺寸相同雾滴，带电雾滴与作物叶面有较大的接触面积，更容易吸收。三是提高了农药在作物上的沉积量，改善了农药沉积的均匀性。带电雾滴的感应使烟草的外部产生异性电荷，在电场力的作用下，雾滴快速吸附到作物的正反面，农药在作物表面上的沉积量比常规法多36%，叶片背面农药沉积量比常规法多31%，作物顶部、中部和根部农药沉积量分布均匀性都有显著提高。静电喷雾提高了药剂的利用率，减少了农药的使用量，降低了施药成本。电场力的吸附作用减少了农药的飘移，降低了农药对环境的污染。四是耐雨淋，有较长的残效期，灭虫效果有较大幅度提高。带电雾滴在作物上吸附能力强，而且全面均匀，施药率高，所以农药在叶片表面附着牢靠。

综合国内外数十年的研究结果表明，静电喷雾是提高农药中靶率及药效的有效实用技术，具有改善喷雾性能、提高防治效果、降低环境污染和节省防治费用等一系列优点。但该项技术同时具有相应缺点，使其推广应用进展缓慢。如不适用于无导电性的各种农药制剂；静电喷雾器械结构较复杂，对材料要求高，成本相对也高；同时对操作人员的要求也较高。

### （三）泡沫喷雾技术

泡沫喷雾可以认为是喷雾法的一种改进。将农药的水剂、可溶性粉剂、可湿性粉剂或乳剂按照通常的配水方法装进普通的喷雾器后，加入少量的发泡剂，并将空气压进喷雾器中，形成一定压力并通过一种特制的喷头喷出药液。这样，所喷出的雾粒便能形成一种带泡沫的粒子，良好地附着在作物上。

泡沫喷雾的优点大大地超过它的缺点。泡沫喷雾药液的飞散大大减少，对施药人员更安全。使用通常的喷雾法，雾粒的平均直径一般是 $200\sim300\mu m$，但同时也形成 $50\mu m$ 以下的雾粒，这些极少的雾粒随着喷射气流或受到风的影响很易飞扬而造成药害。泡沫喷雾时这些极小的雾粒则附着于泡沫中，从而大大地减少飞散的程度即可。泡沫喷雾所喷出的雾粒更易附着于作物上。泡沫喷雾简便易行，易于推广，不必改变农药剂型和采用完全不同的施药器械，只需添加少量发泡剂和更换喷头。泡沫喷雾的主要缺点是药液的耐雨性较差，在多雨季节和对需要施用残效性长的预防性杀菌剂等不太适用。

泡沫喷雾技术是美国首先发明的。在美国、日本，泡沫喷雾已被较广泛地使用于喷施除草剂，在喷施杀虫剂和杀菌剂方面，使用较少。我国对该项技术应用较少，主要用于需要控制雾滴扩散范围的场合，如间作、套种作物。泡沫喷雾时，喷头离作物顶部一定高度，顺风顺行喷洒，风速超过3m/s时应停止喷药。

### （四）防飘喷雾技术

根据引起雾滴飘移的主要因素，可从以下几方面来考虑减小雾滴飘移发生，提高药雾的有效利用率。使液压喷雾器的雾径均匀一致、大小合适，使其达到最佳药效；利用定向和导向喷雾装置，改变喷雾方向、喷雾高度或由静电控制雾滴；利用气流特征使雾滴直径喷射到目标物上。目前，欧美国家在雾滴防飘方面采用了挡风屏防飘、风幕技术防飘喷头、循环式雾滴回收技术、智能精确喷雾等。

#### 1. 循环喷雾技术

利用药液回收装置，将喷雾时没有沉积在目标上的药液收集后循环利用的喷雾法，其工作原理是用隧道形罩盖将作物半封闭，多方位喷雾，同时借助风机让气流循环（也可不使用风机），使小雾滴充分穿透作物冠层，提高药液沉积量，两侧底部的集液槽尽量收集滴落的药液，并加以过滤，重新回到药箱循环使用。使用循环喷雾机的最大优点是：大量节省农药用量，显著减少农药损失。一般可节省农药30%以上，并可减轻对环境的污染。但目前在商业化推广应用方面，也有其局限性，主要表现在循环喷雾机成本高、适用性较差。

循环喷雾的喷洒操作与常规喷雾相同。喷施除草剂，需在杂草植株高于作物植株时对准杂草喷洒，如杂草与作物植株高度相差过小，除草剂易损伤作物。如采用灭生性除草剂，喷雾时需选择合适的喷头和喷施压力，尽量减少雾滴弹跳、滚落和飘移，以免损伤作物。

2. 可控雾滴喷雾技术

这种方法也简称为控滴喷雾法。其雾化原理和机具构造与超低容量喷雾机相同，只是采取了控制转碟转速的办法来调控所产生的雾滴尺寸，以适应不同的防治对象的要求。例如，把转速降低到 2 000r/min 时，可产生微粒体积中径值为 250～350μm 的均匀粗雾滴，适宜于喷洒除草剂。药液的流速对雾滴尺寸也有影响，可以通过节流管来调控，在储药瓶的瓶嘴预设有多种可供调换使用的节流管，其排液孔的孔径一般用不同的色泽表示。药液的黏度会影响流速和流量，因此，对于不同黏度的药液，必须事先进行流量校准。

3. 精确喷雾技术

利用现代信息识别技术确定有害生物靶标的位置，通过控制技术把农药准确的喷洒到靶标上的喷雾法。可以通过两种方法来实施，一是应用全球定位系统和地理信息系统，施药者能准确确定喷雾机在田间的位置，保证喷幅之间衔接，避免漏喷、重喷；二是基于计算机图像识别系统采集和分析计算田间杂草和作物图像，获取杂草分布特征，再通过喷雾控制器调整每个喷头的开或关及喷药量，从而做到定点喷雾。精确喷雾技术尚处于发展时期，还没有真正意义上的大面积推广应用。

4. 风幕技术

风幕技术于 20 世纪末在欧洲兴起，即在喷杆喷雾机的喷杆上增加风筒和风机。喷雾时，在喷头上方沿喷雾方向强制送风，形成风幕，这样不仅增大了雾滴的穿透力，而且在有风（小于四级风）的天气下工作，也不会发生雾滴飘移现象，使作物叶子正反两面药液达到均匀一致。但风幕技术增加了机具的成本，而且还使喷杆的悬挂和折叠机构更加复杂。目前这种机具的商业化应用还不是很普遍，尤其在中小型喷雾机上难以实现。

### 5. 罩盖喷雾技术

与昂贵的气流辅助喷雾机相比，罩盖技术被认为将是一种有效而经济的选择。罩盖喷雾通过在喷头附近安装导流装置来改变喷头周围气流的速度和方向，使气流的运动更利于雾滴的沉降，增加雾滴在作物冠层的沉积，减少雾滴向非靶标区域飘移，达到减少雾滴飘移的目的。

农药的使用效果与药液雾滴的直径紧密相关。小雾滴在病虫害防治上有独特效果，其附着性好，覆盖均匀，但极容易飘移；如果采用增大雾滴直径的方法来达到减少雾滴飘移的目的，在病虫害防治上是不合适的。采用改变雾滴的运动轨迹来减少雾滴飘移是一个很好的办法。辅助气流和静电喷雾在一定程度上是通过改变雾滴运动轨迹来减少飘移的，但使用上存在一定的局限性、结构复杂、价格昂贵，而罩盖喷雾结构简单、投入少，值得进一步研究。国外对罩盖喷雾技术的研究早于国内，目前为止在国内还很少有人研究，但是在很多应用领域需要罩盖喷雾技术，如玉米地行间喷施除草剂、间套作种植模式的病虫害防治等。罩盖不仅可以引导气流增加雾滴沉积，同时可以隔离靶标和周围作物，减少农药对周围敏感作物的药害。所以，对罩盖喷雾技术的研究具有很重要的实际意义。

### 6. 防飘喷头喷雾

在一定的工作压力、流动速度下，喷头决定了雾滴粒谱的分布，选择产生大雾滴的喷头或减少小雾滴数量的产生能控制飘移。一方面，喷头制造商不断推出减飘或防飘喷头。另一方面，农药生产商研制出"防飘助剂"试图达到同样的效果，研究结果也表明这些产品添加到喷洒液中，能够减少小雾滴和飘移的产生。近年来，德国 Leehler 公司、美国喷雾系统公司以及 Lur. ark 等公司相继设计制造了较少产生易于飘移的细小雾滴的低飘或防飘喷头，并已在生产中大量应用。目前常见的防飘喷头主要有低压扁扇形喷头、前置孔喷头、吸入空气式喷头以及前置孔、混流室喷头等。

美国喷雾系统公司新近推出的宽幅扁扇形喷头与标准扇形雾喷头相比，同样的工作压力下，宽幅扁扇形喷头具有相同的流量和雾形。在低于 200 kPa 压力下，低压宽幅扁扇形喷头不但产生低飘移的较大雾滴，且具有自动喷雾控制，能以其均匀的雾流分布提供很好的覆盖。

前置孔喷头的设计可以减少液体在喷口处的速度和压力，形成较大的雾滴，明显降低飘移。前置孔、混流室喷头在喷头内将进液口处的前置孔和出液口的混流室结合起来。混流室能降低出口处压力，使得雾滴尺寸更均匀，改善了雾流均匀性。吸入空气式喷头在进液口也有一个前置孔，采用文丘里管设计，当液流通过喷头内的前置孔时，因文丘里效应导致压力下降，空气被吸入喷头内，使气泡与喷雾液混合，增大雾滴尺寸，降低飘移。Greenleaf 公司实验发现，Turbo Drop 喷头可以大大降低 100μm 以下的小雾滴比例，同时吸入的空气气流还可以加快喷雾速度。

## （五）涂抹施药技术

涂抹施药法是利用药剂的内吸原理，通过局部涂药可传导到植株的各个部分，达到治虫、防病、灭草及防止落花、落果的目的。它的优点是方法简单，施用安全、省药，药液不飘移、不污染环境、不杀伤天敌。是可提倡的施药方法之一。目前该方法主要用于烟草抑芽剂、杀虫剂的施用。

### （六）种子包衣技术

种子包衣技术是在种子表面包上一层由种肥、杀虫剂、杀菌剂等组成的物质，以供给种子必要的营养物质和保护种子不受病虫侵害。种子包衣技术是近几年世界上发展起来的一种作物种子处理新技术。通过这种技术，可以把防治作物苗期病虫害的农药、作物生长需要的微量元素和生长调节剂等包裹于种子表面，使其缓慢释放，从而可大幅度提高药、肥的使用效率和持效期，特别是对一些传播病害的迁移性害虫如蚜虫、蓟马等防治效果更为显著，目前在烟草上已普遍应用。

烟草种子的包衣加工过程主要由种子精选、消毒、包衣、丸化、筛选、干燥、包装、入库等一系列工艺程序组成。其工艺流程为：生产计划→精选→消毒处理→包衣丸化→入库→包装→干燥→筛选等。

## 三、施药器械的使用、保养和维修

### （一）喷头的选择

喷头是喷雾技术的关键部件，是决定药液雾化的重要因素，对喷雾质量起决定性的影响，对实现农药安全使用和高效使用十分重要。联合国粮农组织（FAO）建议，喷雾器至少应同时配备两种喷头：一种是适用于喷洒除草剂，一种是适用于喷洒杀菌剂和杀虫剂。

喷头是施药机具最为重要的部件，在施药过程中，它的作用有三方面：计量施药液量；决定喷雾形状；把药液雾化成雾滴。

世界卫生组织（WHO）根据各种喷雾方法所使用的机械性能，把喷雾器的雾化部件分为三大类：液力式雾化部件、气力式雾化部件和离心力式雾化部件。液力式雾化部件分为锥形雾喷头、扇形雾喷头和激射式喷头；气力式雾化部件分为低压大流量喷头和高压小流量喷头；离心力式雾化部件分为转盘式、转刷式和转笼式。尽管喷雾技术和喷雾器具种类较多，但我国现使用的主要是液力式喷头。

圆锥雾喷头，利用药液涡流的离心力使药液雾化，是目前喷雾器上使用最广泛的喷头。可用于一般作物的叶面喷药，如喷杀虫剂或杀菌剂。

扇形雾喷头，这类喷头最适宜在平面上喷施农药，例如，除草剂处理土壤表面，或仓库内壁上施药防治仓库害虫。以及喷洒植物生长调节剂。随着除草剂的广泛使用，扇形雾喷头已在国内外广泛运用。这类喷头一般用黄铜、不锈钢、塑料或陶瓷材料制成。

激射式喷头，常用于除草剂的土壤处理。

单喷头，适用于作物生长前期或中后期进行各种定性针对性喷雾、飘移性喷雾。

双喷头，适用于作物中后期株顶定向喷雾。

其他喷头，人们为防止农药飘移污染及农药飘移对邻近作物产生药害问题，研制出多种可以防止农药飘移的喷头。

在使用时应根据病虫草害的特点选择合适的喷头。

### (二) 器械的检查和调整

1. 背负式手动喷雾器

手动喷雾器是用手动方式产生压力来喷洒药液的施药机具。它具有使用操作方便、适应性广等特点。

（1）背负式喷雾器装药前，应在喷雾器皮碗及摇杆转轴处，气室内置的喷雾器应在滑套及活塞处涂上适量的润滑油。

（2）压缩喷雾器使用前应检查并保证安全阀的阀芯运动灵

活，排气孔畅通。

（3）根据操作者身材，调节好背带长度。

（4）药箱内装上适量清水喷雾，检查各密封处有无渗漏现象；喷头处雾型是否正常。

**2. 背负式机动喷雾喷粉机**

背负式机动喷粉喷雾机是由汽油机作动力的植保机具，具有轻便、灵活、高效率等特点。

（1）检测各部件安装是否正确、牢固。

（2）新机具或维修后的机具，首先要排除缸体内封存的机油。排除方法：卸下火花塞，用左手拇指堵住火花塞孔，然后用启动绳拉几次，迫使气缸内机油从火花塞孔喷出，用干净布擦干火花塞孔腔及火花塞电极部分的机油。

（3）检测火花塞跳火情况：将高压线端距曲轴箱体 3～5mm，再用手转动启动轮，检查有无火花出现，一般蓝火花为正常。

（4）根据作业的需要，按照使用说明书上的步骤装上对应的喷射部件及附件。

**（三）施药机械的安全使用**

**1. 背负式手动喷雾器**

（1）作业前先按照操作规程配制好农药。向药液桶内加注药液前，一定要将开关关闭，以免药液漏出，加注药液要用滤网过滤，药液不要超过桶壁上所示水位线位置。加注药液后，必须盖紧桶盖，以免作业时药液漏出。

（2）作业时，应先压动摇杆数次，使气室内的气压达到工作压力后再打开开关，边走边打气边喷雾。如压动摇杆感到沉重，就不能过分用力，以免气室爆炸。对于工农-16 型喷雾器，一般走 2～3 步摇杆上下压动一次；每分钟压动摇杆 18～25 次即可。

（3）作业时，空气室中的药液超过安全水位时，应立即停止压动摇杆，以免气室爆裂。

（4）压缩喷雾器作业时，加药液不能超过规定的水位线，保证有足够的空间储存压缩空气，以便使喷雾压力稳定、均匀。

（5）没有安全阀的压缩喷雾器，一定要按产品使用说明书上规定的打气次数打气（一般 30～40 次）。压缩喷雾器使用过程中，药箱内压力会不断下降，当喷头雾化质量下降时，要暂停喷雾，重新打气充压，以保证良好的雾化质量。

（6）针对不同作物、病虫草害和农药选择正确的施药方法。

①土壤处理喷洒除草剂。土壤喷洒除草剂的施药质量要求：易于漂失的小雾滴要少，避免除草剂雾滴飘移引起的作物药害；药剂在田间沉积分布均匀，保证防治效果，避免局部地区药量过大造成的除草剂药害。因此，除草剂喷洒应采用扇形雾喷头，操作时喷头离地高度、行走速度和路线应保持一致；也可用安装二喷头、三喷头和小喷杆喷雾。

②当用手动喷雾器喷雾防治作物病虫害时，最好选用小喷片，切不可用钉子人为把喷头冲大。这是因为小喷片喷头产生的农药雾滴较粗大喷片的雾滴细，对病虫害防治效果好。

③使用手动喷雾器喷洒触杀性杀虫剂防治栖息在作物叶背的害虫，应把喷头朝上，采用叶背定向喷雾法喷雾。

④使用喷雾器喷洒保护性杀菌剂，应在植物未被病原菌侵染前或侵染初期施药，要使雾滴在植物靶标上沉积分布均匀，并有一定的雾滴覆盖密度。

⑤使用手动喷雾器行间喷洒除草剂时，一定要配置喷头的防护罩，防止雾滴飘移造成的邻近作物药害；喷洒时喷头高度保持一致，力求药剂沉积分布均匀，不得重喷和漏喷。

⑥几架药械同时喷洒时，应采用梯形前进，下风侧的人先

喷，以免人体接触药液。

2. 背负式机动喷雾喷粉机

（1）机器启动前药液开关应停在半闭位置。调整油门开关使汽油机高速稳定运转，开启手把开关后，人立即按预定速度和路线前进，严禁停留在一处喷洒，以防引起药害。

（2）行走路线的确定：喷药时行走要匀速，不能忽快忽慢，防止重喷漏喷。行走路线根据风向而定，走向应与风向垂直或成不小于45°的夹角，操作者应在上风向，喷射部件应在下风向。

（3）喷洒时应采用侧向喷洒，即喷药人员背机前进时，手提喷管向一侧喷洒，一个喷幅接着一个喷幅，向上风方向移动，使喷幅之间相连接区段的雾滴沉积有一定程度的重叠。操作时还应将喷口稍微向上仰起，并离开作物20～30cm高，2m左右远。

（4）当喷完第一喷幅时，先关闭药液开关，减小油门，向上风向移动，行至第二喷幅时再加大油门，打开药液开关继续喷药。

（5）停机时，先关闭药液开关，再关小油门，让机器低速运转3～5min再关闭油门。切忌突然停机。

**（四）施药器械的保养和维修**

1. 背负式手动喷雾器

（1）喷雾器每天使用结束后，应倒出桶内残余药液，加入少量清水继续喷洒干净，并用清水清洗各部分，然后打开开关，置于室内通风干燥处存放。

（2）铁制桶身的喷雾器，用清水清洗完后，应擦干桶内积水，然后打开开关，倒挂于室内干燥阴凉处存放。

（3）喷洒除草剂后，必须将喷雾器彻底清洗干净，以免喷洒其他农药时对作物产生药害。

（4）凡活动部件及非塑料接头处应涂黄油防锈。

2. 背负式机动喷雾喷粉机

（1）喷雾机每天使用结束后，应倒出箱内残余药液或粉剂。

（2）清除机器各处的灰尘、油污、药迹，并用清水清洗药箱和其他与药剂接触的塑料件、橡胶件。

（3）喷粉时，每天要清洗化油器和空气滤清器。

（4）长薄膜管内不得存粉，拆卸之前空机运转 1～2min，将长薄膜管内的残粉吹净。

（5）检查各螺丝、螺母有无松动、工具是否齐全。

（6）保养后的背负机应放在干燥通风的室内，切勿靠近火源，避免与农药等腐蚀性物质放在一起。长期保存时还要按汽油机使用说明书的要求保养汽油机；对可能腐蚀的零件要涂上防锈黄油。

## 四、施药后的处理

安全问题在喷雾作业结束后仍是考虑的主要问题，包括使用者的安全、作物的安全、消费者的安全及环境的安全 4 个方面，其中，施药田块的处理、残余药液及废弃农药包装的处理是很重要的影响因素。

### （一）施药田块的处理

施用农药的田块要做好标记。长久以来被大家所重视的警戒标志问题，近年来有被淡忘之势。喷雾作业结束后，应该根据农药标签上的建议，立即在处理过的地块周围树立警示标志。对于喷雾前得到警示的人员，应该告知他们喷雾作业已经结束。警示标志应该告知人们地块上进行过的处理，以及人们可进入地块时间的建议。当不再需要时应该把警示标志撤去。在规定的时间内，家畜不得进入喷雾处理的地块，施过高毒农药的田块，严禁放牧，割草，挖野菜，以防人畜中毒。

## （二）残余药液及废弃农药包装的处理

### 1. 残余药液的处理

首先，提前做好计划，以便把剩余药液量降低到最低水平，应该根据处理地块的面积购买取用需要的农药制剂。

废弃农药的来源包括剩余的稀释药液以及残剩的未稀释的农药制剂、喷雾机具内部及安全防护设备和防护服清洗下来的污染物等，都需要进行处理。切记不要在对人、家畜、作物和其他植物以及食品和水源有害的地方清理农药废弃物。喷雾作业结束后，喷雾机具的内部和外表面都应该在田间进行清洗，清洗的残余药液，许多农民仍习惯将施完药后所剩余的药水重复再喷施于作物的植株上，导致同一作物植株上的药量增加而发生药害及残留问题，还有部分农民因清理施药桶等的方便而将剩余药水倒入河水中，造成水质污染，必须将剩余药水倒于人畜不易到达或较安全的地方，绝对不可以倒入水池或河水中。特别是在大型植烟农场内，每天可能使用多种不同农药的情况下，应该认真考虑安装专门的管道设备来处理清洗液。

另外，许多喷雾机都安装有内部清洗系统，即清洗水箱提供干净的清水。清洗水箱也可以为清洗农药空包装容器和使用后冲洗防护服提供清水。喷雾系统的清洗方法建议采用"少量多次"的办法，即每次用少量清水清洗 2～3 次，效果要比用一箱清水清洗一次要好。当背负手动喷雾器安装的是一个较大的空气室时，每次清洗只需少量水充分清洗整个喷雾系统，需要进行 3～4 次的清洗过程即可。如果喷雾机具在第二天要喷洒同样的或者相似的农药，药液箱中可以保留着清洗废液或者重新加入干净的清水贮藏过夜。在安装手持喷杆的情况下，在田间就应该用手持喷杆把喷雾机具的外表面清洗干净。如果喷雾机具在室外贮藏，需要注意的是要保证残留在喷雾机具外表面的农药不被雨水冲洗掉，否则会污染地表水并流失到水源中。个人防护设备在使用后也必须要彻底清洗，晾干后贮藏在通风良好的仓库中。

**2. 废弃农药包装的处理**

目前，在烟草种植多为一家一户分散性生产经营的格局下，农药在千家万户分散保管，导致严重的安全隐患，农药随便乱丢乱弃现象普遍存在。因此，加强废弃农药包装的管理、控制减小其负面影响是我们植保工作者的重要责任。用完的农药包装容器不得再次使用。在包装容器处理方面，主要包括深埋、焚烧或者交给登记注册的农药废弃物处置中心集中处理。空农药包装容器在深埋前，必须彻底清洗干净，并且要把容器破坏（刺破/压碎），使之不能再次使用。深埋地点必须要远离地表水和地下水，坑的位置要避开地面排水沟且必须记录在案。不是所有的包装容器都能焚烧的，农药标签上应该标明包装容器内是易燃农药或者是气雾剂。在焚烧前，包装容器必须彻底清洗干净。

只使用了部分农药的包装容器必须重新封口，然后带回贮藏库贮存。贮存的农药要封装严实。乳剂农药如瓶口不严，粉剂农药包裹不紧，会四面八方挥发，污染环境，且降低药效。因此，乳剂农药要拧紧瓶盖，粉剂和颗粒剂的农药应用塑料袋封存，放置于干燥房间内，加锁保存，严防孩童、家畜、家禽等接触农药，导致农药中毒事故发生。

（张成省，王新伟，王静，冯超，徐蓬军）

# 第四章 烟用农药合理使用技术与农药安全使用

## 一、烟用农药使用中存在的突出问题

在烟草有害生物综合治理策略中，科学合理地利用农药是其中的重要方法之一。利用农药防治烟草有害生物具有许多优点，如使用方便、防效较高、速效性较强、作业效率高等，但如果使用不当，则会造成诸多负面效应，如防效降低、人畜中毒、污染环境、破坏生态平衡、增加烟叶农药残留量等。目前，尽管我国在农药的生产、销售、管理、使用等方面已经制定了相关法律、法规，烟草行业也加大了农药安全合理使用方面的培训力度，但受多种因素影响，烟田农药的使用仍然存在较多问题，主要有以下9个方面。

### （一）农药品种选购不当

目前，多数烟草公司每年都统一购进一批常用农药，免费或以成本价发放给烟农，但发放农药的数量及品种往往不能完全满足病虫害防治的需要，烟农需自己选购部分农药。由于烟农对病虫害的识别能力较差，缺乏相关的农药常识，在防治技术上很难做到对症下药，选择药剂时主要靠经销商推荐和广告宣传，或凭自己的经验。部分烟农认为农药毒性越高则效果越好，往往忽视药剂的防治对象、登记作物、适用范围等。另外，目前市场上无登记证、假冒伪劣的农药仍占一定比例，一些国家早已明令禁止生产、经营、使用的农药品种屡禁不止。以上因素导致农药品种选购不当的现象时常发生，对农药使用者、防治作物以及环境等带来较多不良影响。

### （二）缺乏安全用药常识

烟农在使用农药防治病虫害时，由于缺乏安全用药常识，导致施药者中毒、作物产生药害等不良后果。主要表现在以下 3 个方面。

1. 施药者自我保护意识不强

施药前忽视阅读农药标签上的相关内容，对农药毒性及解救方法缺乏了解；施药者未采取必要的防护措施，如穿防护服、戴口罩的操作者极为少见；高温天气施药、作业时间过长、大风天气施药、施药时抽烟等现象时有发生，极易导致施药者中毒。

2. 废弃包装及药液处理不当

部分施药者在施药结束后，对剩余药液和包装物未采取妥善处理措施，对人身安全及环境带来隐患。如农村的田埂、地头、沟渠内外以及路边、河边等，到处可见丢弃的农药废弃包装；有的烟农将药液倒入池塘、小河等水源处，造成水源污染。

3. 农药保管不当

多数烟农未设置专门的农药保管场所，农药与食品、粮食等混放，易造成人畜中毒。

### （三）盲目用药现象普遍

盲目用药现象表现在以下 4 个方面。

1. 施药时期的盲目性

在防治烟草病虫害时，应遵循其发生、发展规律，并选择适当时期施药才能达到较好的防治效果。部分烟农未掌握田间病虫害发生的实际情况，定期使用保险药，结果费工费时，增加成本。有的烟农则见其他农户施药，自己也跟随施药。多数烟农未掌握在害虫低龄期或病害始见期施药，当发现田间有病虫为害症状时，害虫龄期较大或病害已开始流行，此时用药则很难达到理想防治效果。对于安全间隔期，烟农往往也不予理会，当天施药、次日采收的现象屡见不鲜。

2. 施药剂量的盲目性

在生产实践中发现，烟农在配制药液的过程中很少使用适当的量具。多数烟农采用瓶盖或凭经验随意量取，经常超过了推荐剂量，甚至成倍使用。烟农常错误地认为药剂用量越大，效果会越好。由于各种原因，一些病虫害的防治难度较大（如青枯病、病毒病等），一些烟农为提高药效，随意加大用药量、增加施药次数、缩短施药间隔期，这种做法不仅浪费农药，也增加了烟叶的农药残留量，且极易产生药害，导致病虫产生抗药性，污染环境。

3. 施药方法的盲目性

部分烟农不是根据病虫害的发生特点或农药的特性，恰当地选用施药方法，而是不论何病虫害种类全部采用叶正面喷雾的方法，因而很难达到理想的防治效果。正确的做法是，应针对病虫害发生部位、发生特点选择适当的方法。如多数鳞翅目幼虫在晴天的傍晚至翌日清晨在叶面上为害，光照强时会隐蔽起来，应在其为害时将药液喷到虫体上才能获得好的防效。防治蚜虫、温室白粉虱、烟粉虱，应主要针对叶背面喷药，只在叶正面喷洒很难控制其为害（尤其是无内吸作用的杀虫剂）。在防治地下害虫时则应根据害虫种类采用灌根、毒饵等方法。

4. 混配的盲目性

多数烟农在使用农药时若发现单一药剂防效不理想，往往会不加选择，将多种药剂混合使用。由于不了解农药的作用机理、理化性质和复配制剂的成分，也未掌握混配的原则，烟农经常将作用机理相同的农药混用，或是将酸性农药和碱性农药混用，有的将复配制剂混入本已含有的单剂成分，导致混配溶液中经常出现沉淀、分层等现象，从而使药效降低或对作物造成严重药害，同时也大大促进了病虫害的抗药性的发展，加速了农药被淘汰的速度。

### （四）片面追求速效性

多数烟农在使用农药时，对药剂的速效性要求较高，对药效迟缓的农药品种难以接受，这一现象在杀虫剂的使用中尤为突出。例如，拟除虫菊酯类杀虫剂因药效发挥较快而较受烟农的欢迎，在生产上用量较大、使用次数较多，害虫对此类药剂的抗药性也逐步增强。相反，一些环境友好型的药剂，如植物源农药、微生物源农药由于速效性及防治效果相对较差，在生产中使用较少。

### （五）过分依赖化学农药

目前，全国大部分烟区的病虫害防治仍然以化学农药占主导地位。部分烟农错误地认为"预防措施"即是早施用农药，"综防措施"即是多施用几种农药，而综合防治措施中的农业、物理、生物防治技术推广面积较小。由于烟农及有关技术人员缺乏植保知识，防治不当、用药不当现象普遍，造成化学防治成本居高不下。据调查，南方烟区的植保投入在 70 元/667$m^2$ 以上，黄淮烟区在 100 元/667$m^2$ 以上。

### （六）对抗药性缺乏认识

有害生物的抗药性是农业生产面临的最重要问题之一，人类的用药情况在很大程度上影响、控制抗药性的发展速度和严重程度。由于对抗药性的发展缺乏了解，当防治效果不理想时，烟农习惯采用加大用药量、增加用药次数等方法来提高防效，这必然导致用药成本的增加和环境污染的加重，同时更加速了抗药性的发展。有害生物的抗药性不仅降低防治效果，同时也给生产者造成较大经济损失，甚至会导致局部区域重新调整作物布局。在烟草生产中，烟蚜、烟青虫、棉铃虫、黑胫病等病虫害对一些常用药剂均已产生一定的抗药性。

## （七）药害发生较多

施药的目的是为了防治病虫害、促进作物生长，但生产上因用药不当造成药害现象较为普遍，轻则影响作物生长，重则造成绝收。产生药害的原因较多，主要包括：为追求防治效果而使用违禁或对烟草敏感的农药；随意加大用药量或混用农药品种较多；施药方法不当；前茬作物农药残留造成的药害。

## （八）忽视安全间隔期

安全间隔期是指最后一次施药至规定可以采收农产品所需的时间。在烟草生产中，许多烟农由于缺乏相关知识，未能执行安全间隔期标准，甚至部分烟农为追求经济效益，违反安全间隔期采收烟叶，造成烟叶内农药残留超标，对消费者的健康造成了威胁。

## （九）施药器械落后

目前我国使用的施药器械较为落后，工农－16型喷雾器占80%以上，且质量低劣，农药"跑、冒、滴、漏"现象较为严重，作业人员安全性无法得到有效保障。另外，传统喷雾器喷头单一，雾化效果差，喷药劳动强度大，农药利用率较低（30%以下）。烟农在喷药时习惯大雾滴、大容量、雨淋式的方式，使药液大量流失。以上现象造成防治效果差、用药成本增加、环境污染严重，同时还导致许多生产性中毒事故的发生。

## 二、烟草病虫害抗性产生的原因及对策

农药抗性是当前烟草生产上一个很突出的问题，由于长期单一依赖化学农药而不合理使用农药，在病原物群体中存在潜在抗性基因时，在药剂选择压力下便会出现抗药性。由病原菌产生抗药性而导致许多烟草病害的化学防治效果下降和丧失的情况，不但给烟草病害的治理带来了很大的困难，而且加重了农药对环境的污染。为此，必须采取有效措施，治理抗药性问题。

目前，已发现烟草病原物真菌、细菌和线虫产生了抗药性，成为制约烟草可持续发展和规范烟草用药面临的严峻问题。其他病原物如类菌原体、病毒、类立克次体和寄生性种子植物的化学防治水平较低，还未发现产生抗药性。在侵染烟草的病原物中真菌的抗药性是最常见的，其次为细菌和根结线虫。

### （一）病虫害抗药性产生的原因、影响因素及危害

#### 1. 病害抗药性产生的原因

由于人们对抗药性的发展缺乏了解，化学防治中农药的滥用与乱用加速了病原微生物产生抗药性。农药的使用使烟草病原物的生存环境发生了不利的变化，病原物种群内自然存在的具有抗性基因的个体经药剂多次选择后，在其种群内逐渐累积，针对这些敏感性降低的病原物群体，人们往往加大用药剂量和增加用药次数来提高防治效果，这必然导致用药成本的增加和环境污染的加重，同时更加速了抗药性的发展速度，导致的后果便是给病害造成了更高的选择压力，使其种群内抗性个体频率进一步提高。当抗性个体频率达到一定程度时（病菌约为 10%~20%），病害种群发生质的变化而成为抗性种群。由此可见，农药的选择作用

是病害抗性产生的根本原因，抗性产生的速度、抗性水平与农药的使用次数、使用剂量密切相关。据李梅云报道，云南省 11 个地州烟草赤星病原对菌核净的抗药性和不同地区病原的抗性组成结果显示，不同菌株对菌核净有不同程度的抗药性，来自不同地域菌株的抗药性差异很大，这说明不同地区由于用药程度上存在差别，其抗药性就存在明显差别。另据李梅云报道，来自云南烟草野火病病菌不同菌株，对农用链霉素有不同程度的抗药性，来自不同地州的菌株中高抗、中抗和低抗菌株的比例有很大差异，试验过程还发现，不同菌株在不同浓度时反映出抗药性强弱有差异，但差异不大。

另外，农药的剂型不适合，也会降低药效，使漏杀个体诱发出抗药性；农药在烟株上沉积，分布状况不均匀也会引起抗药性产生。

2. 害虫产生抗药性的原因

一般来讲，害虫产生抗药性，主要是由自身的各种防御能力增强及环境中各种因子影响综合所致。

（1）自身防御能力方面

①表皮阻隔作用的增强：杀虫剂要进入害虫体内产生毒杀作用，首先要通过昆虫的表皮阻隔层。正常情况下，一种杀虫剂穿过表皮进入某种害虫体内的速率在一定条件下是个定值。但对抗性昆虫则不同，杀虫剂穿透表皮进入体内的速率往往明显下降，这种下降又由于多次施用药剂后（即存在选择压），表皮通道结构在药剂诱导下产生诱变剂表皮中沉积了更多的蛋白质，脂肪和骨化物质所致。

②代谢能力增强：在抗性昆虫中，有关解毒酶的含量大幅度提高，酶的结构也发生变化，使酶自身的结构活性大大增强。酶的代谢解毒作用是害虫产生抗药性的主要机制之一。常见的几种主要解毒酶包括 DDT 酶，磷酸酯酶、羧酸酯酶、谷胱甘肽转移

酶、多功能氧化酶等。

③靶标作用部位的改变：绝大多数的杀虫剂都是神经毒剂，在正常昆虫中，杀虫剂可以使神经突触间的传递物质如乙酰胆碱的正常释放或接收遭到破坏，打断神经传递，使昆虫死亡。在产生抗药性的昆虫中，由于药剂长期的选择作用，突触间的物质传递活动已对药剂的干扰或破坏作用有了很强的适应性，发生了某些改变，甚至完全可以不受药剂的干扰而进行正常的神经传导作用，导致药剂失去了效用，昆虫因神经传导中断而死亡，表现为抗药性。

（2）环境因子的影响

①农药使用不合理，导致害虫对农药产生较高的田间选择性。

②寄主植物对害虫的抗药性也有一定的影响。寄主植物可以从食物的角度影响害虫的抗性发展，植物中存在某种次生物质，可激活或抑制昆虫体内解毒酶的活力。

③特殊的气候也可对抗性的产生起诱导作用。有些药剂的药效可能受气候因素影响较大。

④杀虫剂的分子结构。昆虫对某一种杀虫剂产生抗药性，也往往容易对同类型的其他种类杀虫剂产生抗性。

3. 抗药性产生的影响因素

影响烟草病害抗性发展的因素包括病原群体中抗性基因的起始频率、抗性基因的遗传特性、杀菌剂的作用机理、抗性菌株的适合度、病害循环特点以及病害发生、流行条件等。一般认为，一种病原菌的繁殖代数大，再侵染次数多，而且长期在"高的药剂选择压力"环境下，病菌对杀菌剂的敏感性下降，很容易产生抗药性。

病原菌对杀菌剂产生抗性，其中90%发生于内吸性杀菌剂，尤以专化性强的选择性杀菌剂居多，其次是抗菌素类。

（1）苯并咪唑类 20世纪60～70年代开发出来的苯并咪唑类内吸性杀菌剂，代表性药剂为多菌灵、甲基硫菌灵及苯菌灵等，该类杀菌剂的杀菌机制表现为特异性的与病原真菌的β-微管蛋白结合，进而干扰微管装配，影响菌体细胞的有丝分裂，使菌株不能正常生长。由于该类杀菌剂长期大量使用，部分病原菌如烟草炭疽病菌、白粉病菌等对它的抗药性十分严重。

（2）二甲酰亚胺类 代表药剂为菌核净、异菌脲及扑海因等，Ian等比较了烟草赤星病菌（链格孢属）对异菌脲的田间敏感菌和抗性菌编码N-末端氨基酸重复序列，认为HK基因N-末端氨基酸重复区位点的突变是抗药性产生的原因。

（3）苯酰胺类 代表性药剂为甲霜灵、恶霜灵等，常用来防治烟草黑胫病等根茎类病害，通过抑制菌丝生长和吸器生成，干扰核酸，特别是γ-RNA的合成，最敏感的是使脲苷渗入受阻。由于其作用位点单一，极易导致菌体单基因或寡基因突变而产生抗药性。马国胜等研究表明，随着许多老烟区连作年限增加和防治药剂的长期单一使用，烟草黑胫病菌已对甲霜灵为代表的苯基酰胺类杀菌剂产生明显的抗药性。而一些传统的保护性杀菌剂，如有机硫类、有机砷类等，由于其作用位点多，菌体细胞不可能同时发生基因突变而产生既可遗传又可生存的抗药性突变体，因此，至今仍很少报道对保护性杀菌剂产生抗性的病核苷酸的聚合。这3种聚合酶称作聚合酶A、B和C；甲霜灵和其相似物对这3种酶具有选择性抑制作用，主要对聚合酶A的毒性最大，也就是γ-RNA的合成受阻，使核糖体异常，从而抑制病原菌生长。

（4）甾醇生物合成抑制剂类 代表药剂为三唑类、呱啶类及吗啉类。吗啉类杀菌剂具有多个作用位点，其本身具有一个可变的碳链，使真菌体内保镖蛋白也难以发生相应的改变，在田间不容易导致病菌产生抗药性。烯酰吗啉是内吸性杀菌剂，对疫霉属具有独特的作用方式，主要是影响细胞壁分子结构的重排，干扰病原菌细胞壁聚合体的组装，从而干扰细胞壁的形成，引起孢子囊壁的分解，使菌体死亡。烯酰吗啉是继甲霜灵之后防治烟草黑胫病菌的又一潜在理想药剂。胡艳等研究了烯酰吗啉对烟草黑胫病菌的毒力，抗性结果显示，烟草黑胫病对烯酰吗啉存在较大抗性风险性，建议同一生长季不用重复、单一使用烯酰吗啉，而应与保护性杀菌剂代森锰锌等混合使用，以延缓或避免抗药性的产生。

（5）农用抗菌素类　在烟草生产上使用的农用抗菌素类主要包括农用链霉素、多氧霉素类及井冈霉素、春雷霉素。其中，多氧霉素类抑制菌体几丁质合成酶的生物活性，破坏细胞壁的生成。抗药机制是菌体细胞壁结构发生变化，使抗菌素难以进入菌体到达作用部位。链霉素防治烟草细菌病害，如青枯病、野火病和角斑病，抑制蛋白质生物合成过程中的肽链延伸及激发三联码错编。其抗性突变体的核糖体发生改变，不与药剂结合。

又如一些烟田地上部位的多循环病害，如烟草白粉病，病部常能产生大量的分生孢子，通过气流和雨水的传播，在药剂选择压力下，在较短时间即可产生抗药性群体，而一些以初侵染为主的单循环病害和地下部位病害，如立枯病、根腐病等，则不易产生抗药性。

4. 病害抗药性产生的危害

病害抗药性产生的危害是多种多样的，最直接的后果是导致杀菌剂防治效果降低或丧失，造成烟草减产或绝收，同时人们为了防治产生抗性的病原物，增加用药次数和用药剂量，导致烟叶农药残留超标，对烟叶出口和卷烟安全性带来不利影响，使低危害烟叶生产受到严重的阻碍；同时增加农药用量，加大病害防治成本，加剧对烟田生态系统的污染，并使鱼虾、牲畜、鸟类等有益生物受到危害，陷入恶性循环；甚至会导致某种作物种植体系的解体，并且大大增加了新农药合成的难度。

## （二）烟草病虫害的抗药性治理对策

有害生物综合治理的防治策略为减少农药的选择压力提供了极为有利的条件，因此，烟草病害的抗药性治理应该遵循有害生物综合治理的原则和策略，通过充分发挥农业、生物、物理、机械及生物技术等非化学防治技术的作用，尽可能地减少化学药剂的使用，在必需的情况下，通过科学合理的安全使用农药，将病害控制在经济允许水平之下。

### 1. 加强病害抗药性监测，合理选用农药品种

研究抗药性发展和治理效果的重要参数是靶标对常用药剂的敏感性基线。通过敏感性基线可以比较病原菌对常用杀菌剂的敏感性时空变化，可以了解抗药性的发展态势、制定有效的抗药性治理策略，并实施抗药性监测。通过系统的抗性监测，能及时认识当地烟区病害抗性现状，对抗性不同的地区采取不同的用药策略。对当地主要病原菌产生高抗的药剂应坚决禁用，对敏感性降低或低抗水平的药剂应限制使用次数、使用剂量并合理轮换用药，防止病害抗性进一步发展。

### 2. 交替使用不同作用机制的农药

通过无交互或负交互抗药性杀菌剂的交替或轮换使用，可以延缓或克服抗药性的发生发展。单一品种农药易诱发抗药性，轮换作用机理不同的品种，轮换生物农药、抗生素类农药，均可以产生良好效果。一般来说，一种农药使用得当，可维持使用寿命15~20年，若使用不当，寿命只有几年甚至更短。对已产生抗药性的病原菌，一般宜改用不同作用机制的有效农药进行防治。研究表明，田间烟草黑胫病菌对代森锰锌及其混剂产生了不同程度的抗药性，因此，这类药剂田间防治效果较差，已不能控制病害流行，要合理交替选用农药品种，延缓抗药性发展。

3. 科学合理的混用农药

不同作用机制的农药混用可以延缓病害抗性的发展。首先，混剂中每个单剂的作用机制不同，病原菌种群被其中一种药剂处理后存活下来的抗性个体仍有可能被另一成分杀死。其次，混用的两种或几种有效成分之间有一定的增效作用，因而可以减少用药剂量，起到兼治和增效的作用。已有研究报道，运用 Horsfall 毒力设计实验方案和孢子萌发抑制法，分别测定菌核净、代森锰锌及其混剂对烟草赤星病菌（*Alternaria alternate*）的毒力，并采用多种评价方法评价所配混剂的增效作用。结果表明，当它们按 $EC_{50}$ 剂量的比例混配时所得混剂表现明显的增效作用，且按照 7∶3 的比例混配时所得混剂的增效作用最佳，田间防治结果也证明该混剂可有效防治赤星病。目前烟草生产上防治烟草黑胫病菌的甲霜·锰锌、恶霜·锰锌、甲霜·丙森锌等均为作用点较为单一、易产生抗药性的内吸性杀菌剂与多作用位点、广谱的保护性杀菌剂的复配物，复配制剂除了对病害既有保护作用又有治疗作用外，还能明显延缓病原菌对内吸性杀菌剂的抗药性。李斌等以烟草黑胫病菌为靶标病原菌，对 6 种杀菌剂进行了毒力测定，结果显示，由治疗型杀菌剂"氟吡菌胺"和内吸性传导型杀菌剂"霜霉威盐酸盐"复配而成的混剂，对烟草黑胫病菌的防效最高，其次为"酰烯吗啉"和"代森锰锌"的混剂：69% 酰烯·锰锌，而参试菌株对传统药剂 60% 敌磺钠和 72% 甲霜·锰锌毒力较低，在生产使用中应与其他药剂交替使用，以延长其使用年限。

4. 采用综合防治措施

把化学防治、农业防治、物理防治等措施，有机结合起来，充分发挥各种有效的非农药防治措施，尽可能优先采用农业防治技术，积极应用物理防治、生物防治等技术，只在必要时才适度使用农药，以最大限度地减少化学防治频率和用药量。

5. 采用正确的施药技术，规范农药使用

要以最少的用药量有效控制病害，获得最大经济效益、社会效益和生态效益。药剂在田间施用的有效剂量和沉积分布均匀是至关重要的，对不同病害应选用适当农药品种、制剂形态、使用方法和最佳施用时期。

6. 科学对待每次化学防治，加强病虫害预测预报和田间调查，抓住关键防治时期

盲目用药很容易造成抗药性的产生和发展。在病原菌流行过程中存在着抗药性与耐药性相对薄弱的环节，应通过加强流行病害预测预报和田间调查，抓住关键防治时期，以最少的药剂用量，达到最大的防治效果和最低的药剂选择压。

7. 加强新型药剂的研制与开发

为了保障烟草业持续、稳定、健康发展，以生产出高效、低毒、低残留的无公害烟叶，环境友好型化学农药必将成为烟草病虫草害防治的主导品种。如来自于天然的植物源、微生物源药剂，农用抗生素以及与环境相容性好的甲氧基丙烯酸酯类杀菌剂将受到大家的青睐。随着人们环保意识增强，低毒、高效、低残留的环境友好型品种是农药研究开发和推广使用的主要目标。用量大、毒性高、对环境、人类及生物污染严重或有潜在危害的化学农药必将淘汰。

## 三、烟草药害及预防对策

烟草上，因农药使用方法不当，技术要求不严格，而引起的烟草发生不正常的生长发育或生理症状，如叶片出现斑点、灼伤、黄叶、落叶，植株出现凋萎、矮化、滞长、畸形，以及烟株死亡等。发生这些症状通称为药害。

### （一）烟草药害的症状

烟草药害根据症状分为急性药害、慢性药害。

**1. 急性药害症状**

急性药害症状一般发生很快，症状明显，在施药后 2～5 天就会表现。主要有以下几种。

（1）灼伤、斑点　斑点药害主要发生在叶片上，烟草上药害斑和灼伤点和气候斑点病及病原性病害的斑点不同，药害斑点在植株上分布不规律，而且药斑的大小、性状差异很大。而气候斑点病和病原性病害的斑点，在植株上出现的部位比较一致，病斑具有发病中心，病斑的大小、性状一致。

（2）黄化　黄化药害主要发生在叶片上，黄化药害与营养元素缺乏引起的黄化不同，黄化药害常由黄化变成枯叶，晴天高温，黄化产生快，阴雨高湿，黄化产生慢。而营养元素缺乏引起的黄化与土壤肥力相关，一般表现为整块地黄化。

（3）凋萎、落叶　凋萎药害一般表现为整株枯萎，主要由除草剂引起。药害枯萎和病原性枯萎症状不同，药害凋萎没有发病中心，发生迟缓，植株先黄化后枯萎，伴随落叶，输导组织无褐变。而病原性枯萎的发生多是由根茎输导组织堵塞，遇阳光照射，蒸发量大，从而先萎蔫后死苗，同时根茎输导组织有褐变。

**2. 慢性药害症状**

慢性药害症状，一般施药后一周内不表现症状，而是通过影响烟草的光合作用、物质运输等生理生化反应，造成植株生长发育迟缓、矮化、叶片变小、扭曲、畸形以及品质变差、烟叶色泽不均匀。主要有以下几种：

（1）滞长、矮化　引起的生长停滞常常伴随有药斑和其他药害症状，主要表现为根系生长差，发生不严重时，经过一段时间症状会减轻。缺素症的生长停滞表现为叶色发黄或暗绿，需要补充元素症状才能缓解。

（2）畸形　烟草上的畸形药害主要有卷叶、丛生。药害畸形与病毒病害畸形不同，药害畸形在植株上表现局部症状，而病毒病畸形表现为系统症状，并伴随有花叶症状。

（3）产量降低、品质变差　植株发生药害后，一般烟叶色泽不均匀，上等烟比例减小，产量降低，同时杂色烟叶的品质变差。

## （二）烟草药害的因素

引发烟草药害的因素很多，包括农药施用方法、农药质量、烟草品种、烟草不同生育阶段、气候条件等因素。概括起来有以下几种。

### 1. 不正确使用农药

不正确使用农药包括：农药选用不当，错用乱用农药。使用浓度不当，使用浓度越大，越容易产生药害。农药稀释不均匀，喷撒到植株某些心叶、花等幼嫩部分，局部浓度过大，容易产生药害。农药混用不当，两种以上的农药不合理的混合使用，不仅容易使药效降低，还容易产生沉淀等其他对植株产生药害的物质。

### 2. 农药存在质量问题

农药质量不好是引起农药药害的重要因素之一，主要包括：商品农药本身加工质量不合格，如农药加工所用原料不合格、工艺粗糙，以及乳化性差。比如乳油分层，上下浓度不一致，容易产生药害。农药过有效期，农药贮存条件不合适，贮存时间过长，都容易使农药变质，不仅效果差，甚至生成对植株发生药害的其他成分。

### 3. 烟草品种、烟草不同的生育阶段对农药的敏感性

不同的烟草品种、同一烟草品种的不同生育阶段本身对农药

的敏感性存在差异。一般说来，烟草幼苗期、开花期以及烟草细嫩的组织部位对农药敏感，耐药性差，容易产生药害。

4. 气候条件

施用农药时的温度、湿度和土壤等不良环境条件与药害的发生密切相关。一般气温升高，农药的药效增强，药害也容易发生。晴天中午的强日照也容易使某些农药对植株产生药害。

药害的产生除上述农药、植株、人为、环境等几种因素外，还包括残留药害和飘移药害。残留药害是由于长期连续的使用某一种残留性强的农药，造成农药逐年积累从而产生药害；飘移药害是使用农药时，农药粉粒或者雾滴随风飞扬飘散到周围其他敏感作物上，从而产生药害。

## （三）烟草药害的预防对策

虽然烟草药害的发生因素复杂，但只要坚持正确购买、科学合理用药、认真操作，药害是可以避免的。

1. 正确购买农药

购买到质量合格的农药，不仅是确保药效的关键，也是避免发生药害的前提。烟草与其他一些收获果实为目的作物不同，是以收获烟叶为目的，必须保证烟叶中农药残留量不超过烟草行业或国际上规定的农药残留限量，保证烟叶优质、安全。所以，允许在烟草上使用的农药品种有严格的限制和标准。中国烟叶公司每年的烟草农药使用推荐意见中，详细规定了允许在烟草上使用的农药品种、暂停在烟草上使用的农药品种以及禁止在烟草上使用的农药品种。购买农药时，要严格按照推荐意见执行。

2. 坚持科学、合理用药的原则

虽然造成烟草药害的原因很多，但最主要是使用农药时，使用方法、使用技术不科学，再加上受烟草品种生育阶段以及天气条件的影响，从而导致药害发生。为防止药害发生，必须坚持科学、合理的用药原则，做到以下几点：

（1）选择正确的农药　明确农药的防治对象，做到对症下药，既保证药效，又避免药害发生。防治同一种病虫草害时，尽量选择两三种农药，交替使用，既可避免作物产生抗药性，又能避免同一种农药残留积累而产生药害。

（2）正确配制农药　商用农药标签都有详细的使用浓度、稀释方法，称取农药时要准确；稀释过程中，尤其是可湿性粉剂，先用少量水把药剂稀释，再加足水稀释到正确浓度；稀释农药用的水源要干净，水质要好，可选用江、湖、河水等流动水，不能用污水或死水。

（3）科学合理的混用　农药混用要严格查阅《烟草常用农药混用查对表》。

（4）连续用药要严格遵守安全间隔时间　避免药剂残留连续积累，发生残留药害。

（5）科学的施药时间　详细了解农药的理化性质和对作物的生物反应等特性，正确掌握施药时间。施药一般在晴天无风的上午8:00时到11:00时，下午15:00时到19:00时。要避开早晚植株上露水以及中午高温强光的影响。早晚露水容易降低药效，中午高温强光照射，植株蒸腾作用强，失水萎蔫，耐药力差，容易产生药害。施药也要避开大风天气，避免粉剂颗粒或乳油雾滴随风飘散到周围植株，造成飘移药害。

（6）正确的施药方法　药剂配制好，施用时要遵循正确的方法，喷雾施用的要选择优质的喷雾器械，尽量选择喷头孔径小的喷雾器，这样喷出的雾滴细小，在作物上分布均匀，不仅药效好，也可避免局部药滴浓度过大而造成药害。

（7）施药后器械清洗、收藏及剩余药液处理　施药用的喷雾器、配制药剂的量筒、水桶等器械，用后要用清水冲洗干净，尤其是施用除草剂的喷雾器要及时用清水清洗，避免再喷其他药剂造成药害，最好有专用的喷施除草剂的喷雾器。器械清洗干净后要妥善保存在儿童接触不到的地方。施药后剩余的药液要妥善处理，切忌直接倒入烟地，尤其是剩余的除草剂药液，同时也要避免与饮用水源、畜用水源接触。

总之，虽然农药能有效防治各种烟草病虫害，保证烟叶生产，但若使用不当，也容易发生药害。在烟叶生产中，要详细了解烟草生育特性、病虫害发生规律、农药特性、科学合理的用药，才能提高施药质量，减轻成本，避免药害发生，确保烟叶生产的安全、优质。

## 四、农药的中毒与治疗

### （一）有机磷农药

有机磷农药是一类比其他种类农药更能引起严重中毒事故的农药，其导致中毒的原因是体内胆碱酯酶受抑制，影响人体内神经冲动的传递。

1. 中毒的一般症状表现

中毒早期主要表现为食欲减退、恶心、呕吐、腹痛、腹泻、流涎、多汗、视力模糊、瞳孔缩小、呼吸道分泌增多，严重时出现肺水肿；病情加重时出现全身紧束感，言语不清，胸部、上肢、面颈部以至全身肌束震颤，胸部压迫感，心跳频数，血压升高，严重时呼吸麻痹而危及生命。容易造成迟发性神经病。

2. 急救与治疗

（1）彻底清洗污染部位　经口中毒者，用小苏打液（敌百虫中毒例外）或温盐水洗胃。

（2）治疗药剂　阿托品，解磷定等，忌用吗啡、茶碱、异丙嗪、氯丙嗪及巴比妥、利血平等呼吸抑制药物。

（3）迟发性神经病变的治疗　早期可使用糖皮质激素，抑制免疫反应，缩短病程。其他药剂包括营养神经药、大剂量 B 族维生素、三磷酸腺苷、谷氨酸、地巴唑，加兰他敏、胞二磷胆碱等，可配合理疗、体疗和按摩治疗，同时加强功能锻炼。

## （二）氨基甲酸酯类农药

氨基甲酸酯类农药也是胆碱酯酶抑制剂，它不同于有机磷制剂，它是整个分子和胆碱酯酶相结合，所以消解度愈大毒性愈小。常用的氨基甲酸酯类农药品种有：克百威、西维因、抗蚜威、速灭威、混灭威、灭多威等。

1. 中毒的一般症状表现

与轻度有机磷农药中毒相似，但一般较轻，可出现头昏、头痛、疲乏和胸闷、恶心、呕吐、流涎、多汗及瞳孔缩小、肌肉自发性收缩、抽搐、心动过速或心动过缓，经口中毒严重时可发生肺水肿、脑水肿、昏迷和呼吸抑制。中毒后不发生迟发性神经病。

2. 急救与治疗

（1）经皮中毒　用清水或者淡盐水，肥皂水（敌百虫中毒除外）彻底清洗污染部位。

（2）经口中毒　应尽早采取引吐、洗胃、导泻或对症使用解毒剂等措施。

（3）治疗药剂　以阿托品疗效最佳，解磷定对缓解氨基甲酸酯类农药中毒症状不但无益，反而有副作用，因此此类农药中毒不可用解磷定。

## （三）拟除虫菊酯类农药

拟除虫菊酯类农药是一种神经毒剂，以干扰神经传导引起中毒，常用的包括溴氰菊酯、氯氰菊酯、甲氰菊酯、氟氯氰菊酯、氯氟氰菊酯、氰戊菊酯、氯菊酯、胺菊酯、甲醚菊酯等。

**1. 中毒的一般症状表现**

（1）轻度中毒　头昏、乏力、恶心、呕吐、精神萎靡、视力模糊、食欲不振、肌肉跳动、心律不齐等。

（2）严重中毒　频繁抽搐、发绀、肺水肿、甚至深度昏迷或休克；皮肤接触药剂后，可出现皮肤发红、发痒，严重的出现丘疹、水疱、糜烂；眼睛内溅入药剂后发生结膜充血、疼痛、怕光、流泪、眼睑红肿。

**2. 急救与治疗**

（1）用碱性溶液清洗，以迅速分解毒物。

（2）神经症状明显的可用安定进行肌肉注射，心血管症状明显的可用心得安，如有流涎、多汗、呼吸道分泌物增多可用阿托品对症处理。

### （四）有机氯农药

有机氯农药中毒很少见，因为大部分有明显危害的有机氯农药已经被禁止销售和使用了。

**1. 中毒的一般症状表现**

（1）轻度中毒　出现头痛、头晕、乏力、视物模糊、恶心、呕吐、腹痛、腹泻、易激动、偶有肌肉抽搐等。

（2）较重中毒　多汗、流涎、震颤、抽搐、肌腱反射亢进、心动过速、发绀、体温升高等。

（3）重症中毒　呈癫痫样发作或出现阵挛性、强直性抽搐、偶尔在剧烈和反复发作后陷于昏迷和呼吸衰竭、甚至死亡；反复抽搐后可有精神改变或供给失调等；并可发生血压下降、脉搏频数、心律失常甚至引起心室颤动；或有肝、肾损害；由呼吸道引起的中毒，咽喉部有异物感，剧烈咳嗽，吐痰或咯血，出现中毒性肺炎及肺水肿等。

2. 急救与治疗

（1）经口中毒　用清水或小苏打液洗胃，硫酸镁或硫酸钠导泻。

（2）对症治疗　控制抽搐用阿米妥钠、苯巴比妥钠、或者葡萄糖酸钙，必要时可用冬眠类药物，但禁用杜冷丁。

（3）禁用肾上腺素　因为它会诱发心室颤动，一般不用阿托品。

## （五）有机氮农药

1. 中毒的一般症状表现

（1）误服中毒　表现为精神萎靡不振、反应迟钝、四肢无力、肌肉松弛；皮肤发紫，尤以口唇、耳廓、指端明显；呼吸浅而短，药物进入体内 1h 后，可出现神志不清、血压下降、尿频、尿急、尿疼和血尿等。部分患者多汗、血压偏低、中毒严重者出现昏迷。

（2）经皮中毒　接触部位有强烈灼烧感，随后出现头痛、头晕、嗜睡、乏力、恶心、呕吐、尿频、尿痛、血尿等。严重中毒时可导致心律失常、溶血、脑水肿、休克、多脏器衰竭等。

2. 急救与治疗

（1）急救　立即离开现场，用清水或肥皂水彻底清洗污染部位。误食引起的中毒，应立即进行催吐、洗胃和清肠；给予葡萄糖盐水、维生素 C 及中枢神经兴奋剂、利尿剂等对症治疗；静脉注射美蓝或硫代硫酸钠。

（2）治疗　对于化学性膀胱炎，应大量输液，并服用小苏打，使尿液碱化；病情较重者，加用激素；血尿明显时，给予安络血、维生素 K 等止血药物；对意识障碍患者，服用保护脑细胞、促进苏醒的药物，如克脑迷，氯酯醒等；心肌和肝脏损伤时，服用保护心肌或护肝的药物。

## （六）有机硫农药

1. 中毒的一般症状表现

（1）接触中毒　接触部位的皮肤可发生类似湿疹的接触性皮炎，少有水疱、糜烂等炎症；鼻、咽喉、眼结膜等有明显的刺激症状。

（2）误食中毒　头痛、头晕、心率及呼吸加快；血压下降、循环衰竭、直至中枢神经麻痹而死亡；经消化道吸收引起中毒，可有恶心、呕吐、腹痛、腹泻等症状。

2. 急救与治疗

（1）误服中毒　催吐，用温水或高锰酸钾溶液洗胃；用硫酸镁清肠；葡萄糖加维生素 C 静脉点滴。

（2）经皮中毒　温水冲洗，去除污染物；发生皮炎时，可用硫代硫酸钠水溶液湿敷。

## （七）有机胂类农药

1. 中毒的一般症状表现

（1）慢性　患者早期表现为虚弱、疲乏、食欲不振、恶心、呕吐、腹泻等，随着病情发展，可出现结膜、咽喉、鼻相继充血，不断打喷嚏、流泪、咳嗽、声嘶、流口水等；体内肝脏肿大、肝功能异常等。

（2）急性　误食后由消化道吸收引起急性中毒，刚开始自觉上腹部不适，随后恶心、呕吐，接着发生腹痛、腹泻、稀浓样大便，同时出现口渴、肌肉抽搐等。严重时，可因呕吐、腹泻和脱水而出现休克，同时可发生中毒性心肌病，肝病等。

2. 急救与治疗

（1）误食中毒　及时催吐，用温水、生理盐水或碳酸氢钠溶液洗胃；口服活性碳及氧化镁吸附。

（2）经皮中毒 去除污染物，同时用氢氧化铁溶液轻拭皮肤；如皮肤受到损害，可用二巯基丙醇油膏涂抹局部患处。

（3）对症治疗 对脱水患者，葡萄糖溶液或生理盐水静脉滴注；对休克或肾衰竭患者，可服用保护心肌和肝脏的药物；对于多发性神经炎患者，可用维生素 $B_1$、维生素 $B_6$、维生素 $B_{12}$、地巴唑等治疗；其他常用药剂：二巯基丙磺酸钠、二巯基丁二酸钠。

### （八）氰化物类农药

氰化物属于剧毒类农药，常用的品种有氰化钾、氰化钠、氰氰酸等。

1. 中毒的一般症状表现

（1）慢性中毒 头痛、头晕、颜面虚肿、脉搏缓慢、全身无力、多汗、视物不清；胸部和胃部有压迫感、胃灼热、恶心、呕吐、食欲减退、体重下降、尿频、甲状腺肿大、口内有苦杏仁味、皮肤血流量增加等。

（2）中等中毒 口内有苦杏仁味和烧灼感，同时伴有头痛、头晕、恶心、呕吐、心跳加速等；随后表现胸闷及胸痛、额动脉跳动、呼吸加速，并从呼出的气中可闻到苦杏仁味；加重时，听力视力均减退、走路不稳、意识模糊等，以至昏倒并发生痉挛。

（3）严重中毒 吸入高浓度氰化氢，在中毒后 3min 内，没有任何预兆突然发生昏倒、呼吸困难，出现强直性、阵发性痉挛，2～3min 内呼吸停止。

2. 急救与治疗

①口服中毒 高锰酸钾溶液洗胃；如皮肤污染，立即去除污染物，先用清水冲洗皮肤，再用大苏打溶液清洗；静脉注射高渗葡萄糖溶液并加入适量胰岛素，以利于毒物及时排泄和预防脑水肿。

②治疗 亚硝酸盐—硫代硫酸钠盐治疗。

### （九）熏蒸剂类（磷化铝和磷化钙）农药

磷化铝和磷化钙吸收空气中的水分子产生磷化氢毒气，吸入后中毒。磷化氢主要影响中枢神经、心血管、呼吸等系统以及肝、肾等器官，还可影响细胞色素氧化酶，干扰呼吸代谢。

1. 中毒的一般症状表现

头晕、头疼、乏力、食欲减退、恶心、呕吐、胸闷、咳嗽等。严重时，表现意识障碍、抽搐、肌束震颤、肝大、心律失常等。

2. 急救与治疗

（1）急救　立即脱离现场，去除污染物，温水冲洗皮肤。

（2）经口中毒　立即进行催吐和洗胃，用硫酸铜溶液或高锰酸钾溶液反复洗胃，用液体石蜡注入胃中，再用硫酸镁导泻，禁用油类泻剂。

### （十）铜制剂类农药

铜制剂属于中等毒性和低毒性农药，常用的有硫酸铜、波尔多液等。

1. 中毒的一般症状表现

（1）接触中毒　引起接触性皮炎或湿疹、皮肤坏死和溃烂；药剂溅入眼内，可引起眼睑浮肿、角膜溃疡及浑浊等。

（2）误服中毒　头痛、头晕、全身无力；口腔黏膜呈蓝色，口内有金属味、流涎、恶心、呕吐；口腔、食道和胃部有灼烧感、牙根和舌头发青，随后出现腹泻，并伴有剧烈腹绞痛、呕血和黑便。

2. 急救与治疗

（1）误服中毒　立即用清水洗胃，口服氧化镁或骨炭吸附；可口服大量鸡蛋清，以保护胃黏膜；如无腹泻，可服用食盐水，排除肠内积存的铜制剂农药。

（2）对症治疗 剧烈腹痛时，可用热水袋热敷，皮下注射吗啡止痛；皮肤感染中毒者，局部用依地酸钙溶液冲洗。

## （十一）除草剂（百草枯）类农药

1. 中毒的一般症状表现

（1）口服中毒 表现头晕、头痛、幻觉、昏迷、抽搐；有口腔烧灼感，唇、舌、咽黏膜糜烂、溃疡，吞咽困难、恶心、呕吐、腹痛、腹泻、甚至出现呕血、便血、胃穿孔；咳嗽、咳痰、胸闷、胸痛、呼吸困难、发绀、双肺闻及干、湿啰音；于中毒后2~3天可出现尿蛋白、血尿、少尿，血肌酐及尿素氮升高，严重者发生急性肾衰竭。

（2）皮肤接触 可发生红斑、水疱、溃疡等；接触指甲后，可致指甲脱色、断裂，甚至脱落；眼部接触后可引起结膜及角膜水肿、灼伤、溃疡。

2. 急救与治疗

（1）催吐、洗胃。

（2）酚类可用氯丙嗪或氢化可的松，禁用阿托品及巴比妥类药物。

（3）苯氧羧酸类可用硫酸亚铁或苯巴比妥钠。

（4）及早给予自由基清除剂，如维生素C、维生素E，SOD等，防止肺纤维化。

## （十二）杀鼠剂（磷化锌）农药

磷化锌属于高毒农药，是常用杀鼠剂，它通过呼吸道或消化道进入体内后，遇水或在胃酸的作用下，放出磷化氢气体，对人产生毒害。

1. 中毒的一般症状表现

（1）轻度中毒 表现为头痛、头晕、恶心、呕吐、食欲不振、全身虚弱无力、腹痛、腹泻、口渴、鼻咽发干、胸闷、咳嗽、心动徐缓等。

（2）中度中毒　呼吸困难、轻度心肌损失、肝脏损害和意识障碍等症状。

（5）严重中毒　出现昏迷、惊厥、肺水肿、呼吸衰竭、心肌明显损害等。

2. 急救与治疗

（1）误服中毒　应及时用硫酸铜溶液进行催吐、用高锰酸钾溶液洗胃和服用硫酸钠清肠。

（2）对症治疗　肝脏损害可服用大量维生素 C、高渗葡萄糖、肌苷等保肝药物；心肌损害患者，可用三磷酸腺苷肌肉注射；对传导阻滞患者，可服用阿托品皮下注射；防治肺水肿可注射肾上腺皮质激素、葡萄糖酸钙等。

（3）禁食油类、鸡蛋、牛奶、脂肪等　以免吸收磷化锌。

# 五、安全合理施药技术

农业生产实践经验证明，要做到安全合理使用农药，应遵循以下 3 个原则：一是充分发挥农药的药效；二是采取有效对策，克服有害生物的抗药性；三是防止农药对植物、非靶标生物以及环境产生毒害。具体操作过程中需注意以下事项。

## （一）阅读农药标签和说明书

农药标签说明书是指农药包装物上或附于农药包装物的文字、图形、符号等，说明农药内容的一切说明物。我国于 2008 年颁布了《农药标签和说明书管理办法》，对农药标签和说明书的标注内容、制作、使用和管理等均做了详细要求。合格的农药标签和说明书包含了农药使用的基本信息，如农药名称、有效成分含量、剂型、毒性、使用方法、使用剂量、安全间隔期、注意事项以及农药"三证"（农药登记证号、生产许可证或者农药生产批准文件号、产品标准号）等内容。使用前，详细阅读农药标签和说明书上的相关内容，有助于科学的选购和使用农药，以及鉴别农药真假。

## （二）对症施药

烟田有害生物种类繁多，且发生规律各异，防治方法也不尽相同。农药品种多而特性有所不同，同一种农药对不同类型有害生物的防治效果也有很大差异。当某一种有害生物发生时，首先应准确鉴定其种类，针对其发生、为害特点，正确选择高效低毒、选择性较强的农药单剂或复配制剂，既要确保防治效果，又要防止或延缓有害生物的再度猖獗和抗药性的产生。

例如，杀虫剂中不具内吸性的胃毒剂对咀嚼式口器害虫有效，而对刺吸式口器害虫效果较差。杀菌剂中的农用链霉素主要对细菌病害（如青枯病、野火病等）有效，而对真菌病害或病毒病害无效。

## （三）适时施药

适时施药主要指用药剂攻击有害生物生长发育过程中最敏感的时期和环节。确定施药适期需要对有害生物发生、发展规律和药剂的基本特点有所了解，一般应根据当地烟草病虫害预测预报部门提供的病虫发生情报，结合田间病虫实际发生情况，在病虫发生初期进行防治。不少地方的烟农由于"恐病恐虫"心理严重，不顾田间病虫害发生的实际情况而进行习惯性施药，结果费工费时，增加成本。

确定施药适期应主要考虑以下因素：

（1）防治指标　应当在防治对象达到防治指标、可能造成作物危害损失之前进行防治。

（2）气候条件　如雨天不能施药，大风天不能喷粉及喷雾，在早晨露水未干前喷粉效果好。

（3）在病、虫、草害等有害生物的敏感期施药　如防治害虫宜在幼虫低龄期施药，使用保护性杀菌剂防治病害宜在发病初期，使用触杀性除草剂防除杂草应在杂草幼苗期施药。

（4）错开烟草的敏感期施药　减少药害发生。

（5）遵循农药使用的安全间隔期　为避免增加烟叶中的农药残留量，应根据农药安全使用标准，掌握各种农药在烟草上的安全间隔期。如利用高效氯氟氰菊酯防治烟草害虫，应在距离烟叶采收前 10 天停止使用。

### （四）适量施药

适量施药是指按照农药使用说明书的推荐剂量用药，准确控制用药量和施药次数。一般先按说明书推荐药量的下限用药，随着药剂使用年限的增加，再逐渐增至推荐用药量的上限。配制药剂时，要用标准器皿按规定准确计量，切不可用瓶盖或其他非标准器皿进行计量，更不可用药瓶向喷雾器中随意倒药。若药剂用量低于推荐剂量，往往难以达到理想防治效果；若药剂用量高于推荐剂量，则增加防治成本，而且容易造成作物药害，加速害虫抗药性的形成，加重农药残留污染，甚至引起人畜中毒。

确定用药量时应考虑两方面内容：

（1）单位面积的施用剂量　如每公顷制剂施用量或有效成分施用量。单位面积的使用剂量除了与防治对象有关，还与农作物种类、种植密度和生育期有关，应参考农药标签或说明书确定适宜用量。

（2）施药次数　主要取决于药剂在田间的持效性、防治对象的发生数量、防治对象的持续时间等。如利用菌核净防治赤星病应在发病初期开始用药，每 7 天施药 1 次，连续施药 2～3 次。

## （五）选用适当的施药方法

田间施药时，应根据有害生物的发生特点及农药品种、剂型选择适当的施药方法。

防治对象不同，施药方法也有一定差异。例如：防治地下害虫，宜采用毒饵或灌根等方法；防治根茎类病害宜采用施毒土、灌根或喷淋茎基部的方法；防治叶斑类病害宜采用喷雾的方法，要求喷雾细致均匀，使整个植株叶片刚开始滴水为宜，防止重喷或漏喷。在烟草移栽后使用茎叶处理的除草剂时，药液既能接触到烟株，也能接触到杂草；因此，所选择的除草剂应具有较高的选择性，并采用定向喷雾的方式施药。

不同作用方式的农药，其施药方式往往有差异。杀虫剂按其作用方式可分为触杀剂、胃毒剂、内吸剂和熏蒸剂，杀菌剂分为保护剂、内吸治疗剂和保护治疗混合剂，除草剂分为茎叶处理剂和土壤处理剂等。在使用前应全面了解所选农药的特性，确定合理的施药方式，以提高防治效果。例如，在使用触杀性杀虫剂时，要尽量使药液接触虫体。保护性杀菌剂主要用于病害的预防，应在作物发病前施药，并且应喷施均匀。使用土壤处理剂时，应均匀地喷洒到土壤表面，形成一定厚度的药层，而此类药剂若作为茎叶处理剂使用则多数效果不佳。触杀剂、胃毒剂不适用于涂茎，内吸剂一般不适合制作毒饵。

另外，同一种农药的剂型不同，其施药方式也有差异。乳油、水剂、水乳剂、微乳剂、悬浮剂、可湿性粉剂等剂型可对水喷雾，粉剂、颗粒剂等剂型适用于拌土撒施或穴施，可湿性粉剂不适用于喷粉，颗粒剂、粉剂不适用于对水喷雾。

## （六）轮换施药

在防治某一种有害生物过程中，长期使用同一种农药，很容易导致有害生物对这种农药产生抗药性，久而久之，使用这种农药将无法控制该有害生物造成的危害。因此，在生产实践中应合理轮换、交替使用作用方式不同的农药种类，以防止或延缓有害生物抗药性的产生。

### （七）科学混用农药

在烟草病虫害防治中，农药混配现象较为普遍，如有机磷杀虫剂与拟除虫菊酯类杀虫剂的混用，甲霜灵与代森锰锌混用等，科学、合理地混用农药有许多优点，如提高防治效果、延缓烟草病虫产生抗药性、扩大防治范围、节省人力和用药量、降低成本、降低毒性、增强安全性。

并非所有农药都能混用。酸性农药不能与碱性较强的农药混用，否则易导致有效成分分解，如波尔多液与多数农药不可混用。有些农药混用后产生物理或化学变化，如产生絮状物或沉淀等，进而影响防治效果。农药混用须经过专业技术人员指导，或经实验验证后防治效果明显，然后再总结推广使用，一般禁止在田间自行随意混配药剂。

### （八）根据环境条件合理农药

在田间施药时，环境条件既可改变防治对象的生理活动，也可导致药剂的理化性状发生变化，最终影响药效的发挥。对药效影响较大的环境因子主要有气温、降雨、风速、土壤质地等。

有些药剂具有正温度系数，药效随温度的升高而增加，如大多数有机磷杀虫剂和土壤熏蒸剂等；有些药剂具有负温度系数，药效随温度的升高而降低，如部分拟除虫菊酯类杀虫剂。风速对烟田喷雾施药的效果影响较大，尤其是对小雾滴喷雾的影响更大。风速过大，则农药喷布不均匀、飘失多，不仅药效差，还会导致环境污染或药害，所以，应避免在大风天气采用喷雾或喷粉方式施药。部分杀虫剂对光敏感，如辛硫磷在光照下不稳定，易降解失效，应避免在强光照下施药。

在利用农药防治病虫害时，应适当考虑环境条件的影响，掌握药剂性能特点及防治对象的发生规律，充分利用一切有利的环境条件，以获得较好的防治效果。

### （九）严格遵守农药安全使用的有关规定

严格按照《农药安全使用规范》进行施药，禁止使用国家明令禁止生产、使用的农药产品，并应注意以下事项。

农药应存放在阴凉通风的仓库内，不得与粮食、蔬菜、瓜果、食品、日用品等混载、混放。了解农药的名称、有效成分含量、出厂日期、使用说明等，不使用鉴别不清和失效的农药。使用农药时，操作人员应有必要的防护措施。必须用量具按照规定的剂量称取药液或药粉，不随意增加用量。使用时应远离饮用水源、居民点，严防农药丢失或被人、畜、家禽误食。施药结束后，及时将喷雾器清洗干净，连同剩余药剂一起妥善保管。未使用完的药液及清洗药械的污水应选择安全地点妥善处理，防止污染地下水源。

施药人员如有头痛、头昏、恶心、呕吐等症状，应立即离开施药现场，除去受污染的衣物，清洗身体接受药液的部位，并及时去医院治疗。

## 六、烟草常用农药介绍及使用方法

### （一）杀虫剂

1. 氧化乐果

【通用名称】氧化乐果（omethoate）。

【其他名称】氧乐果。

【分子式结构式】$C_5H_{12}NO_4PS$

$$(CH_3O)_2P\overset{O}{\underset{\|}{-}}S-CH_2\overset{O}{\underset{\|}{C}}NHCH_3$$

【性状】氧化乐果纯品为无色至黄色油状液体。易溶于水，并可溶于乙醇、丙酮等多种有机溶剂，微溶于乙醚，在中性及偏酸性介质中较为稳定，在高温或碱性溶液中易分解。

【作用特点】氧化乐果是一种具有较强的内吸、触杀和一定胃毒作用的有机磷杀虫剂，击倒力较强，正温度系数较小，在低温下仍有较强的杀虫活性。

【剂型】40%乳油。

【用法】氧化乐果主要用于防治烟蚜、烟蓟马、斑须蝽等烟草害虫。用40%乳油50mL对水50kg，在害虫发生时喷雾，施药间隔期7~10天。

【毒性】氧化乐果属于高毒杀虫剂，纯品对大白鼠急性经口$LD_{50}$为50mg/kg，急性经皮$LD_{50}$为700mg/kg。对蜜蜂高毒，对蚜虫的天敌瓢虫、食蚜蝇等均有一定的杀伤作用。

【安全间隔期】10天。

【注意事项】

（1）不可与碱性农药混用。

（2）氧化乐果乳油易燃，应避光，在干燥、通风处保存。

2. 敌百虫

【通用名称】敌百虫（trichlorphon）。

【分子式和结构式】$C_4H_8O_4Cl_3P$

$$\begin{array}{c}CH_3O\\CH_3O\end{array}\!\!\!\!>\!\!P\overset{O}{\underset{\|}{-}}CH\overset{OH}{\underset{|}{-}}CCl_3$$

【性状】敌百虫纯品为白色结晶，工业品为白色块状固体，有良好的气味。其 80% 可溶性粉剂外观为白色或灰白色粉末，25% 油剂外观为黄棕色油状液体，5% 粉剂外观为淡黄褐色粉末。能溶于水，易溶于氯仿、醇类、丙酮、苯等有机溶剂，难溶于石油醚及四氯化碳等，挥发性较小。在中性及弱酸性溶液中较为稳定，但其溶液长期放置会分解失效。在碱性溶液中可脱去一分子氯化氢而转化为毒性更高、挥发性较强的敌敌畏，且随着碱性增强、温度升高，转化速度也随之加快，如继续分解即可失效。室温下稳定，高温下遇水分解。敌百虫具有较强的吸湿性，在空气中存放时间过长时，可吸收水分而变黏稠或结块。

【作用特点】敌百虫是一种高效、低毒、低残留的有机磷杀虫剂，具有强烈的胃毒作用，触杀作用相对较弱，有一定的熏蒸性能和渗透活性，无内吸性。可用于防治农作物害虫、卫生害虫以及家畜寄生虫等。

【剂型】80% 可溶性粉剂、25% 油剂、5% 粉剂。

【用法】敌百虫可用于防治烟青虫以及蝼蛄、地老虎等地下害虫。对于地下害虫可用毒饵进行防治，毒饵的配制方法：每亩用 80% 敌百虫可溶性粉剂 50 ~ 100 g，先以少量水将其溶解，然后与 4 ~ 5 kg 炒香的麦麸、豆饼拌匀，亦可与 20 ~ 30kg 切碎的鲜草拌匀制成毒饵，傍晚撒施于烟株根部土表诱杀害虫。

防治地老虎或烟青虫时，在幼虫 3 龄前，也可用 80% 敌百虫可溶性粉剂 1 000 倍液喷雾。

【毒性】敌百虫属于低毒杀虫剂，原药对雄大鼠急性经口 $LD_{50}$ 为 630mg/kg，雌大鼠急性经口 $LD_{50}$ 为 560mg/kg，对大白鼠的急性经皮 $LD_{50}$ 大于 2 000mg/kg。

【安全间隔期】10 天。

【注意事项】

（1）不可与碱性农药混用。药液随配随用，不能放置过久。

（2）高粱对敌百虫极易发生药害，大豆、玉米、苹果对敌百虫较为敏感，使用时应注意。

（3）施药后不要用肥皂洗手洗脸，应先用清水清洗。

（4）敌百虫带酸性，用过的喷雾器应用水清洗，以免腐蚀。

3. 辛硫磷

【通用名称】辛硫磷（phoxim）。

【分子式和结构式】$C_{12}H_{15}O_3N_2PS$

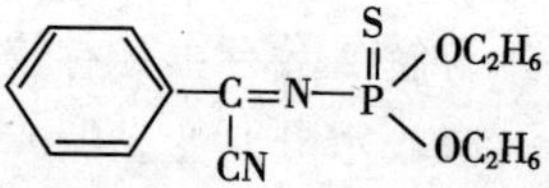

【性状】纯品为淡黄色油状液体，工业原油为黄棕色液体，难溶于水，易溶于多种有机溶剂，在中性和酸性溶液中稳定，遇碱易分解。

【作用特点】辛硫磷是一种低毒、低残留的广谱性有机磷杀虫剂，具有很强的触杀、胃毒作用，无内吸作用。对光不稳定，在光照（特别是紫外光）条件下降解速率很快，黑暗条件下降解速率缓慢，因此，叶面喷雾时残效期短，一般为2～3天。但在土壤中的残效期较长，适于防治地下害虫。

【剂型】50%或40%乳油，5%或10%颗粒剂。

【用法】辛硫磷可用于防治蛴螬、蝼蛄、地老虎、烟青虫等烟草害虫。

（1）50%乳油25～50mL，对水50kg叶面喷施防治烟青虫以及三龄前地老虎幼虫。

（2）50%乳油1 000倍液灌根可防治地老虎、蛴螬、蝼蛄等地下害虫，每株200 mL左右，此方法可结合移栽时浇水进行。

（3）5%颗粒剂30～37.5kg/hm²，施入土壤中可防治蛴螬等地下害虫。

【毒性】辛硫磷属低毒杀虫剂,原药对雄性大白鼠急性经口 $LD_{50}$ 为 2 170mg/kg,雌性大白鼠急性经口 $LD_{50}$ 为 1 976mg/kg。对大白鼠急性经皮毒性 $LD_{50}$ 大于 1 120mg/kg。对蜜蜂有接触和熏蒸毒性,对七星瓢虫的成虫、幼虫和卵均有杀伤作用。

【安全间隔期】5 天。

【注意事项】

(1) 辛硫磷在光照条件下易分解,田间喷雾最好在傍晚进行。

(2) 药液要随配随用,不可与碱性农药混用。

(3) 辛硫磷易使高粱产生药害,不宜使用。黄瓜、菜豆、甜菜也较为敏感,使用时应注意。

4. 抗蚜威

【通用名称】抗蚜威(pirimicarb)。

【分子式和结构式】$C_{11}H_{18}O_2N_4$

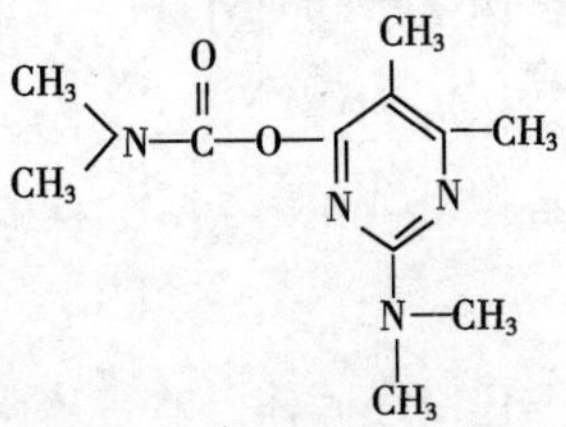

【性状】原药为无色无臭的结晶,制剂外观为蓝色。难溶于水,溶于大多数有机溶剂。在一般条件下存放比较稳定,遇强酸和强碱或在酸碱中煮沸易分解,其水溶液见光易分解。

【作用特点】抗蚜威是一种具有触杀、熏蒸和渗透性的氨基甲酸酯类专性杀蚜剂。速效性强,残效期短,并有一定的选择性,在规定浓度下对蚜虫天敌、蜜蜂、作物安全。

【剂型】50%可湿性粉剂、50%水分散粒剂。

【用法】抗蚜威主要用于防治烟蚜。50%可湿性粉剂 16g,

对水 50kg，均匀喷施于烟蚜寄生叶片上。

【毒性】属中等毒性杀虫剂。原药对大白鼠急性经口 $LD_{50}$ 为 147mg/kg，急性经皮 $LD_{50}$ 大于 500mg/kg。对鱼类、蜜蜂为低毒，对蚜虫天敌的毒性低，对皮肤和眼睛无刺激作用。

【安全间隔期】7 天。

【注意事项】

（1）抗蚜威在 20℃ 以上时有熏蒸作用，15℃ 以下基本无熏蒸作用，只有触杀作用。15～20℃ 时，熏蒸作用随着温度的上升而增强。所以，在温度较低时应注意喷雾均匀、周到，并着重喷施着生蚜虫叶片的背面。

（2）抗蚜威对棉蚜无效，不可用于防治棉蚜。

（3）药液随配随用，勿与强酸、强碱性药剂混用，存放时勿接触紫外光。

5. 灭多威

【通用名称】灭多威（methomyl）。

【分子式和结构式】$C_5H_{10}O_2N_2S$

$$CH_3—NH—CO—O—N=\underset{\underset{CH_3}{|}}{C}—SCH_3$$

【性状】原药为白色结晶固体，略带硫磺气味，易溶于水和多种有机溶剂，在极性溶剂中溶解度大。其水溶液较为稳定，在碱性条件下及潮湿的土壤中易分解。

【作用特点】灭多威是一种具有胃毒、触杀及内吸作用的氨基甲酸酯类杀虫剂，击倒性强，并有一定的杀卵作用。

【剂型】20% 乳油、24% 水剂、90% 可溶性粉剂。

【用法】灭多威主要用于防治烟青虫、兼治烟蚜等害虫。每公顷用 24% 水剂 750～1 000mL 或 90% 可溶性粉剂 180～225g，对水 750kg，在烟青虫卵孵化盛期至三龄期以前喷施，着重喷施烟青虫的为害和栖息部位，如嫩叶、花和蒴果。

【毒性】灭多威属高毒杀虫剂，纯品对大白鼠急性经口 $LD_{50}$ 为 17～24mg/kg，原药对兔急性经皮 $LD_{50}$ 大于 5 000mg/kg。对蜜蜂有毒。

【安全间隔期】10 天。

【注意事项】

（1）不可与碱性农药混用。

（2）将灭多威与有机磷、拟除虫菊酯类药剂混用可扩大杀虫范围、提高防效、延缓害虫抗药性的产生。

（3）储存时应远离食品，于阴凉干燥处保存。

6. 顺式氰戊菊酯

【通用名称】顺式氰戊菊酯（S-esfenvalerate）。

【分子式和结构式】$C_{25}H_{22}ClNO_3$

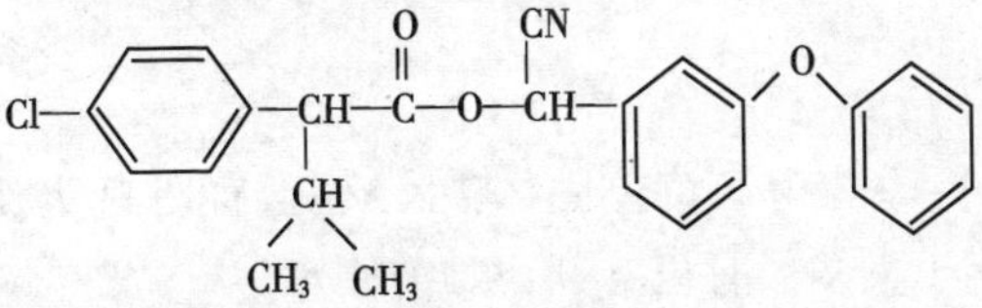

【性状】原药为棕色黏稠状液体，5% 乳油为黄褐色油状液体。很难溶于水，易溶于氯仿、丙酮、二甲苯等有机溶剂。

【作用特点】顺式氰戊菊酯为广谱性拟除虫菊酯类杀虫剂，具有触杀和胃毒作用，无内吸性，对害虫天敌无选择性。

【剂型】5% 乳油。

【用法】顺式氰戊菊酯可用于防治烟青虫、地老虎等烟草害虫。5% 乳油用量 225～300mL/hm²，用水量 750kg，在卵孵化盛期至幼虫三龄前喷施。

【毒性】顺式氰戊菊酯为中等毒性杀虫剂，原药对大白鼠急性经口 $LD_{50}$ 为 325mg/kg，急性经皮 $LD_{50}$ 大于 5 000mg/kg。对蜜蜂、家蚕、鱼虾高毒。

【安全间隔期】10天。

【注意事项】

（1）不可与碱性农药混用。

（2）施药时注意不要污染水源、桑园和养蜂场所。

（3）为延缓害虫抗药性的产生，应减少施药次数，不得随意加大用药量，合理与有机磷等其他种类的杀虫剂混用或轮换使用。

7. 高效氯氟氰菊酯

【通用名称】高效氯氟氰菊酯（λ-cyhalothrin）。

【分子式和结构式】$C_{23}H_{19}O_3NClF_3$

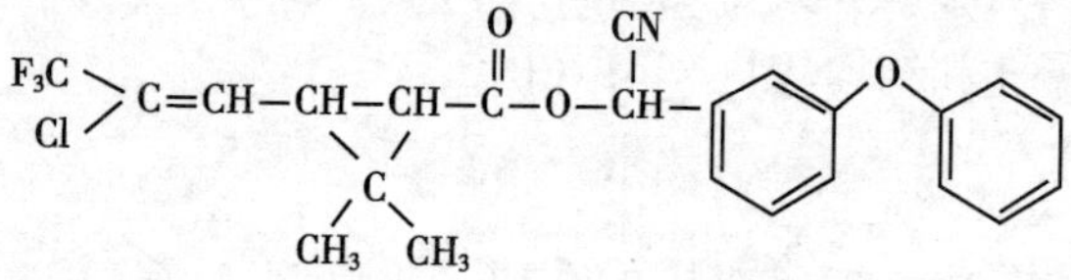

【性状】原药为米黄色固体，2.5%乳油外观为淡黄色油状液体。可溶于大多数有机溶剂，难溶于水。

【作用特点】高效氯氟氰菊酯为广谱性拟除虫菊酯类杀虫剂，具有触杀和胃毒作用，无内吸性，击倒性强。有耐雨水冲刷的特点，延长了残效期。

【剂型】2.5%乳油、20%水乳剂。

【用法】高效氯氟氰菊酯主要用于防治烟青虫。2.5%乳油用量225mL/hm²，用水量750kg，在烟青虫幼虫三龄以前喷施。

【毒性】高效氯氟氰菊酯为中等毒性杀虫剂，原药对雌性大白鼠急性经口 $LD_{50}$ 为56mg/kg，雄性为79mg/kg；对雌性大白鼠急性经皮 $LD_{50}$ 为696mg/kg，雄性为632mg/kg。对家蚕、鱼虾和蜜蜂剧毒。

【安全间隔期】7 天。

【注意事项】

（1）不可与碱性农药混用。

（2）施药时不要污染鱼塘、桑园以及养蜂场所。

（3）对人体皮肤和眼睛有一定的刺激作用，施药时应加以注意。

（4）长期使用高效氯氟氰菊酯易使害虫产生抗药性。为延缓害虫抗药性的产生，应减少施药次数，不得随意加大用药量，合理与有机磷等其他种类的杀虫剂混用或轮换使用。

8. 溴氰菊酯

【通用名称】溴氰菊酯（deltamethrin）。

【分子式和结构式】$C_{22}H_{19}O_3NBr_2$

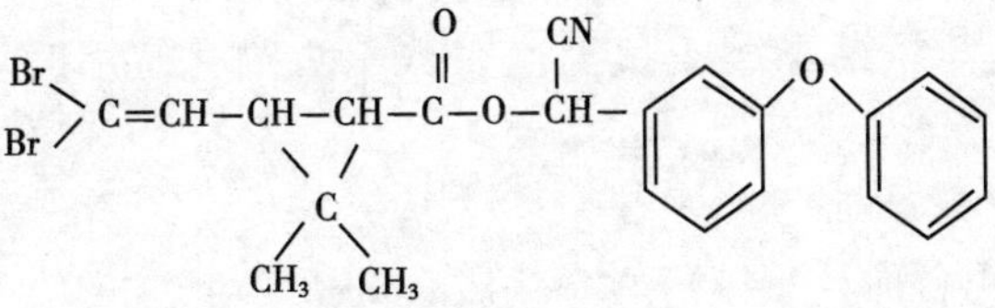

【性状】纯品为白色无味结晶，原药为白色粉末，其乳油外观为淡黄色液体。在水中的溶解度极低，易溶于丙酮、乙醇、苯、二甲苯等有机溶剂。在酸性及中性溶液中不易分解，在碱性溶液中易分解。对日光稳定。

【作用特点】溴氰菊酯是一种具有触杀和胃毒作用的广谱性拟除虫菊酯类杀虫剂，触杀作用迅速，击倒性强，有一定的趋避和拒食作用，无内吸和熏蒸性。

【剂型】2.5% 乳油。

【用法】溴氰菊酯主要用于防治烟青虫、地老虎等烟草害虫。2.5% 乳油用量 150～300mL/hm²，对水 750kg，在烟青虫、地老虎幼虫三龄期以前喷施。

【毒性】溴氰菊酯属中等毒性杀虫剂。原药对雄性大白鼠急性经口 $LD_{50}$ 为 128.5mg/kg，雌性为 138.7mg/kg，急性经皮 $LD_{50}$ 大于 2 940mg/kg，对鱼类高毒，对蜜蜂和家蚕的毒性也很大，对害虫天敌杀伤力强，对鸟类的毒性较低。对眼睛有轻微的刺激作用，短时即可消失，对皮肤有刺激作用。

【安全间隔期】15 天。

【注意事项】

（1）不可与碱性农药混用。对塑料制品有腐蚀性。

（2）施药时不要污染鱼塘、桑园以及养蜂场所。

（3）溴氰菊酯对人体皮肤和眼睛有一定的刺激作用，施药时应加以注意。

（4）为延缓害虫抗药性的产生，不得连续用药和随意加大用药量，合理与有机磷类杀虫剂轮换使用。

（5）溴氰菊酯属于负温度系数杀虫剂，使用时应避开高温期。

9. 氯氰菊酯

【通用名称】氯氰菊酯（cypermethrin）。

【化学名称与结构式】化学名称：α-氰基-（3-苯氧苄基）-（1RS）-顺，反式-2，2-二甲基-3-（-2，2-二氯乙烯基）-环丙烷羧酸酯

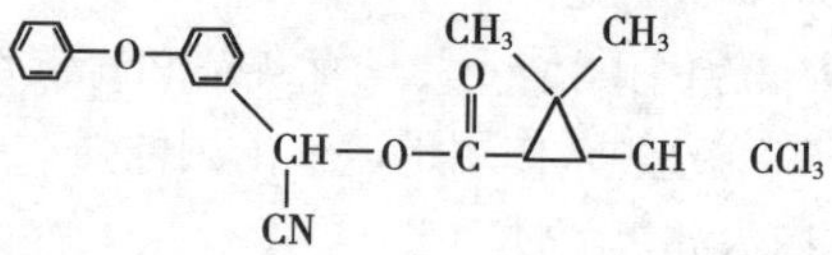

【理化性质】原药：熔点（℃）：60；蒸汽压（20℃）：$2.3 \times 10^{-7}$Pa；溶解度（g/L，20℃）：水 $0.9 \times 10^{-4}$，易溶于酮类、醇类及芳烃类溶剂；稳定性：热稳定性良好，在弱酸性和中性介质中稳定，遇碱分解。

【剂型】5%乳油。

【作用特点】氯氰菊酯为拟除虫菊酯类杀虫剂，具有触杀和胃毒作用，无内吸和熏蒸作用。杀虫谱广，药效迅速，对光、热稳定。对某些害虫的卵具有杀伤作用。用此药防治对有机磷产生抗性的害虫效果良好，但对螨类和盲蝽防治效果差。该药残效期长，正确使用时对作物安全。

【用法】5%乳油防治烟草小地老虎、烟青虫，每公顷用量112～150mL，稀释1 500～2 000倍喷雾。每季最多使用2次。

【毒性】原药：属中等毒类。大鼠经口 $LD_{50}$ 251mg/kg，经皮剂量达1 600mg/kg未见死亡，吸入 $LC_{50}$ > 0.048mg/L，大鼠静注 6mg/kg；小鼠经口 $LD_{50}$ 82mg/kg；兔经皮 $LD_{50}$ > 2 400mg/kg。禽鸟口服 $LD_{50}$ > 2 000mg/kg，鱼高毒，对蜂蚕有巨毒。动物急性中毒表现为共济失调，步态不稳，偶有震颤，存活者3天后恢复正常。对皮肤黏膜有刺激作用。

5%氯氰菊酯乳油属中等毒，大鼠急性经口 $LD_{50}$ > 251mg/kg，急性经皮 $LD_{50}$ > 1 600mg/kg。大鼠急性吸入 $LC_{50}$ （4h）> 1 000mg/m³，对兔眼睛和皮肤有刺激作用，对豚鼠皮肤属致敏物。

【安全间隔期】15天。

【注意事项】

（1）用药量及施药次数不可随意增加，注意与非菊酯类农药交替使用。

（2）不要与碱性药肥等混用。

（3）对蜜蜂、鱼虾、家禽等毒性高，施药期间应避免对周围蜂群的影响、蜜源作物花期、蚕室和桑园附近禁用。远离水产养殖区施药，禁止在河塘等水体中清洗施药器具。

（4）使用时应穿戴防护服和手套，避免吸入药液。施药期间不可吃东西和饮水。施药后应及进洗手和洗脸。

（5）孕妇及哺乳期妇女避免接触。

（6）勿让药剂接触眼睛和皮肤，如果误食可采用呕吐的方法，此药剂无特殊解毒剂，需对症治疗，及时就医。

（7）应贮存在阴凉、干燥、通风的地方，远离食物和种子。

10. 醚菊酯

【通用名称】醚菊酯（etofenprox）。

【化学名称与结构式】2-（4-乙氧基苯基）-2-甲基丙基-3-苯氧苄基醚

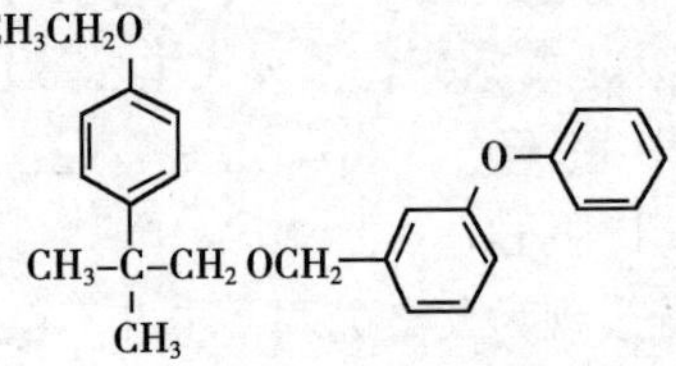

【理化性质】

A 醚菊酯原药：无色结晶，熔点 36.4 ~ 38℃；沸点 200℃/0.18mmHg；蒸汽压 32mPa（100℃）；密度 1.157（23℃，固体），1.067（40℃，液体）；溶解度：水 1μg/L（25℃）、氯仿 9、丙酮 7.8、乙酸乙酯 6、二甲苯 4.8、甲醇 0.066（kg/L，25℃）；酸碱介质中稳定，对光稳定。

【剂型】10% 悬浮剂。

【用法】10% 悬浮剂用于烟草，防治烟蚜、烟青虫。1 200 ~ 1 500g/hm²，喷雾使用。每季最多使用 3 次。

【毒性】醚菊酯原药：急性经口 $LD_{50}$：雄大鼠 > 21 440mg/kg，雌大鼠 > 42 880mg/kg，雄小鼠 > 53 600mg/kg，雌小鼠 > 107 200mg/kg。急性经皮 $LD_{50}$：雄大鼠 > 1 072mg/kg，雌小鼠 > 2 140mg/kg，属低毒。

【安全间隔期】7 ~ 14 天。

【注意事项】

（1）建议与其他作用机制不同的杀虫剂轮换使用。

（2）对蜜蜂、鱼类等水生生物有毒，施药时应避免对周围蜂群的影响，蜜源作物花期、蚕室和桑园附近慎用。远离水产养殖区施药，应避免药液流入河塘等水体中。清洗喷雾器械时，切忌污染水源。

（3）不能与强碱性农药混用。

（4）使用时应穿戴防护服和手套，避免吸入药液，施药期间不可吃东西和饮水，施药后应及时冲洗手、脸及裸露部位。

（5）丢弃的包装物等废弃物应避免污染水体，建议用控制焚烧法或安全掩埋法处置包装物或废弃物。

### 11. 吡虫啉

【通用名称】吡虫啉（imidacloprid）。

【分子式和结构式】$C_9H_{10}N_5O_2Cl$

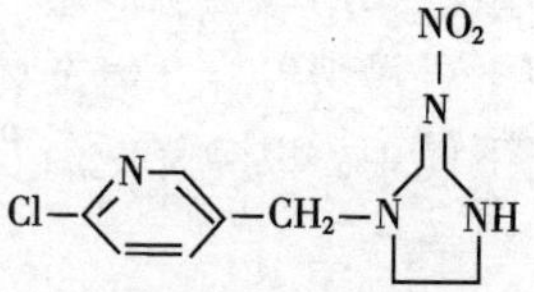

【性状】纯品为无色结晶，略带特殊气味。可湿性粉剂为灰黄色粉末。熔点144 ℃（结晶体 I），136.4 ℃（结晶体 II）。在几种介质中的溶解度分别为：水 0.51g/L（20℃），二氯甲烷 50～100g/L，异丙醇 1～2g/L，甲苯 0.5～1g/L，正己烷 < 0.1g/L（20℃）。pH 值 = 5～11 时不水解。

【作用特点】吡虫啉是一种高效、低毒、低残留的硝基亚甲基类广谱杀虫剂，具有触杀和胃毒作用，并有很强的内吸性，对刺吸式害虫有良好的防治效果。对人畜低毒，对植物的安全性极好，对天敌杀伤力小。持效期长，对蚜虫残效期长达20天。由于吡虫啉的作用机制与有机磷、氨基甲酸酯类、拟除虫菊酯类药剂不同，因此，对常规杀虫剂产生抗性的蚜虫、叶蝉和飞虱也有较好的防治效果，不易产生交互抗性。可广泛用于水稻、棉花、小麦、蔬菜、烟草、马铃薯等作物和果树上。

【剂型】5% 可湿性粉剂、10% 可湿性粉剂、20% 浓可溶剂、70% 水分散粒剂等。

【用法】吡虫啉主要用于防治烟蚜等烟草害虫。10% 可湿性粉剂用量 150 ～ 225g/hm² 或 20% 浓可溶剂 90mL/hm²，对水 750kg，或 70% 水分散粒剂稀释 12 000 ～ 13 000 倍液，均匀喷雾。

【毒性】吡虫啉属低毒杀虫剂，原药对大鼠（雄、雌）急性经口 $LD_{50}$ 约 1 260mg/kg，大鼠（雄、雌）急性经皮 $LD_{50}$ > 1 000mg/kg。对兔眼睛有轻微刺激作用，对皮肤无刺激作用，无致突变性、致畸性和致敏性。对天敌杀伤力小。

【注意事项】

（1）本品不可与碱性农药或物质混用。

（2）使用过程中不可污染养蜂、养蚕场所及相关水源。

（3）不宜在强光下使用，以免降低药效。

12. 啶虫脒

【通用名称】啶虫脒（acetamiprid）。

【分子式和结构式】$C_{10}H_{11}ClN_4$

$$\text{Cl} - \underset{N}{\bigcirc} - CH_2 - \underset{\substack{| \\ N-CN}}{\overset{\substack{CH_3 \\ |}}{N}} - C - CH_3$$

【性状】纯品为白色结晶，乳油为淡黄色液体。熔点 101 ～ 103.3 ℃，易溶于丙酮、甲醇、乙醇、二氯甲烷、氯仿等有机溶剂，25℃时在水中的溶解度为 4.2g/L。乳油为淡黄色或棕色均相液体，比重为 0.88～0.92，pH 值 = 4.5～6.5。

【作用特点】啶虫脒是一种高效、低毒、广谱、安全的烟酰亚胺类杀虫剂，具有触杀和胃毒作用，并有较强的内吸活性。有独特的作用机制，且持效期长，能防治对有机磷、氨基甲酸酯及拟除虫菊酯类农药产生抗性的蚜虫。可用于蔬菜、瓜类、果树、小麦、烟草、马铃薯、水稻等作物，防治蚜虫、叶蝉、粉虱等害虫。

【剂型】3%乳油、20%可溶性粉剂、20%浓可溶剂、70%水分散粒剂。

【用法】啶虫脒主要用于防治烟蚜等烟草害虫。3%乳油用量255～375mL/hm²，70%水分散粒剂用量18～27g/hm²，对水750kg喷雾。

【毒性】原药属中等毒性杀虫剂，对大鼠急性经口 $LD_{50}$ 为146～217mg/kg。乳油为低毒杀虫剂，对大鼠急性经口 $LD_{50}$ > 2 000mg/kg，经皮 $LD_{50}$ > 2 000mg/kg。对鱼毒性较低，对蜜蜂影响小，对天敌杀伤力小。对皮肤和眼睛无刺激性。

【注意事项】

（1）本剂对桑蚕有毒，若附近有桑园，切勿喷洒在桑叶上。

（2）不可与碱性药剂（波尔多液、石硫合剂等）混用。

13. 噻虫嗪

【通用名称】噻虫嗪（thiamethoxam）。

【化学名称】化学名称：（EZ）-3-（2-氯-1，3 噻唑-5-基甲基）-5-甲基-1，3，5-噁二嗪-4-基叉（硝基）胺。

【结构式】

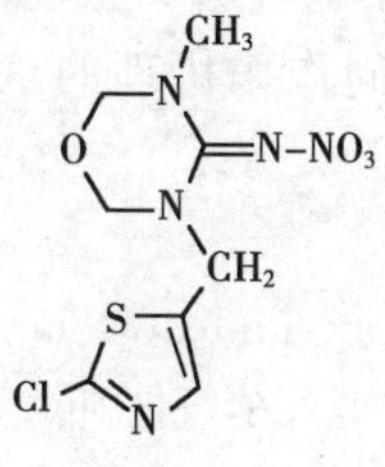

【理化性质】噻虫嗪原药：外观：米色、灰白色细晶状无味粉；比重：$1.57 \text{ g/cm}^3$（$20℃$，纯品）；沸点：纯品在达到沸点前，于$147℃$左右时即热分解；熔点：$139.1℃$（纯品）；蒸汽压：$6.6 \times 10^{-9} \text{ Pa}$（$25℃$，纯品）；溶解度：水中：$4.1\text{g/L}$（$25℃$，纯品）；$25℃$，纯品在有机溶剂中：$48\text{g/L}$（丙酮），$7.0\text{g/L}$（乙酸乙酯），$<1\text{mg/L}$（正己烷），$13\text{g/L}$（甲醇），$110\text{g/L}$（二氯甲烷），$620\text{g/L}$（辛醇），$680\text{g/L}$（甲苯）。

【毒性】急性经口 $LD_{50} > 1\,563\text{mg/kg}$；急性经皮 $LD_{50} > 2\,000\text{mg/kg}$，属低毒。

【剂型】25%噻虫嗪水分散粒剂。

【用法】用于防治烟青虫和烟蚜，$75 \sim 150\text{mL/hm}^2$，在低龄若虫或幼虫期叶面喷雾使用，用水量 $600 \sim 750\text{kg}$。每季最多使用2次。

【安全间隔期】21 天。

【注意事项】

（1）不可与其他碱性农药混用。

（2）勿让药剂接触眼睛和皮肤，如果误食可采用呕吐的方法，此药剂无特殊解毒剂，需对症治疗，及时就医。

（3）使用时应佩戴防护用品。

（4）应贮存在阴凉、干燥、通风的地方，远离食物和种子。

（5）具有触杀、胃毒和内吸传导作用，建议在叶面施用时进行全株均匀周到喷雾。

（6）建议在害虫低龄幼（若）虫发生初期使用。

（7）可以与其他不同作用机理的杀虫剂以及杀菌剂混用，但在混用前需做预备试验。

14. 烯啶虫胺

【通用名称】烯啶虫胺（nitenpyram）。

【化学名称】（E）-N-（6-氯-3-吡啶基甲基）-N-乙基-N′-甲

基-2-硝基亚乙烯基二胺。

【结构式】

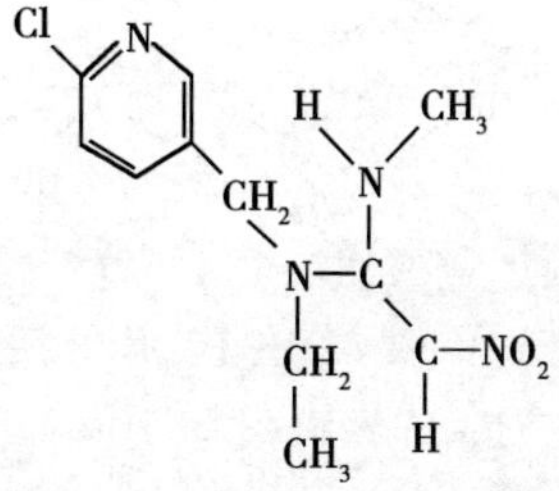

【理化性质】外观为黄色至红棕色稳定的均相液体，无可见的悬浮物和沉淀物。熔点 83～84℃，密度（26℃）1.40，蒸汽压（25℃）$1.1 \times 18^{-9}$ Pa，溶解度（g/L、20℃）水 840（pH = 7）、氯仿 700、丙酮 290、二甲苯 4.5，易溶于多种有机溶剂，在多数溶剂及混配中稳定性极好。

【作用方式】烯啶虫胺是一种高效、广谱、新型烟碱类杀虫剂，具有很好的内吸和渗透作用，低毒、高效、持效期较长，广泛用于防治同翅目和半翅目害虫，对作物安全无药害。其作用机理是作用于昆虫神经，对昆虫的神经轴突触受体具有神经阻断作用。

【剂型】350g/L 可溶液剂。

【注意事项】

在若蚜始盛期进行叶面喷雾；不可与碱性物质混用。

15. 吡蚜酮

【通用名称】吡蚜酮（pymetrozine）。

【化学名称】4，5-二氢-6-甲基-4-（3-吡啶亚甲基氨基）-1，2，4-3（2H）-酮

【分子式】$C_{10}H_{11}N_5O$

【结构式】

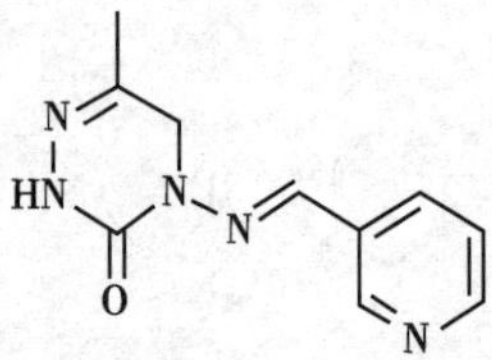

【理化性质】白色或浅色粉末，熔点 234℃，蒸汽压（20℃）$< 9.7 \times 10^{-8}$ Pa。溶解度（20℃）：水 0.27g/L；乙醇 2.25g/L；正己烷 $< 0.01$g/L。对光、热稳定，弱酸弱碱条件下稳定。

【剂型】25% 可湿性粉剂。

【用法】于蚜虫为害发生期开始施药 2 500 ~ 3 000 倍液喷雾，注意喷雾均匀，视害虫发生情况，每 7 ~ 10 天施药一次，每季最多使用 2 次。

【毒性】大鼠急性经口 $LD_{50} > 5\ 820$mg/kg，大鼠急性经皮 $LD_{50} > 2\ 000$mg/kg；虹鳟鱼和鲤鱼 $LC_{50}$（96h）$> 100$mg/L。

【安全间隔期】7 ~ 10 天。

【作用机理】烟草蚜虫和稻飞虱接触药剂即产生口针阻塞效应，停止取食，丧失对植物的为害能力，并最终饥饿致死，而且此过程不可逆转。可用于烟草蚜虫、小麦蚜虫、稻飞虱的防治。

16. 四聚乙醛

【通用名称】四聚乙醛（metaldehyde）。

【分子式】$C_8H_{16}O_4$

【结构式】

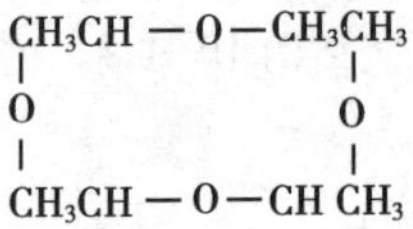

【性状】原药为白色晶体。制剂为颗粒剂，外观浅蓝色，遇水软化有香味。不溶于水，微溶于苯、氯仿、乙醇、乙醚。遇酸易分解，易燃。不易水解和光解。

【作用特点】具有胃毒、触杀和熏蒸作用，具有很强的诱杀力，可用于防治蜗牛、野蛞蝓及稻田福寿螺。

【剂型】6%颗粒剂。

【用法】主要用于防治烟田蜗牛和野蛞蝓。6%颗粒剂用量$7 \sim 8.5 kg/hm^2$，均匀撒施于烟株周围。

【毒性】属中等毒性杀螺剂，原药对大鼠急性经口$LD_{50}$为283mg/kg，急性经皮$LD_{50} > 5\,000mg/kg$。对兔皮肤无刺激作用，对眼睛有轻微刺激作用。对鱼类和家蚕毒性低。

【注意事项】

（1）在低温（低于15℃）或高温（高于39℃）情况下，因防治对象活动能力减弱，对药效有所影响。

（2）如遇大雨，药粒易被冲散至土壤中，导致药效降低，需重复施药，小雨对药效影响不大。

（3）施药后避免在田间践踏。

（4）存放于阴凉干燥处。

17. 磷化铝

【通用名称】磷化铝（aluminum phosphide）。

【分子式】AlP

【性状】原药为浅黄色或灰绿色结晶粉末，无气味。易吸水分解，释放出具有强烈杀虫作用的磷化氢气体，具有异臭气味。

【作用特点】磷化铝是一种高效的粮仓及烟仓害虫的熏蒸剂，具有杀虫效率高、用量少、穿透力强、易于散失等特点。磷化氢分子在常温下，可扩散到储藏物内的距离达$1.6 \sim 3$ m，并且吸附性较差。磷化氢气体在空气中易燃。

【剂型】56%片剂、粉剂。

【用法】磷化铝主要用于防治烟仓害虫，如烟草甲、烟草粉螟、大谷盗等。使用的剂量应根据害虫种类、仓库的密封条件、存货量及气候条件而定。常规熏蒸用量为 $6 \sim 9 g/m^3$。

磷化铝熏蒸的具体方法为：熏蒸前将门窗、墙壁的缝隙封严，计算好用药量，将药剂均匀的放在各点的承药物上，投药时应从里到外、从上到下、定点分片分工进行，以最快速度完成，然后立即封闭仓门。用浸以 5% ~10% 硝酸银水溶液的滤纸在门窗缝隙处进行探测，以检查是否漏气，若试纸变黑，应立即将漏气处封严。

熏蒸应在 10 ℃ 以上进行。空气相对湿度不低于 10%，最低气温不低于 20 ℃时，应密闭 3 天以上；相对湿度低于 10% 或气温低于 15℃时，至少应密闭 5 天以上。使用前 10 天必须散毒。密封性较好的仓库可进行整仓熏蒸，密封性较差的仓库宜采用塑料薄膜分垛密封熏蒸。

改进熏蒸方法，提高熏蒸效果。例如，间歇熏蒸法，即把磷化铝常规药剂量分 2 ~3 次使用，每次间隔 7 ~ 10 天。缓释熏蒸是利用物理或化学手段使熏蒸剂缓慢释放毒气的熏蒸方法，操作简便，安全可靠。

【毒性】磷化铝为高毒杀虫剂。小白鼠经口 $LD_{50}$ 为 2 mg/kg，空气中含量达到 0.14 mg/L 时，可使人呼吸困难，甚至死亡。

【注意事项】

（1）熏蒸场所要避免火种，避开高温时熏蒸。

（2）熏蒸结束后，应彻底进行通风，以排除残留毒气，并检测仓内毒气残留情况，以确定危险程度。

（3）磷化铝应储存于阴凉干燥处，其残渣应集中掩埋于远离水源的地方。

18. 苦参碱

【通用名】苦参碱（matrine）。

【化学名称】苦参啶-15-酮。

【化学分子式】$C_{15}H_{24}N_2O$

【结构式】

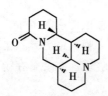

【农药性状】苦参碱为广谱性杀虫剂，具有触杀和胃毒作用，对各种作物上的黏虫、菜青虫、蚜虫、红蜘蛛等有明显的防治效果。有 α-型、β-型、γ-型和 δ-型四种，呈针状或棱柱状结晶，熔点76℃~87℃，溶于水、苯、氯仿、乙醚、二硫化碳等，微溶于石油醚。苦参碱为来源于豆科植物苦参根的一类生物碱，无明显毒性，小鼠急性经口 $LD_{50} > 5\ 000mg/kg$ 体重。

【剂型】0.5%水剂。

【使用方法】用苦参碱 0.5% 水剂防治烟草蚜虫、烟青虫，每公顷制剂用量900~1 200mL，对水 900L，喷雾，每季最多使用2次。

【安全间隔期】7 天。

【注意事项】

（1）不可与呈碱性的农药等物质混合使用。

（2）对蜜蜂、鱼类等水生生物有毒，施药期间应避免对周围蜂群的影响、蜜源作物花期禁用。远离水产养殖区施药，禁止在河塘等水体中清洗施药器具。

（3）使用时应穿戴防护服和手套，避免吸入药液。施药期间不可吃东西和饮水。

19. 苏云金杆菌（Bt）

【通用名称】苏云金杆菌。

【拉丁学名】*Bacillus thuringiensis*

【性状】苏云金杆菌（Bt）是一种生物农药，原药为灰白色或淡黄色粉末。苏云金杆菌是一种细菌，属好气性蜡状芽孢杆菌群。

【作用特点】苏云金杆菌能产生内毒素（伴孢晶体）和外毒素。伴孢晶体是起主要杀虫作用的毒素，可使昆虫的肠道麻痹而停止取食，并破坏肠道内膜，最后导致昆虫因饥饿和败血症而死亡。外毒素的作用较为缓慢，主要是在蜕皮和变态时抑制依赖于DNA 的 RNA 聚合酶。

【剂型】100 亿活芽孢/g 可湿性粉剂；2 000、4 000、8 000 单位/μL 悬浮剂；8 000 单位/mg 可湿性粉剂。

【用法】主要用于防治烟青虫，用量 750 g/hm² （活芽孢量100 亿/g 以上）制剂加水 50kg 喷雾，施药时期应掌握在产卵盛期至幼虫初孵期。

【毒性】对人、畜无毒，对鱼类、蜜蜂和作物安全。

【注意事项】

（1）对家蚕毒力强，在养蚕地区使用时应注意。

（2）紫外线和阳光对此药有破坏作用，应避免在强烈光线下施用。

（3）不能与杀菌剂或内吸性有机磷杀虫剂混用。

（4）苏云金杆菌对烟青虫的低龄幼虫效果好，施用期一般比常规农药提前 2～3 天。30℃以上时施药效果最好。

（5）保存于低于 25℃的阴凉、干燥处，避免暴晒和潮湿。

20. 阿维菌素

【通用名称】阿维菌素（abamectin $B_{1a}$）。

【化学名称】

（10E，14E，16E，22Z）-（1R，4S，5′S，6S，6′，8R，12S，13S，20R，21R，24S）-6′［（S）-仲丁基］-21，24-二羟基-5′，11，13，22-四甲基-2-氧-3，7，19-三氧杂四环

［15.6.1.1.$^{4.8}$O$^{20.24}$］二十五碳-10，14，16，22-四烯-6-螺 2′-（5′，6′-二氢-2′H-砒喃）-12-基 2，6-二脱氧-4-O-（2，6-二脱氧-3-O-甲基-2-L 阿拉伯糖-己砒喃糖基）-3-O-甲基-α-L-阿拉伯糖-己砒喃糖苷（i）

【结构式】

（i）R=CH（CH₃）₂

（ii）R=

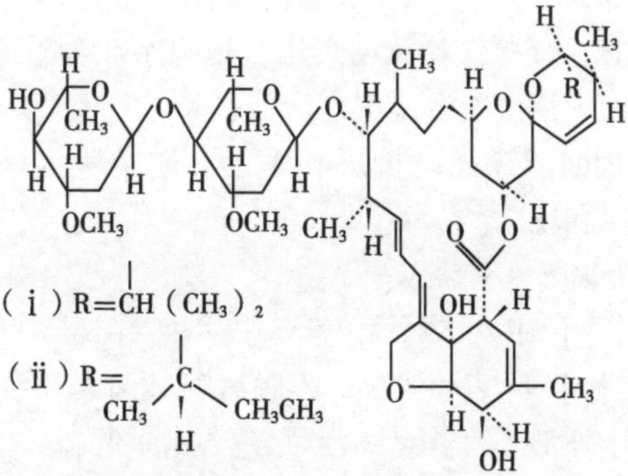

【理化性质】原药精粉为白色或黄色结晶（含 B$_{1a}$≥90%），蒸汽压＜2×10$^{-4}$Pa，熔点 150～155℃，21℃时溶解度在水中 7.8μg/L、丙酮 100g/L、甲苯中 350g/L、异丙醇 70g/L，氯仿 25g/L。常温下不易分解。在 25 ℃，pH 值=5～9 的溶液中，无分解现象。

【剂型】0.5% 颗粒剂、3% 微囊悬浮剂。

【作用机理】阿维菌素是一种高效生物杀虫、杀螨、杀线虫剂，用于防治各种抗性害虫，对烟草根结线虫有很好的防治的作用，具有高效、广谱、有效期长、不易产生抗药性、易降解、无残留、使用安全等特点，主要用于烟草的根结线虫、肾线虫、根腐线虫、胞囊线虫等寄生性线虫生物防治。

【用法】0.5% 颗粒剂用于烟草，防治根结线虫，45～60kg/hm²，混沙使用。3% 微胶囊悬浮剂用于防治烟草中根结线虫，225～

$450g/hm^2$，移栽时穴施。每季在烟草上最多使用 1 次。

【毒性】阿维菌素原药：急性经口 $LD_{50}$ 为 10mg/kg，急性经皮 $LD_{50}$ 为 2 000mg/kg，属高毒。

【注意事项】

（1）不可与呈碱性的农药等物质混合使用。

（2）对蜜蜂、鱼类等水生生物有毒，施药期间应避免对周围蜂群的影响、蜜源作物花期禁用。远离水产养殖区施药，禁止在河塘等水体中清洗施药器具。

（3）使用时应穿戴防护服和手套，避免吸入药液。施药期间不可吃东西和饮水。

21. 甲氨基阿维菌素苯甲酸盐

【通用名称】甲氨基阿维菌素苯甲酸盐（emamectic benzoate）。

【化学名称】4′-表-甲胺基-4′-脱氧阿维菌素苯甲酸盐

【性状】外观为白色或淡黄色结晶粉末，熔点：141 ~ 146℃；稳定性：在通常贮存条件下稳定，对紫外光不稳定，溶于丙酮、甲苯、微溶于水，不溶于己烷。

【作用特点】

高效、广谱杀虫剂，用于防治各种抗性害虫，对烟草斜纹夜蛾有很好的防治的作用，具有触杀和胃毒作用，能阻碍害虫运动神经信息传递而使身体麻痹死亡。对防治鳞翅目、鞘翅目、同翅目害虫有极高的活性，而且不与其他农作物产生交互性。

【常见剂型】1% 颗粒剂。

【用法】防治烟草烟青虫，施药的适宜时期为烟青虫卵孵盛期或低龄虫发生初期，喷雾使用。

【毒性】甲氨基阿维菌素苯甲酸盐原药：急性经口 $LD_{50}$ 为 126 mg/kg，急性经皮 $LD_{50}$ 为 126 mg/kg，属高毒。

【注意事项】

（1）不可与其他农药混用为可燃液体，在贮藏运输中应避免火源。

（2）勿让药剂接触眼睛和皮肤，如果误食可采用呕吐的方法，此药剂无特殊解毒剂，需对症治疗，及时就医。对蚕、鱼高毒，勿在桑树、鱼池附近使用，对蜜蜂、蚯蚓有毒，勿在花期及地下使用。使用时应佩戴防护用具。

（3）应贮存在阴凉、干燥、通风的地方，远离食物和种子。

22. 阿维·吡虫啉

【通用名称】阿维菌素（abamectin）、吡虫啉（imidacloprid）。

【化学名称与结构式】

阿维菌素：

【化学名称】

（10E，14E，16E，22Z）-（1R，4S，5′S，6S，6′，8R，12S，13S，20R，21R，24S）-6′〔（S）-仲丁基〕-21，24-二羟基-5′，11，13，22-四甲基-2-氧-3，7，19-三氧杂四环〔15.6.1.1.4.8O20.24〕二十五碳-10，14，16，22-四烯-6-螺2′-（5′，6′-二氢-2′H-砒喃）-12-基2，6-二脱氧-4-O-（2，6-二脱氧-3-O-甲基-2-L阿拉伯糖-己砒喃糖基）-3-O-甲基-α-L-阿拉伯糖-己砒喃糖苷（i）。

【结构式】

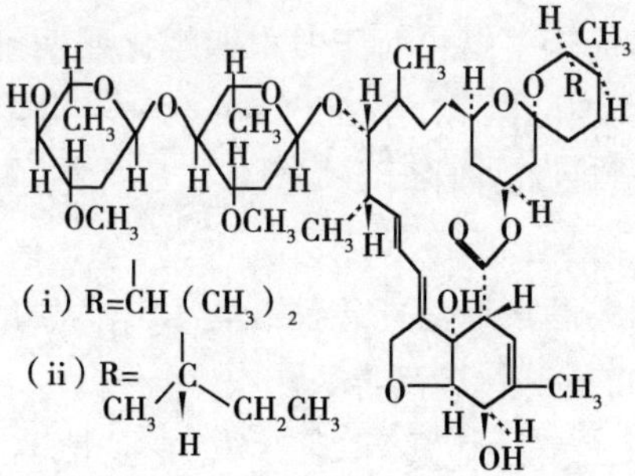

（i）R=CH（CH₃）₂

（ii）R=CH₃—CH₂CH₃

吡虫啉：

【化学名称】1- (6-氯吡啶-3-吡啶基甲基) -N-硝基亚咪唑烷-2-基胺

【结构式】

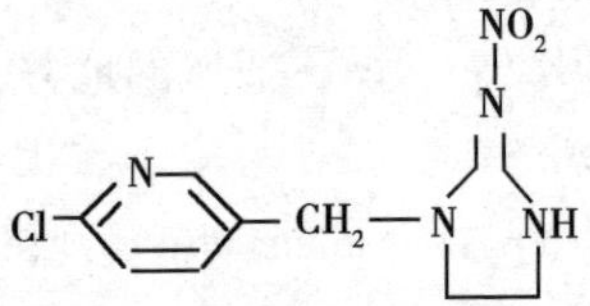

【理化性质】

阿维菌素原药精粉为白色或黄色结晶（含 B1a≥90%），熔点 150 ~ 155℃，21℃时溶解度在水中 7.8μg/L、丙酮 100g/L、甲苯中 350g/L、异丙醇 70g/L，氯仿 25g/L。常温下不易分解。在 25℃，pH 值 =5 ~9 的溶液中，无分解现象。

吡虫啉纯品为无色结晶，略带特殊气味。可湿性粉剂为灰黄色粉末。熔点 144 ℃（结晶体 I），136.4 ℃（结晶体 II）。在几种介质中的溶解度分别为：水 0.51g/L（20℃），二氯甲烷 50 ~ 100g/L，异丙醇 1 ~2g/L，甲苯 0.5 ~1g/L，正己烷 <0.1g/L（20℃）。pH 值 =5 ~11 时不水解。

【剂型】1.7% 微乳剂。

【用法】防治烟草蚜虫时于蚜虫卵孵化盛期至低龄幼虫期施药，每亩用 40 ~50mL，对水 50 ~60kg 均匀喷雾，注意喷雾均匀。大风天或预计 1h 内降雨，请勿施药。每季最多使用次数 3 次。

【毒性】阿维菌素原药：急性经口 LD$_{50}$ 为 10mg/kg，急性经皮 LD$_{50}$ 为 2 000mg/kg，属高毒。

吡虫啉原药对大鼠（雄、雌）急性经口 LD$_{50}$ 约为 1 260mg/kg，大鼠（雄、雌）急性经皮 LD$_{50}$ > 1 000mg/kg。对

兔眼睛有轻微刺激作用，对皮肤无刺激作用，无致突变性、致畸性和致敏性。属低毒。

【安全间隔期】7天。

【注意事项】

（1）建议与其他作用机制不同的杀虫剂轮换使用，以延缓抗性产生。

（2）本品对蜜蜂、鱼类等水生生物、家蚕有毒，施药期间应避免对周围蜂群的影响，开花植物花期、蚕室和桑园附近禁用。远离水产养殖区施药，禁止在河塘等水体中清洗施药器具。

（3）不可与呈碱性农药等物质混合使用。

（4）使用本品时应穿戴防护服和手套，避免吸入药液；施药期间不能吃东西和饮水；施药后应及时洗手和洗脸。

（5）避免孕妇及哺乳期妇女接触。

（6）用过的容器要妥善处理，不可做他用，也不可随意丢弃。

23. 高氯氟·噻虫嗪

【通用名称】高效氯氟氰菊酯（L-cyhalothrin）、噻虫嗪（thiamethoxam）。

【产品名称】22%噻虫嗪·高氯氟微囊—悬浮剂。

高效氯氟氰菊酯：

【化学名称】　（S）-α-氰基-3-苯氧基苄基（Z）-（1R，3R）-3-（2-氯-3,3，3-三氟丙-1-烯基）-2,2-二甲基环丙烷羟酸酯和（R）-a-氰基-3-苯氧基苄基（Z）-（1S，3S）-3-（2-氯-3,3,3-三氟丙-1-烯基）-2,2-二甲基环丙烷羟酸酯等量的混合物

【结构式】

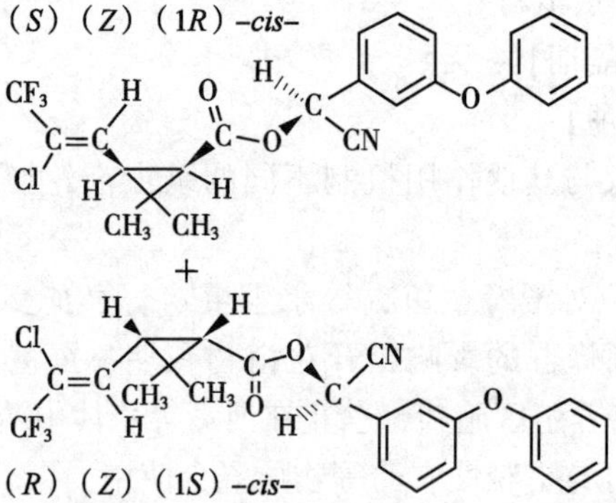

$(S)$ $(Z)$ $(1R)$ $-cis-$

+

$(R)$ $(Z)$ $(1S)$ $-cis-$

噻虫嗪：

【化学名称】（EZ）-3-（2-氯-1,3 噻唑-5-基甲基）-5-甲基-1,3,5-噁二嗪-4-基叉（硝基）胺

【结构式】

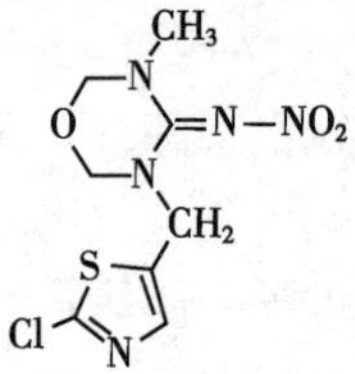

【理化性质】原药外观：米色、灰白色细晶状无味粉；比重：1.57g/cm³（20℃，纯品）；沸点：纯品在达到沸点前，于147℃左右时即热分解；熔点：139.1℃（纯品）；蒸汽压:6.6×10⁻⁹Pa（25℃，纯品）；溶解度：水中：4.1g/L（25℃，纯品）；25℃，纯品在有机溶剂中：48g/L（丙酮），7.0g/L（乙酸乙酯），＜1mg/L（正己烷），13g/L（甲醇），110g/L（二氯甲烷），620g/L（辛醇），680g/L（甲苯）。

【剂型】22%微囊悬浮–悬浮剂。

【用法】 本品用于烟草，防治烟青虫和烟蚜，75 ~ 150mL/hm$^2$，在低龄若虫或幼虫期叶面喷雾使用，用水量600 ~ 750L。每季最多使用2次。

【毒性】

（1）高效氯氟氰菊酯原药：急性经口（雌/雄）$LD_{50}$ 56/79mg/kg，急性经皮（雌/雄）$LD_{50}$ 696/632mg/kg，属中毒。

（2）噻虫嗪原药：急性经口 $LD_{50}$ > 1 563mg/kg；急性经皮 $LD_{50}$ > 2 000mg/kg，属低毒。

（3）22%高氯氟·噻虫嗪微囊悬浮 – 悬浮剂：急性经口（雌/雄）$LD_{50}$ 316/430mg/kg，急性经皮（雌/雄）$LD_{50}$ > 2 000mg/kg，属中毒。

【安全间隔期】21天。

【注意事项】

（1）不可与其他碱性农药混用。

（2）勿让药剂接触眼睛和皮肤，如果误食可采用呕吐的方法，此药剂无特殊解毒剂，需对症治疗，及时就医。

（3）使用时应佩戴防护用品。

（4）应贮存在阴凉、干燥、通风的地方，远离食物和种子。

（5）具有触杀、胃毒和内吸传导作用，建议在叶面施用时进行全株均匀周到喷雾。

（6）建议在害虫低龄幼（若）虫发生初期使用。

（7）可以与其他不同作用机理的杀虫剂以及杀菌剂混用，但在混用前需做预备试验。

24. 甲维·高氯氟

【通用名称】甲氨基阿维菌素苯甲酸盐、高效氯氟氰菊酯。

【产品名称】10%甲维·高氯氟微乳剂。

【化学名称与结构式】

甲氨基阿维菌素苯甲酸盐：

【化学名称】4″–表–甲氨基–4″脱氧阿维菌素 $B_{1a}$ 苯甲酸盐

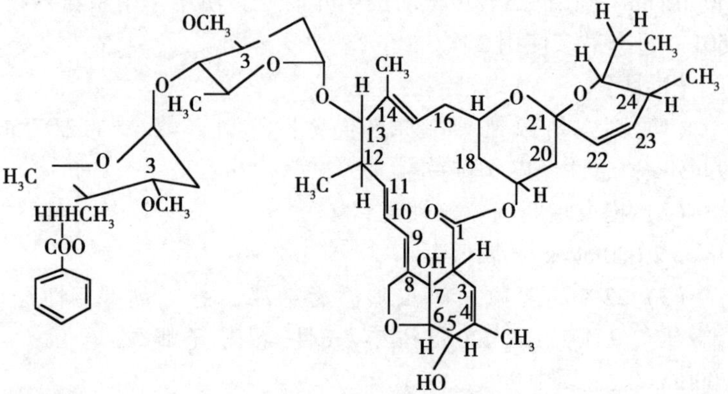

高效氯氟氰菊酯：

【化学名称】本品是一个混合物，含等量的（S）-a-氰基-3-苯氧基苄基（Z）-（1R，3R）-3-（2-氯-3，3，3-三氟丙烯基）-2，2-二甲基环丙烷羧酸酯和（R）-a-氰基-3-苯氧基苄基（Z）-（1S，3S）-3-（2-氯-3，3，3-三氟丙烯基）-2，2-二甲基环丙烷羧酸酯（1：1）

【结构式】

$$(CH_3)_2NCH_2CH_2CH_2NHCOCH_2CH_2CH_3$$

【理化性质】

甲氨基阿维菌素苯甲酸盐原药：外观为白色或淡黄色结晶粉末，熔点：141℃ ~ 146℃；稳定性：在通常贮存条件下本品稳定，对紫外光不稳定。溶于丙酮、甲苯、微溶于水，不溶于已烷。

高效氯氟氰菊酯原药：熔点：49.2℃；溶解性：纯水0.005mg/L（pH 值 = 6.5）、缓冲水 0.004mg/L（pH 值 = 5.5），

丙酮、乙酸乙酯、己烷、甲醇、甲苯 > 500g/L（21℃）；稳定性：15℃~25℃下贮存可稳定半年以上；日光下，在水介质混合物中 $DT_{50}=20$ 天；土壤中 $DT_{50}=22~82$ 天。

10%甲维·高氯氟微乳剂由甲氨基阿维菌素苯甲酸盐和高效氯氟氰菊酯原药、水及适宜的助剂配制而成。应是透明或半透明均相液体，无可见的悬浮物和沉淀。

【剂型】10%微乳剂。

【防治对象】斜纹夜蛾。

【用法】本品用于防治烟草斜纹夜蛾，宜在低龄幼虫盛发期、虫口未分散为害时施药，施药时注意对叶片正反两面均匀喷雾，尽量选择在早晨或傍晚用药效果较好，喷雾均匀，一般间隔 8~10 天，连续喷施 2 次，每季最多使用 3 次。

【毒性】10%微乳剂大鼠急性经口 $LD_{50}$ 雌性动物为 128mg/kg，雄性动物均为 108mg/kg；大鼠急性经皮 $LD_{50}$ 雌雄性动物均大于 2 150mg/kg。属中等毒类。

【安全间隔期】21 天。

【注意事项】

（1）为防止产生抗药性，请与其他作用机制不同的杀虫剂交替使用。

（2）本品对鱼高毒，对蜜蜂、鸟和家蚕剧毒。蜜源作物花期禁用，施药期间应密切注意对周围蜂群的影响；远离河塘等水域施药，禁止在河塘等水域内清洗施药器具；蚕室及桑园附近禁用。残余药液和用过的容器应妥善处理，不可做他用，也不可随意丢弃。

（3）本品不可与碱性物质混合使用。

（4）施药时应戴口罩和手套，穿防护服，禁止饮食，施药后应及时洗手和洗脸。

（5）儿童、孕妇及哺乳期妇女应避免接触本品。

### （二）杀菌剂

**1. 代森锌**

【中文通用名称】代森锌（zineb）。

【化学名称】乙撑双二硫代氨基酸锌

【结构式】

$$( -SCNHCH_2CH_2NCSZn- ) X$$

【性状】纯品为白色粉末，有臭鸡蛋气味，吸湿性强、挥发性小难溶于水。80%代森锌可湿性粉剂由有效成分、载体和助剂等组成，外观为灰白色或浅黄色粉末，水分≤2%，pH 值＝6～8，贮存期间因吸湿、遇光和受热而分解。

【剂型】80%、65%可湿性粉剂。

【用法】代森锌是一种有机硫保护性杀菌剂，可防治烟草猝倒病、立枯病、炭疽病、黑胫病和白粉病等，是烟草上常用的农药之一。用80%代森锌可湿性粉剂400～600倍液喷雾，于发病初期开始喷洒，苗期一般每隔3～5天一次，定植后每隔7～10天喷一次，共喷3次为好。

【毒性】低毒。

【安全间隔期】7～10天。

【注意事项】不宜与碱性药剂，如石硫合剂、波尔多液等混用，也不能与含有铜、汞的药剂混用。本剂属保护性杀菌剂，在发病初期使用最佳。虽属低毒农药，但对皮肤、粘膜有刺激性作用，所以使用时应防止接触皮肤、脸和眼睛，如有污染请尽快用肥皂水冲洗。

**2. 代森锰锌**

【通用名称】代森锰锌（mancozeb）。

【化学名称】

乙撑双二硫代氨基甲酰锰和锌的络盐

【理化性质】为代森锰与代森锌的混合物，锰含 20%，锌含 2.55%。灰黄色粉末，熔点 192～204℃（分解），蒸汽压不计（20℃），溶解度水 6～20mg/L，不溶于大多数有机溶剂，溶于强螯合剂溶液中。通常干燥环境中稳定，加热、潮湿环境中缓慢分解。

【剂型】80% 可湿性粉剂。

【用法】施药时期应选在烟草发病初期开始使用，稀释 600～800 倍后叶面喷施，重点喷淋植株中下部的茎秆和叶片。并可使适量药液渗入土壤中，一般每株喷淋药液量为 30～40mL 左右。对已使用与本药剂相同有效成分的地区，可稀释 500 倍液使用。施药 2 次，两次用药应间隔 10 天。

【毒性】原药雄大鼠急性经口 $LD_{50}$ 为 10 000mg/kg，小鼠急性经口 $LD_{50} > 7\,000$mg/kg。兔急性经口 $LD_{50} > 10\,000$mg/kg，对兔皮肤和粘膜略有刺激作用；在试验剂量下未发现致突变、致畸作用；每日允许摄入量：0.03mg/kg b. w.；水生生物：$LC_{50}$（48h，mg/L）金鱼 9.0，虹鳟鱼 2.2，鲶鱼 5.2，鲤鱼 4.0；蜜蜂：$LC_{50}$ 0.193mg/蜂；天敌：野鸭在 6 400mg/kg 膳食 10 天无死亡，日本鹌在 3 200mg/kg 膳食 10 天无死亡。按我国农药毒性分级标准，属低毒杀菌剂。

【注意事项】

（1）不能与铜制剂及强碱、强酸性药剂混用，在喷铜及碱性药剂后应隔一周以上再施用。

（2）选阴天或晴天下午 5 时后喷施，喷后 6h 内遇雨应补喷。

（3）请按农药安全使用操作规程使用，工作完毕后用肥皂水洗净手和脸，皮肤着药处及时洗净，如误服中毒，立即送医院对症治疗。

3. 福美双

【通用名称】福美双（thiram）。

【化学名称】四甲基秋兰姆二硫化物

【结构式】

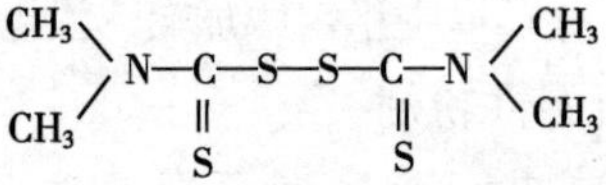

$$CH_3\!-\!N\!-\!C\!-\!S\!-\!S\!-\!C\!-\!N\!-\!CH_3$$

【性状】纯品为白色无味结晶，遇酸易分解。50%可湿性粉剂由有效成分、助剂和载体等组成，外观为灰白色粉末，pH 值：6～7，水分≤3.5%，悬浮率≥60%。

【剂型】50%可湿性粉剂。

【用法】福美双是一种具保护作用的杀菌剂，用于苗床处理和大田喷雾，可防治烟草根黑腐病，每平方米苗床用 50% 福美双可湿性粉剂 5g（有效成分 2～2.5g），再加细土 15kg 混匀，播种时用该药土下垫上覆。大田用 50% 可湿性粉剂 500～800 倍液喷淋茎基部，间隔 5～7 天喷一次，一般连续喷 2～3 次。

【毒性】中等毒性。

【安全间隔期】5～7 天。

【注意事项】不能与碱性药剂混用，也不能与含铜、汞制剂混用。本品属中等毒性杀菌剂，应避免与皮肤、脸和眼睛接触，工作完毕后要及时清洗裸露部位，误服者应迅速催吐、洗胃。并对症治疗。施药后的器具要及时清洗。

4. 烯酰吗啉

【通用名称】烯酰吗啉（dimethomorph）。

【化学名称】

（E，Z）-4-［3-（4-氯苯基）3-（3，4-二甲氧基苯基）丙烯酰］吗啉

【结构式】

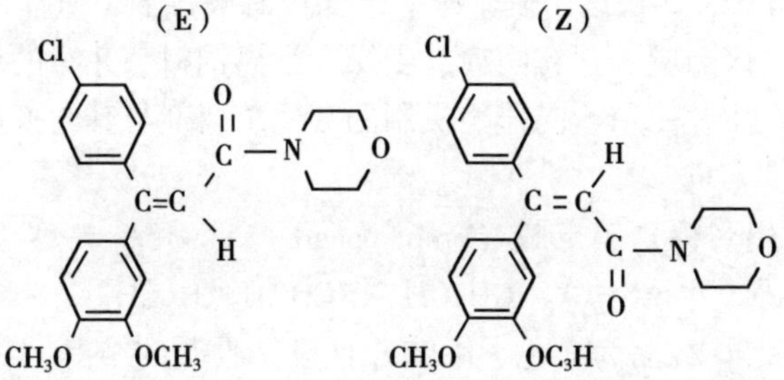

【理化性质】无色晶体，熔点 127～148℃，（Z）-isomer 169.2～170.2℃，（E）-isomer 135.7～137.5℃，25℃蒸汽压（E）-isomer $9.7 \times 10^{-4}$ mPa；（Z）-isomer $1.0 \times 10^{-3}$ mPa。20℃下的溶解度为水 <50mg/L，丙酮15g（Z）/L、88g（E）/L，环己酮27g（Z）/L，二氯甲烷315g（z）/L，二甲基甲酰胺40g（Z）/L、272g（E）/L，已烷 0.04g（E）/L，0.02g（Z）/L，甲醇、甲苯7g（Z）/L。在暗处稳定5年以上，在日光（仅（Z）有杀菌力）下（E）-异构体和（Z）-异物体互变；水解很缓慢。

【剂型】80%水分散粒剂。

【用法】本品用于烟草上防治黑胫病。稀释 2 000～3 000倍液，喷雾使用，每季最多使用4次。

【毒性】烯酰吗啉原药按中国毒性标准分类为低毒级。大鼠雌雄急性经口 $LD_{50}$ 均大于 4 640mg/kg，大鼠雌雄急性经皮 $LD_{50}$ 均大于 2 150mg/kg。对家兔皮肤、眼睛无刺激性。在试验剂量

内无致畸、致癌、致突变作用。

【安全间隔期】7～14 天。

【注意事项】

（1）施药时穿戴好防护衣物，避免药剂直接与身体各部位接触。

（2）如药剂沾染皮肤，用肥皂和清水冲洗。如有误服，千万不要引吐，尽快送医院治疗。该药没有解毒剂，对症治疗。

（3）该药应贮存在阴凉、干燥和远离饲料、儿童的地方。

（4）注意使用不同作用机制的其他杀菌剂与其轮换应用。

5. 霜霉威

【通用名称】霜霉威（propamocarb）。

【分子式】$(CH_3)_2NCH_2CH_2NHCOCH_2CH_2CH_3$

【性状】纯品为无色、无味并且极易吸湿的结晶固体。熔点45～55℃，在水及部分溶剂中溶解度很高。在水溶液中两年以上不分解（55℃）。制剂为无色、无味水溶液，可与大多数常用农药混配，但不要与液体化肥或植物生长调节剂一起混用。

【剂型】72.2%水溶性液剂。

【用法】烟草育苗期当烟苗发生猝倒病和黑胫病时用霜霉威600～1 000倍液喷雾或浇灌茎基部防治。当移栽后至烟草旺长期如发生黑胫病可继续用霜霉威600～1 000倍液，每株用药液50mL，每隔7～10天用药一次。霜霉威使用在作物的任何生长期都十分安全，并且对作物根、茎、叶和生长有明显促进作用。

【毒性】属低毒杀菌剂，大鼠急性经口 $LD_{50}$ 为 2 000～8 550mg/kg，小鼠急性经口 $LD_{50}$ 为 1 960～2 800mg/kg。对兔皮肤及眼睛无刺激。

【安全间隔期】7 天。

【注意事项】本药剂不能与碱性物质混用。避免吸入，不要接触皮肤及眼睛；远离儿童、食物、饲料等，如有误服，立即催吐并送医院治疗。

6. 敌磺钠

【通用名称】敌磺钠（fenaminosulf）。

【结构式】

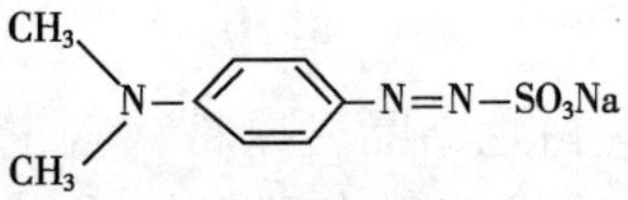

【性状】纯品为淡黄色结晶。工业品为黄棕色无臭粉末，可溶于水和乙醇，不溶于乙醚、苯、石油等。水溶液遇光易分解，但在碱性介质中稳定。对人、畜毒性较大。敌磺钠可溶性粉剂外观为黄色至黄棕色有光泽结晶，避光、密闭保存。

【剂型】95%、75%可溶性粉剂。

【用法】敌磺钠是一种较好的土壤处理剂，具有一定的内吸渗透作用，主要用于防治烟草黑胫病，95%可溶性粉剂每公顷用药 3 750g，掺干细土 225～300kg，移栽和培土时各一次，施于烟株周围，并用土覆盖。也可以用于喷雾，用 95%可湿性粉剂 500 倍液喷淋或浇灌烟株茎基部，每公顷用药液 1 500kg，每隔 15 天喷一次，连续喷 3 次。

【毒性】属中等毒性杀菌剂，95%可湿性粉剂雄大鼠急性经口 $LD_{50}$ 为 68.28～70.11mg/kg，雌大鼠经口 $LD_{50}$ 为 66.53mg/kg。对皮肤有刺激作用。

【安全间隔期】15 天。

【注意事项】敌磺钠能与碱性药剂混用。在日光下不稳定，应现配现用，不能久存。单独使用敌磺钠易使病菌产生抗性，所以应与其他杀菌剂混用。使用时应注意避免接触眼睛和皮肤。

7. 甲基硫菌灵

【通用名称】甲基硫菌灵（thiophanate-methyl）。

【结构式】

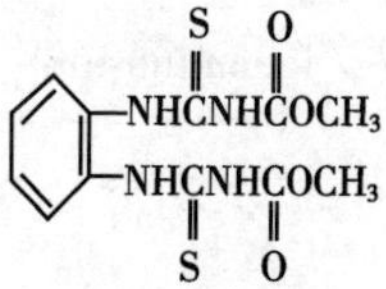

【性状】纯品为白色结晶，原粉（含量约93%）为微黄色结晶，难溶于水，可溶于多种有机溶剂。对酸、碱稳定，能与多种农药混用。对人、畜毒性低。70%可湿性粉剂由甲基硫菌灵、助剂及载体组成，外观为无定形灰棕色或灰紫色粉末，悬浮率大于70%，常温原包装贮存在阴凉干燥处稳定2年以上。

【剂型】70%可湿性粉剂、50%胶悬剂、36%悬浮剂。

【用法】为高效、低毒、低残留广谱内吸性杀菌剂，可防治烟草立枯病、猝倒病、白粉病及根黑腐病等真菌性病害，兼具内吸、预防和治疗作用。用50%胶悬剂500～1 000倍液喷洒苗床或茎叶，效果较好。也可将70%可湿性粉剂1.5～2.0kg，拌细干土30kg，撒在烟苗根际处，若移栽时施入穴内效果更好。大田病害盛发期之前或发病始期，用70%可湿性粉剂500倍液喷雾，间隔10天喷一次，连续喷2～3次。

【毒性】70%可湿性粉剂对大鼠急性经口 $LD_{50} > 5\ 000mg/kg$（雄）、4 350mg/kg（雌），大鼠、小鼠急性经皮 $LD_{50} > 5\ 000mg/kg$。

【安全间隔期】10天。

【注意事项】不能与含铜制剂混用。使用时应遵守一般农药的安全注意事项。收获前15天禁止使用。

8. 菌核净

【通用名称】菌核净（dimethachlon）。

【结构式】

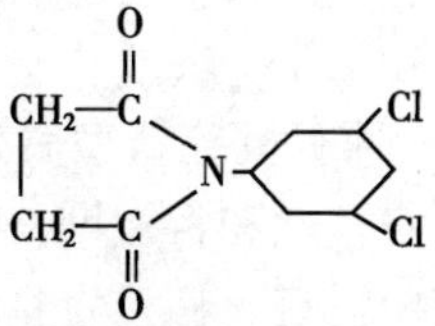

【性状】纯品为白色鳞片状结晶，原粉为淡棕色固体，难溶于水，能溶于甲醇、乙醇等多种有机溶剂。遇酸较稳定，遇碱和光照易分解。40%菌核净可湿性粉剂由有效成分、助剂和载体组成，外观为淡棕色粉末。

【剂型】40%可湿性粉剂。

【用法】菌核净是低毒亚胺类杀菌剂，具有直接杀菌、内吸治疗作用，残效期长的特性。它对烟草赤星病防效良好，于发病初期，每公顷用40%可湿性粉剂2 700～5 100g（有效成分1 125～2 025g）；对水60kg，每次间隔7～10天，连续喷2～3次。烟株底部叶片一定要重点喷雾。

【毒性】低毒。

【安全间隔期】7～10天。

【注意事项】贮存于通风、干燥、避光的仓库中。施用本药要注意安全，施药后的工具应及时清洗，包装物要及时回收并妥善处理。

9. 噻菌茂

【中文通用名称】噻菌茂。

【结构式】

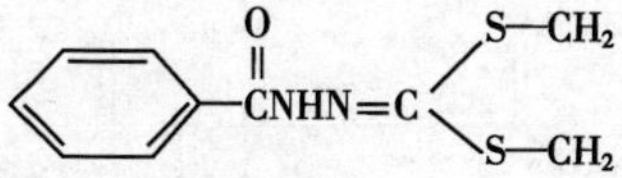

【性状】该原药系白色粉末，产品为灰色或灰白色粉末，较稳定，熔点 145～146℃，不溶于水和油。

【剂型】20% 可湿性粉剂。

【用法】噻菌茂是一种有机硫新型高效、低残留内吸性杀菌剂，有较强的耐雨性、安全性和特效期长等特点，对防治烟草多种细菌性病害，如角斑病、野火病及青枯病等均有良好防效。防治烟草青枯病，在初发病或旺长前期每隔 15 天用噻菌茂 600～400 倍液喷淋茎根部，根据发病程度和植株大小，使用药液量可选择 50～100mL/株，达到明显的预防和治疗作用，产量和质量显著提高。建议使用浓度：预防性（未发病或初发病）用噻菌茂 700～600 倍液，剂量为 50～75mL/株，喷淋茎基和根部土壤，治疗性（已发病）可用噻菌茂 400～600 倍液，剂量为 75～100mL/株。

【毒性】属中等毒性，基本无蓄积作用，未发现致突变、致畸、致癌作用。

【安全间隔期】7～10 天。

【注意事项】该药属中等毒性，使用时应遵守一般农药安全注意事项；避免吸入体内或接触皮肤及眼睛；施药后的器具应及时清洗。

10. 噻唑锌

【通用名称】噻唑锌（Thiodiazole-Zn）。

【化学名称】2-氨基-5-巯基-1,3,4-噻二唑锌

2-Amino-5-mercapto-1,3,4-thiadiazole zinc

【结构式】

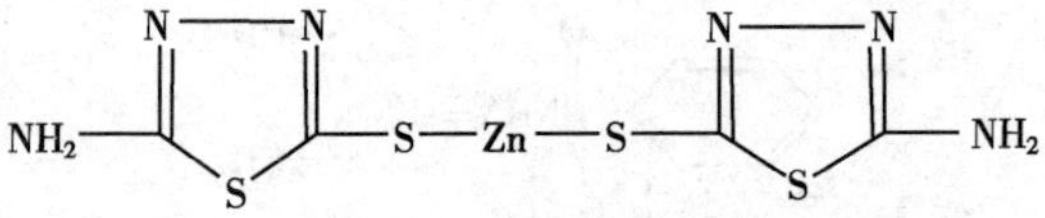

【相对分子质量】329.8

【化学式】$C_4H_4N_6S_4Zn$

【理化性质】质量分数：≥40.0±2.4，质量浓度：（400±24）g/L，pH值=6.0～9.0，湿筛试验≥95%（通过75μm试验筛），悬浮率≥90%，持久起泡性（1min后）≤50mL。

【毒性】大鼠急性经口：$LD_{50}$＞5 000mg/kg，低毒级。大鼠急性经皮：$LD_{50}$＞2 000mg/kg，低毒级。

【剂型】40%可湿性粉剂。

【用法】用于烟草，防治野火病。稀释600～800倍，喷雾使用。

【注意事项】

（1）应在病害发生初期使用。

（2）使用时，先用少量水将悬浮剂搅拌成浓液，然后对水稀释。

（3）不可与碱性农药混用。

（4）本品应贮存在阴凉、干燥处，不得与食品、饲料一起存放，避免儿童接触。

11. 噻菌铜

【通用名称】噻菌铜（thiodiazole-copper）。

【化学名称】2-氨基-5-颈基1,3,4噻二唑铜络合物

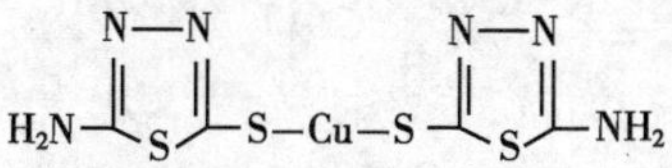

【理化性质】原药外观黄绿色粉末，比重1.94，熔点300℃（分解），不溶于水和各种有机溶剂，微溶于吡啶、二甲基甲酰胺。稳定性：遇强碱易分解。制剂外观为黄绿色黏稠液体，无结块。比重1.25～1.29。

【剂型】20%悬浮剂。

【用法】用于烟草，防治青枯病液。稀释 500 倍，灌根或喷淋使用。

【毒性】20% 噻菌铜悬浮剂对 SD 大鼠的急性经口 $LD_{50} >$ 5 050mg/kg；对 SD 大鼠的急性经皮 $LD_{50} > 2$ 150mg/kg。均属于低毒级。

【安全间隔期及使用次数】安全间隔期为 21 天，每季最多使用 3 次。

【注意事项】

（1）应在初发病期使用，采用喷雾和弥雾。

（2）使用之前，先摇匀；如有沉淀，摇匀后不影响药效。

（3）使用时，先用少量水将悬浮剂搅拌成浓液，然后对水稀释。

（4）不能与强碱性农药混用。

（5）虽属低毒农药，但使用时仍应遵守农药安全操作规程。

12. 咪鲜胺锰盐

【通用名称】咪鲜胺锰盐。

【化学名称】N-丙基-N-［2-（2，4，6-三氯苯氧基）乙基］-1H 咪唑-1-甲酰胺-氯化锰

【结构式】

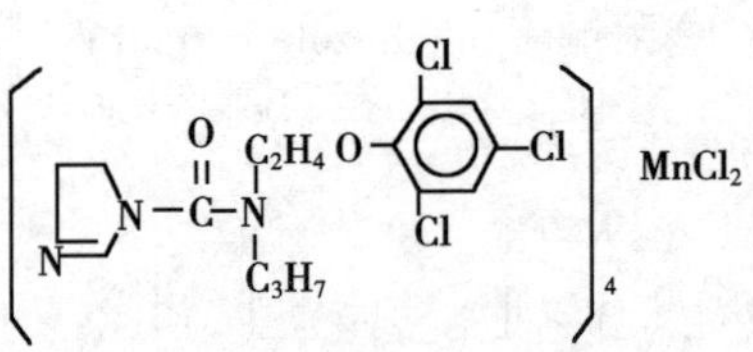

【理化性质】白色至褐色砂粒状粉末，气味微芳香，熔点 141～142.5℃，水中溶解度为 40mg/L，丙酮中为 7g/L，蒸汽压为 0.02Pa（20℃），在水溶液中或悬浮液中，此复合物很快地分离，在 25℃ 下其分离度于 4h 内达 55%。

【剂型】50% 可湿性粉剂。

【用法】用于烟草 263～350g/hm$^2$ 喷雾，防治赤星病。

【毒性】急性经口 LD$_{50}$1 600～3 200mg/kg，属低毒。

【安全间隔期及使用次数】14 天，每季最多使用 3 次。

【注意事项】

（1）本品为咪唑类杀菌剂，建议与其他作用机制不同的杀菌剂轮换使用。

（2）禁与强酸、强碱性农药混用。

（3）本品对蜜蜂、鱼类等水生生物、家蚕有毒，施药时应避免对周围蜂群的影响、蜜源作物花期、蚕室和桑园附近慎用。远离水产养殖区施药，应避免药液流入河塘等水体中，清洗喷药器械时切忌污染水源。

（4）使用过的施药器械，应清洗干净方可用于其他的农药。

（5）使用本品时应穿戴防护服和手套，避免吸入药液；施药期间不可吃东西和饮水。施药后应及时冲洗手、脸及裸露部位。

（6）丢弃的包装物等废弃物应避免污染水体，建议用控制焚烧法或安全掩埋法处置包装物或废弃物。

（7）孕妇及哺乳期妇女禁止接触。

13. 氯溴异氰尿酸

【通用名称】氯溴异氰尿酸（chlorobromoisocyanuric acid）。

【化学名称】C$_3$HO$_3$N$_3$ClBr

【结构式】

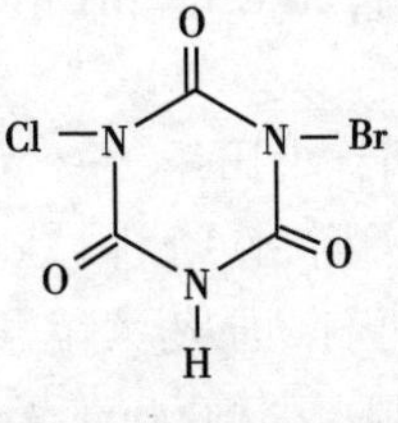

【性状】外观为白色或微红色疏松粉末，无团块。

【剂型】50%可湿性粉剂。

【用法】应在烟草野火病发病前或发病初期用药，连续用药3次，每7～10天用1次药，对水稀释750～1 000倍液，采用喷雾法。

【毒性】低毒杀菌剂。原药大鼠急性经口 $LD_{50} >$ 2 710mg/kg，用家兔实验，急性经皮 $LD_{50} > 2 000mg/kg$。

【注意事项】

（1）贮存在干燥阴凉处。

（2）应特别注意将氯溴异氰尿酸稀释后，才能与其他农药混用。

（3）为低毒产品，对皮肤无刺激性，但对眼睛有中等刺激性，使用时请注意。

（4）请严格按照防治对象使用合适浓度喷药。

（5）喷药应在发病前或发病初期进行，发病盛期喷药应加大用药量。

14. 三唑酮

【通用名】三唑酮（tradimefon）。

【剂型】25%可湿性粉剂。

【理化性质】无色固体，有特殊芳香味，熔点82.3℃，密度1.22（20℃），溶解度水64mg/L（20℃），中度溶于许多有机溶剂，除脂肪烃类以外，二氯甲烷、甲苯＞200g/L，异丙醇50～100g/L，己烷5～10g/L（20℃），pH值=3，6，9（22℃）时，半衰期超过1年。

【用法】防治白粉病，大田用25%可湿性粉剂5 000倍液喷雾1～2次，温室用25%可湿性粉剂1 000倍液喷雾1～2次。

【毒性】低毒性杀菌剂。原药大鼠急性经口 $LD_{50}$ 为1 000～1 500mg/kg，大鼠经皮 $LD_{50} > 1 000mg/kg$。对皮肤有轻度刺激作用，在试验剂量内无致癌、致畸、致突变作用，对鱼类毒性中等，对蜜蜂和鸟类无害。

**【注意事项】**

（1）可与碱性以及铜制剂以外的其他制剂混用。拌种可能使种子延迟 1～2 天出苗，但不影响出苗率及后期生长。药剂置于干燥通风处。无特效解毒药，只能对症治疗。

（2）要按规定用药量使用，否则作物易受药害。

15. 腈菌唑

**【通用名称】**腈菌唑（myclobutanil）。

**【化学名称】**2-（4-氯苯基）-2-（1H-1，2，4-三唑-1-甲基）己腈

**【结构式】**

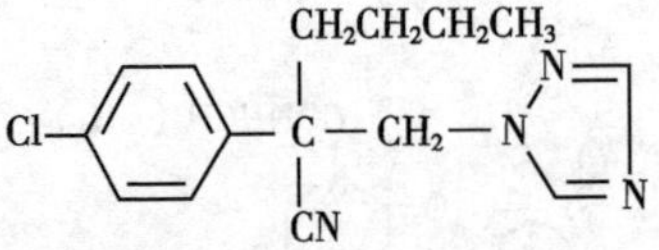

**【理化性状】**外观透明或半透明均相液体，无可见的悬浮物和沉淀。

**【剂型】**12.5% 微乳剂。

**【防治对象】**赤星病、白粉病。

**【用法】**适宜施药时期为赤星病、白粉病发病初期，用量 1 500～2 000 倍液，烟叶正、反面喷雾。

**【毒性】**12.5% 微乳剂大鼠经口 $LD_{50}$ 雌性动物为 6 810mg/kg；大鼠经口 $LD_{50}$ 雄性动物为 5 840mg/kg；经皮 $LD_{50}$ 雌雄动物均 > 5 000mg/kg；急性吸入毒性试验：雌性、雄性大鼠 $LC_{50}$ 均 > 5 000mg/m³，按照我国农药急性毒性分级标准，属微毒类农药。对家兔皮肤轻度刺激性，未洗眼结果为中度至重度刺激性，30s 洗眼结果为中度刺激性，4s 洗眼结果为轻度刺激性。属弱致敏物。

【安全间隔期】7天。

【注意事项】

（1）不能与其他农药混用。

（2）配药时要用专用量具按照规定的剂量配制，不得任意增减。

（3）在有抗性的地区适当选择其他药剂减少抗性发生。

（4）配制使用该农药时必须穿戴防护用品。

16. 异菌脲

【通用名称】异菌脲（iprodione）。

【化学名称】3-（3,5-二氯苯基）-1-异丙基氨基甲酰基乙内酰脲

【结构式】

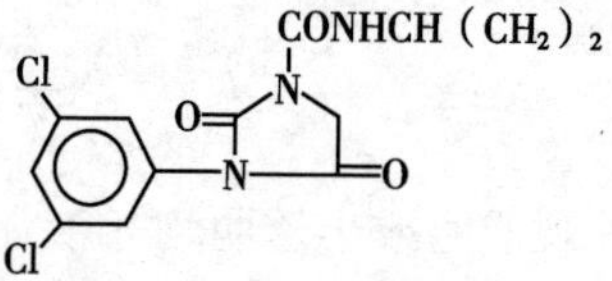

【理化性质】外观为均匀的疏松粉末。

【剂型】50%可湿性粉剂。

【用法】用于防治烟草赤星病。稀释800~1 000倍液，均匀喷雾。

【毒性】属低毒类农药。

【安全间隔期】7~10天。

【注意事项】

（1）不可与其他农药混用。

（2）勿让药剂接触眼睛和皮肤，如果误食可采用呕吐的方法，此药剂无特殊解毒剂，需对症治疗，及时就医。

（3）施药时应佩戴防护用品。

（4）应贮存在阴凉、干燥、通风的地方，远离食物和种子。

17. 王铜

【通用名称】氧氯化铜（copper oxychloride）。

【分子式】$Cu_2Cl_3(OH)_3$

【分子量】427.11

【理化性质】原药为蓝绿色粉末，不溶于水和有机溶剂，但溶于氢氧化铵和稀酸中。中性介质中很稳定，热碱中分解，加热至220℃分解。

【剂型】30%悬浮剂。

【用法】防治赤星病。用量1 800～2 250g/hm²，对水600～900kg，均匀喷雾使用。

【毒性】王铜大鼠急性经口 $LD_{50}$ 雌/雄性动物为3 824.5mg/kg，急性经皮 $LD_{50}$ 雌雄性动物为2 500mg/kg。按我国农药急性毒性分级标准，属低毒类农药。王铜对家兔皮肤及眼睛无刺激性。对豚鼠的变态反应试验结果表明，属弱致敏性物质。

【安全间隔期】7～10天。

【注意事项】

（1）放置时间稍久会分层，但不影响药效，用时摇匀即可。

（2）可不宜与石硫合剂、硫磺制剂、矿物油等混用。

（3）施药时不可饮水、吸烟，施药后应及时洗手和洗脸。

18. 琥胶肥酸铜

【通用名称】琥胶肥酸铜（copper succinate、copper glutarate、copper adipate）。

【化学名称】①丁二酸络铜；②戊二酸络铜；③己二酸络铜。

【性状】琥胶肥酸铜为混合物，其有效成分是丁二酸铜、戊二酸铜和己二酸铜，外观为淡兰色固体粉末，无臭无味，难溶于水，不溶于乙醇等有机溶剂，对光稳定，贮存期有效成分稳定。

【剂型】50%可湿性粉剂、70%可湿性粉剂、30%胶悬剂。

【用法】琥胶肥酸铜是一种保护性杀菌剂,主要用于防治烟草细菌性病害,如烟草野火病、角斑病、青枯病等,并对植物生长有刺激作用。发病始期,用50%可湿性粉剂200倍液叶面喷雾,隔7~10天喷一次,连续喷3~4次。

【毒性】属低等毒性。

【安全间隔期】5~7天。

【注意事项】整个生长期最多使用4次,叶面喷洒时药剂稀释倍数不得低于400倍。施药时要注意个人保护,不能抽烟、喝酒、吃东西。施药后用肥皂洗手、洗脸;及时清洗施药后的有关器具,清洗物和包装袋要妥善处理。

19. 多抗霉素

【中文通用名称】多抗霉素(polyoxin,JMAFF)。

【化学结构式】① $C_{23}H_{32}N_6O_{14}$;② $C_{17}H_{25}N_5O_{13}$。

【性状】多抗霉素是含有A至N14种不同同系物的混合物,为肽嘧啶核苷酸类抗菌素,其主要成分为多抗霉素A和多抗霉素B,含量为84%(相当于84万单位/g),外观为无色针状结晶,易溶于水,不溶于有机溶剂,在酸性和中性介质中稳定,但在碱性介质中不稳定,常温条件下贮存稳定3年以上。

【剂型】10%、3%、2%、1.5%多抗霉素可湿性粉剂。

【用法】多抗霉素是一种广谱抗生素类杀菌剂,具有良好的内吸传导作用,本药对动物无毒性,对植物无药害。用于防治烟草赤星病,于田间烟株下部叶片零星发病开始用药,1.5%多抗霉素可湿性粉剂500倍液喷雾,隔7天喷一次,连续喷3次。

【毒性】低毒。

【安全间隔期】7~10天。

【注意事项】本药不宜与酸性和碱性药剂混用,应于阴凉干燥处密封保存。

20. 春雷霉素

春雷霉素是中国科学院微生物研究所于 1964 年从江西某地土壤中分离得到的小金色链霉菌（*streptomyces microaureus*）所产生的农用抗生素，定名为春雷霉素，作为杀菌剂在农业生产上应用。

【商品名称】春雷霉素。

【产品名称】4% 春雷霉素可湿性粉剂。

【化学名称与结构式】［5-氨基-2-甲基-6-（2，3，4，5，6-五羟基环已基氧代）吡喃-3-基］氨基-a-亚氨醋酸；

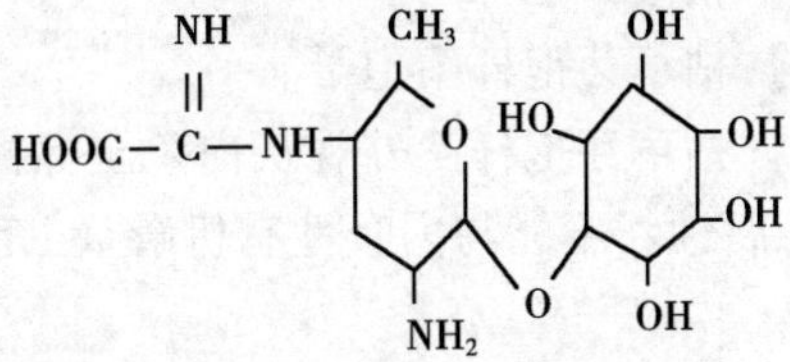

【分子式】$C_{14}H_{25}O_9N_3$

【分子量】379.37

【理化性状】外观：白色针状结晶。稳定性：在酸性条件下稳定。

【产品特点】

（1）高效、广谱：春雷霉素对多种真菌和细菌性病害均有较好的防治效果。600~800 倍稀释液对烟草野火病防治效果均达到 60%~80%。

（2）低毒：春雷霉素对人、畜、鱼无毒性，对作物无药害，是一种生产绿色食品的无公害农药，经中国绿色食品发展中心审查认定为 AA 级绿色食品生产资料，2000 年在泰国曼谷博览会上荣获优秀产品金象奖。

（3）使用方便：春雷霉素毒性低，无异味，对皮肤无刺激，可与其他多种农药混用。

【剂型】可湿性粉剂。

【防治对象】野火病。

【用法】每亩一次用量 4% 可湿性粉剂 75～100 克为宜，对水 60Kg。施用方法：防治烟草野火病：施药 2～3 次，间隔 7 天，发病重的烟叶可加施一次，稀释 600～800 倍，喷雾，最多使用次数 5 次，安全间隔期至少为 21 天。喷药 3h 内遇雨应补喷。

【安全间隔期】7 天。

21. 枯草芽孢杆菌

【通用名称】枯草芽孢杆菌。

【化学名称】枯草芽孢杆菌孢子。

【理化性质】枯草芽孢杆菌外观灰白色至棕褐色均匀疏松粉末，无团块。无腐蚀，不能与内吸性有机磷杀虫剂或杀菌剂混合使用。

【剂型】10 亿个孢子/g 可湿性粉剂。

【用法】用于烟草，防治烟草赤星病。稀释 600～800 倍，喷雾使用。

【毒性】10 亿孢子/克枯草芽孢杆菌可湿性粉剂，属低毒。

【安全间隔期】7～14 天。

【注意事项】

（1）在烟草赤星病发病初期喷雾，喷雾力求均匀周到。

（2）勿让药剂接触眼睛和皮肤，如果误食可采用呕吐的方法，此药剂无特殊解毒剂，需对症治疗，及时就医。

（3）使用时应佩戴防护用品。

（4）应贮存在阴凉、干燥、通风的地方，远离食物和种子。

22. 寡雄腐霉菌

【中文通用名】寡雄腐霉菌（Pythium oligandrum）。

【产品名称】100 万个孢子/g 寡雄腐霉菌可湿性粉剂。

【剂型】可湿性粉剂。

【毒性】大鼠急性经口毒性：$LD_{50}>5\,000mg/kg$，属微毒。大鼠急性经皮毒性：$LD_{50}>5\,000mg/kg$，属微毒。大鼠急性致病性：无毒。

【用法】$2\,250\sim4\,500g/hm^2$ 喷雾防治烟草黑胫病。

【注意事项】

（1）使用前应先配制母液，取本品倒入容器中，加适量水充分搅拌后静置 15～30min。

取上清液加入喷雾器中施用。切勿将母液中的沉淀物倒入喷雾器，以免造成喷头堵塞。

（2）本产品为活性真菌孢子，不能和化学杀菌剂混合使用；喷施化学杀菌剂后，在药效期内禁止使用本产品；使用过化学杀菌剂的容器要充分清洗干净后方可使用本产品。

（3）喷施时要在晴天无露水、无风条件下，下午 4 点后进行；喷施时应使液体淋湿整棵植株，包括叶片的正、反两面，茎、花、果实，并下渗到根。

（4）本产品可与其他肥料、杀虫剂等混合使用。

（5）本品应贮存在干燥、阴凉、通风、防雨处，保质期 2 年。

23. 木霉菌

【通用名称】木霉菌（trichoderma）。

【化学名称与结构式】无。

【理化性质】木霉菌原药：外观为灰绿色粉末。

【剂型】2 亿个孢子/g 木霉菌可湿性粉剂。

【用法】用于烟草，防治赤星病。100～150g/亩，对水稀释喷雾使用。

【毒性】急性经口、经皮毒性为低毒；眼刺激强度为轻度；皮肤刺激强度为无刺激性级；皮肤变态反应强度 I 级，属弱致敏物。

【安全间隔期】7～14 天。

【注意事项】

（1）不可与其他农药混用。

（2）中毒症状表现为恶心、呕吐等。不慎接触皮肤或溅入眼睛，用大量清水冲洗至少 15min，仍不适时，就医。误服立即将病人送医院诊治。洗胃时，应注意保护气管和食管。对症治疗。无特效解毒剂。

（3）使用应佩戴防护用品。

（4）应贮存在阴凉、干燥、通风的地方。

24. 荧光假单胞杆菌

【通用名称】荧光假单胞杆菌（pseudomonas fluorescens）。

【产品名称】3 000 亿个/g 荧光假单胞杆菌可湿性粉剂。

【理化性质】制剂外观为灰色粉末，pH 值＝6.0～7.5。

【分析方法】采用稀释平板法，将稀释后菌悬液定量接种于培养基中，待荧光假单胞杆菌在培养基内长出菌落，计数荧光假单胞杆菌菌落数，以测定样品的单位重量芽孢数。

【用法】第一次施药：浸种时取适量农药，用水稀释 500倍，充分搅拌，用纱布包好种子在稀释液中浸泡 30min，将种子取出晾干，播种于苗床上，并将稀释液充分搅匀后泼浇于苗床上。

第二次施药：定植前淋起身药或营养钵假植期用药　在定植前一天，取约 30g 农药稀释（约 500 倍），每半小时搅拌一次（约 2～3min），共浸泡 2h 以上，然后将稀释液充分搅拌后均匀泼浇于苗上。

第三次施药：始花期灌根时加适量清水进行稀释，浸泡和稀释方法同前，稀释终止时再将稀释液充分搅拌后按 250mL/株浇灌于植株根部周围土壤中。视病害发生情况决定是否进行第二次灌根。

【毒性】6 000亿个/g荧光假单胞杆菌母药对大鼠急性经口 $LD_{50} > 5 000mg/kg$，大鼠急性经皮 $LD_{50} > 5 000mg/kg$，低毒级。

按照我国农药毒性分级标准，3 000亿个/g荧光假单胞杆菌制剂属低毒杀菌剂。3 000亿个/g荧光假单胞杆菌制剂大鼠急性经口 $LD_{50} > 5 000mg/kg$，急性经皮 $LD_{50} > 2 000mg/kg$。

【安全间隔期】7~14天。

【注意事项】

①不可与其他农药混用；②拌种过程中避开阳光直射，灌根时使药液尽量顺垄进入根区，严禁与其他杀菌剂和化学农药混用；③使用应佩戴防护用品；④应贮存在阴凉、干燥、通风的地方，远离食物和种子。

25. 多粘类芽孢杆菌

【化学名称】多粘类芽孢杆菌。

【产品性能】本品属微生物农药多粘类芽孢杆菌专利产品：中国发明专利（ZL02151019.9，CN101243801）已获得授权，是有效成分多粘类芽孢杆菌产生的抗菌物质和位点竞争的作用方式，杀死和控制病原菌，从而达到防治病害的目的，同时对初发病的青枯病，具有一定的治疗作用。

【剂型】0.1亿个/g细粒剂、10亿个/g可湿性粉剂。

【用法】本微生物农药在作物的整个发育期需用药4次，分别于播种、假植、移栽定植和初发病时用药。播种时的用药量为栽1亩或1hm² 地所需的种子在浸种时的使用量，浸种30min，晾干后播种，然后将药液泼浇于苗床上；假植时的用药量为栽1亩或1hm² 地所需营养钵中的使用量，不假植则在育苗中期进行泼浇。本微生物农药用水稀释后也可直接喷洒使用。

【毒性】微毒。

【注意事项】

（1）使用前须先用 10 倍左右清水浸泡 2～6h，再稀释至指定倍数；同时在稀释时和使用前须充分搅拌，以使本生防菌从吸附介质上充分分离（脱附）并均匀分布于水中。

（2）本微生物农药在稀释后，虽会有较多吸附介质不溶于水，但吸附介质应和水溶液一并施入土壤中，只会增加防治效果而绝不会影响药效。

（3）青枯病等土传病害的防治，应以预防为主，苗期用药，不仅可提高防效而且还具有防治苗期病害及壮苗的作用，切勿省略；若病害较重，可在登记范围内加大用药量，效果更佳。

（4）施药应选在早晨或傍晚进行，若施药后 24h 内遇大雨天气，天晴后应补灌一次。

（5）土壤潮湿时施药，可适当减少稀释倍数（即提高药液的浓度），以确保药液能全部被植物根部土壤吸收。

（6）本微生物农药不宜与杀细菌的化学农药直接混用或同时使用，否则效果可能会有所下降。

（7）使用本微生物农药时应穿戴防护服、手套等；施药期间不可吃东西、饮水等；施药后应及时洗手、洗脸等。

（8）清洗器具的废水，不能排入河流、池塘等水源；废弃物要妥善处理，不可他用。

（9）避免孕妇及哺乳期妇女接触本品。

26. 嘧啶核苷类抗菌素

【化学名称】嘧啶核苷类抗菌素。

【性状】由刺孢吸水链霉菌北京变种产生的核苷类抗菌素。纯品外观为白色粉末，易溶于水，遇碱易分解，在酸性和中性介质中稳定。嘧啶核苷类抗菌素水剂是由有效成分和水等组成。外观为褐色液体，无臭味，沉淀物≤2%，pH 值＝3～4，遇碱易分解。

【剂型】2%、4%水剂。

【用法】嘧啶核苷类抗菌素是一种广谱性抗菌素，它对烟草白粉病有良好的防效，另外对烟草赤星病、蛙眼病、枯萎病也有一定疗效。嘧啶核苷类抗菌素有效浓度100mg/kg药液，于发病初期喷雾，隔10天后再施药1次。

【毒性】低毒。

【安全间隔期】7～10天。

【注意事项】不能与碱性农药混用，且随配随用，以免降低药效。应贮存于阴凉干燥处。

27. 氢氧化铜

【通用名称】氢氧化铜。

【产品名称】氢氧化铜56.7%水分散粒剂。

【分子式】Cu（OH）$_2$

【理化性质】蓝色或蓝绿色凝胶或淡蓝色结晶粉末，是一种蓝色絮状沉淀，难溶于水，受热分解，微显两性，溶于酸、氨水和氰化钠，易溶于碱性甘油溶液中，受热至60～80℃变暗，温度再高分解为黑色氧化铜和水。

【剂型】56.7%水分散粒剂。

【用法】防治野火病。411～576mg/kg，均匀喷雾使用。

【毒性】按我国农药毒性分类标准，属于低毒农药。

【安全间隔期】14天。

【注意事项】

（1）避免与强酸、强碱物质混用，未经登记许可不得与其他任何农药混用。

（2）避免触及眼睛和皮肤；避免药液污染鱼塘等水源。禁止在河塘等水体中清洗施药器具。

（3）使用本品时，应穿防护服、戴手套和口罩，避免吸入药液；施药期间不可吃东西或饮水；施药后及时洗手、脸等。

（4）避免孕妇及哺乳期妇女接触本品。

（5）废弃物妥善处理，不可做它用，也不可随意丢弃。

28. 硫酸铜钙

【通用名称】硫酸铜钙。

【产品名称】77%硫酸铜钙可湿性粉剂。

【结构式】$CuSO_4 \cdot 3Cu\,(OH)_2 \cdot CaSO_4 \cdot nH_2O$

$n = 0.5 \sim 3$

【理化性质】原药外观为绿色细粉未，密度为 $0.75 \sim 0.95$g/mL，熔点为 200℃，不溶于水及有机溶剂。

【剂型】77% 可湿性粉剂。

【用法】防治野火病。$400 \sim 600$ 倍液，均匀喷雾使用。

【毒性】急性经口：$LD_{50} > 2\,302$mg/kg（大鼠）；急性经皮：$LD_{50} > 2\,000$mg/kg（大鼠），属于低毒农药。

【安全间隔期】15 天。

【注意事项】

（1）本品不能与含有其他金属元素的药剂和微肥混合使用，也不宜与强碱性和强酸性物质混用。

（2）苹果、梨树的花期、幼果期对铜离子敏感，本品含铜离子，施药时注意避免飘移至上述作物。

（3）使用过的药械需清洗 3 次，在洗涤药械和处理废弃物时不要污染水源。

（4）施药时穿防护衣、戴口罩，避免眼睛、皮肤接触、避免吸入。

（5）用过的包装材料不可挪作他用，焚烧或深埋，或交给当地环保部门统一处理；清洗施药器械要远离水源，不能随意倾倒残余药液，以免污染环境。

（6）本品对蜜蜂、鱼类等水生生物、家蚕有毒，施药期间应避免对周围蜂群的影响，开花植物花期、蚕室和桑园附近禁用。远离水产养殖区施药，禁止在河塘等水体中清洗施药器具。

29. 波尔多粉

【通用名称】波尔多粉（Bordeaux mixture）。

【性状】波尔多液是用硫酸铜与石灰乳配置而成的天蓝色的药液，其主要成分是碱性硫酸铜，几乎不溶于水而成为极小的蓝色颗粒悬浮在液体中，放置过久后会产生沉淀。本药是一种良好的保护性杀菌剂，喷洒后，粘附在烟叶和病菌表面的碱性硫酸铜能逐渐释放出铜离子杀菌，起到防治病害的作用。

【剂型】在烟草上，一般使用配制比例为石灰等量式为宜，并且加水要多，即硫酸铜∶石灰∶水 = 1∶1∶150。

【用法】波尔多液是一种保护性杀菌剂，可用于防治烟草苗期病害（如炭疽病、立枯病和低头黑病）、蛙眼病、赤星病、角斑病和野火病等。在苗期发病前，用 1∶1∶150 波尔多液喷雾。可有效的预防病害的发生。在发病始期，每隔 5 天喷洒一次 1∶1∶200波尔多液，防治烟草蛙眼病效果良好。自烟苗十字期开始，每隔 10 天喷一次 1∶1∶150 倍波尔多液，对防治烟草苗期低头黑病有良好效果。

【毒性】对人、畜低毒。

【安全间隔期】5～7 天。

【注意事项】

（1）配制波尔多液一定要用非金属制的容器，波尔多液要现配现用，不宜贮存过久，同时要在发病前或发病初期使用效果才理想。避免在阴湿或露水未干的天气喷药，以免产生药害。喷药后 24h 如遇大雨，应补喷。

（2）波尔多液为碱性农药，不宜与酸性药剂混用，以免降低药效或产生药害。

30. 硫酸链霉素

【中文通用名称】链霉素（streptomycin）。

【性状】原药为白色无定形粉末，呈弱酸性，易溶于水，不溶于多数有机溶剂，在高温条件下长时间存放及碱性条件易分解失效。70%硫酸链霉素可湿性粉剂外观为白色或类白色粉末，易溶于水，pH 值 = 4.5 ~ 7.0，低温条件下较稳定。

【剂型】70%农用链霉素可湿性粉剂。

【用法】70%硫酸链霉素可湿性粉剂主要用于防治烟草多种细菌性病害，如角斑病、野火病及青枯病等。用链霉素 200 单位液于烟草苗床、生长期喷雾或灌根，隔 7 天再用一次，连用 2 ~ 3 次，效果较好。大田初见发病开始喷药，用链霉素 70% 可湿性粉剂 200 单位浓度均匀喷布烟株中下部叶片，隔 10 天再喷一次，一般喷 2 ~ 3 次。

【毒性】属低毒杀菌剂。

【安全间隔期】7 ~ 10 天。

【注意事项】可与其他杀菌剂、杀虫剂混用，起到提高药效的作用且使病菌不与链霉素产生抗性。但不能与碱性制剂及生物农药混用。喷药 8h 内遇雨应补喷。该药贮存时要避免高温，防止受潮。

31. 甲霜·锰锌

【通用名称】甲霜灵（metalaxyl）、代森锰锌（mancozeb）。

【性状】58%甲霜灵·锰锌可湿性粉剂是由有效成分甲霜灵 10%、代森锰锌 48%、载体和助剂等组成。外观为黄色至黄绿色粉末，润湿时间小于 60s。在正常条件下贮存稳定期为 3 年。

【剂型】58%可湿性粉剂，72%可湿性粉剂。

【用法】对烟草黑胫病的防效较好，在大田烟株发病之前喷一次，隔 10 ~ 15 天再喷一次。每公顷用 58% 可湿性粉剂 2 250 ~ 3 000g，对水 750kg。用喷雾器喷洒或杯淋茎基部，每株用药液 30 ~ 40mL，使药液沿茎基部流渗到根际周围的土壤里，以起到局部保护的作用。

【毒性】属中等毒农药，58%甲霜灵·锰锌可湿性粉剂大鼠急性经口 $LD_{50}$ 为 5 189mg/kg。对兔眼睛有轻度刺激性，对皮肤有中度刺激性。

【安全间隔期】7 天。

【注意事项】不要与铜制剂和碱性药剂混用。施药时要穿好防护衣服和口罩，避免药液溅洒到眼睛和皮肤上，施药完毕后要及时清洗。贮存时应防潮。

32. 噁霉·稻瘟灵

【通用名称】稻瘟灵（isoprothiolane）、噁霉灵。

【剂型】20%乳油、微乳剂。

【用法】稻瘟灵·噁霉是一种植物抗逆诱导剂，可诱导植物产生抗性。主要用于防治烟草黑胫病，齐苗后至移栽前 15~20 天，每平方米苗床 1mL，稀释 1 500~2 000 倍，均匀喷雾；烟苗移栽到大田后，每公顷 225~400mL，稀释 1 500~2 000 倍液，喷雾 1~2 次。

【毒性】低毒。

【安全间隔期】10 天。

【注意事项】冷暗处保存。可车、船运输，防晒，防雨，远离火源。不得与碱性物质混用，雨后 2h 内不能使用。严禁与食品混放或儿童易接触的地方存放。

33. 氟吗·乙铝

【通用名称】氟吗啉（Flumorph）、三乙膦酸铝（Fosetyl-Aluminium）。

【产品名称】氟吗啉·三乙膦酸铝可湿性粉剂。

【化学名称】氟吗啉：（E，Z）4-[3-（4-氟苯基）-3-（3，4-二甲氧基苯基）丙烯酰] 吗啉

【结构式】

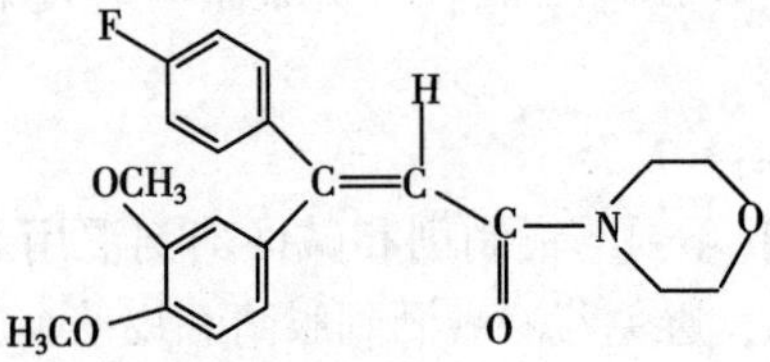

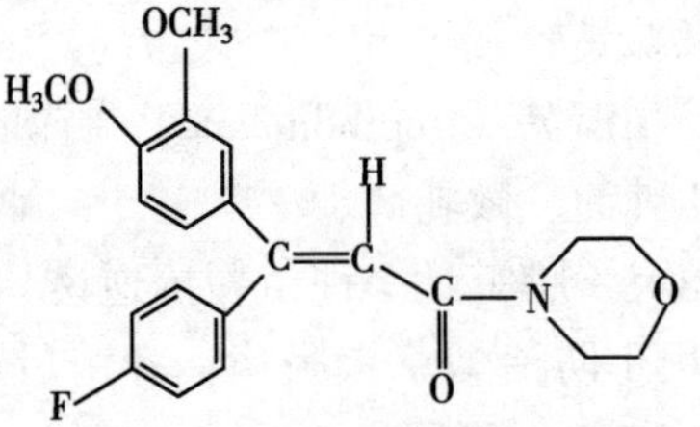

三乙膦酸铝：三（乙基膦酸）铝

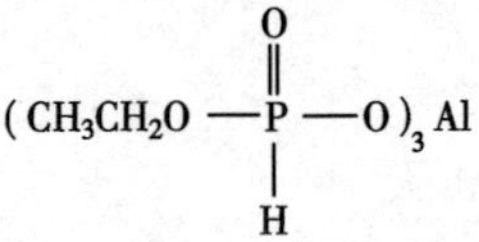

【性状】外观为疏松粉末，常温储存稳定为 2 年。

【剂型】50% 可湿性粉剂。

【用法】施药时期应掌握在烟草黑胫病发病前或发病初期或田间出现零星病株时开始用药，使用浓度 600～800 mg/kg，折合每公顷制剂量为 1 200～1 600g，对水 750kg，一般施药 2～3 次，间隔 7～10 天，采取灌根法施药。

【毒性】低毒。

【安全间隔期】14 天。

【注意事项】

（1）勿与铜制剂或酸性、碱性药剂混用碱性农药混用，以免分解失效。

（2）易吸潮结块，贮运中应注意密封干燥保存。

（3）使用前应详细阅读标签及使用说明。

（4）储存于阴凉、干燥及儿童不易达到之处，远离食物、饮料及火源。

（5）配药及施药时，应穿戴保护性衣物、手套、口罩等。

（6）使用后空袋应及时处理深埋或焚烧。

34. 噁霜·锰锌

【通用名称】噁霜灵（oxadixyl anchor）、代森锰锌（mancozeb）。

噁霜灵：

【化学名称】2-甲氧基-N-（2-氧代-1，3-恶唑烷-3-基）乙酰-2′，6′-二甲基替苯胺

【结构式】

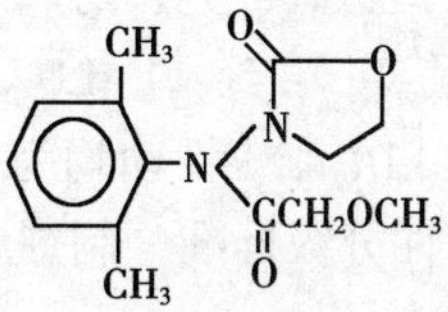

代森锰锌：

【化学名称】乙撑-1，2-双（二硫代氨基甲酸）锰和锌的配位络合物。

【结构式】

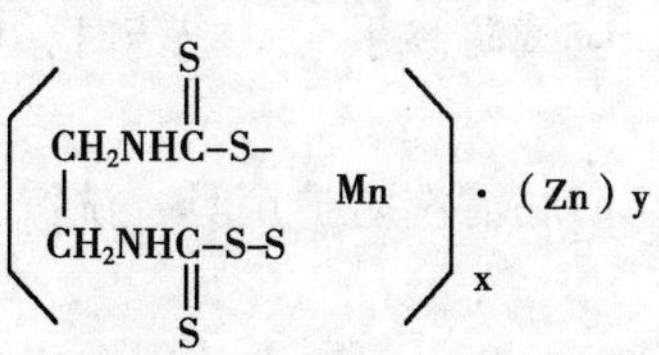

【理化性质】噁霜灵原药：无色无味晶体，熔点 104 ~ 105℃，溶解度：（25℃）水 34g/kg，丙酮 344g/kg，二甲基亚砜 390g/kg，甲醇 112g/kg，乙醇 50g/kg，二甲苯 17g/kg，乙醚 6g/kg，一般条件下稳定，70℃时可保存 2 ~ 4 周。

代森锰锌原药：为代森锰与代森锌的混合物，锰含 20%，锌含 255%。灰黄色粉末，熔点 192 ~ 204℃（分解），蒸汽压不计（20℃），溶解度水 6 ~ 20mg/L，不溶于大多数有机溶剂，溶于强螯合剂溶液中。通常干燥环境中稳定，加热、潮湿环境中缓慢分解。

【剂型】64% 可湿性粉剂。

【用法】用于烟草，防治黑胫病。3 000 ~ 3 750g/hm$^2$，喷雾使用。

【毒性】噁霜灵：大鼠急性经口 LD$_{50}$ 雄/雌性动物为 3 480mg/kg，急性经皮 LD$_{50}$ 雌雄性动物为 >2 000mg/kg。按我国农药急性毒性分级标准，属低毒类农药。

代森锰锌：大鼠急性经口 LD$_{50}$ 雄/雌性动物为 > 5 000mL/kg，急性经皮 LD$_{50}$ 雌雄性动物为 >10 000mg/kg。

按我国农药急性毒性分级标准，制剂属低毒类农药。

【安全间隔期】20 天。

【注意事项】

（1）请按照农药安全使用准则使用。避免药液接触皮肤、眼睛和污染衣物，避免吸入雾滴。切勿在施药现场抽烟或饮食。在饮水、进食和抽烟前，应先洗手、洗脸。

（2）配药时，应戴防渗手套。施药时，应穿长袖衣、长裤和靴子。

（3）施药后，彻底清洗防护用具，洗澡，并更换和清洗工作服。

（4）使用过的空包装，用清水冲洗三次后妥善处理，切勿重复使用或改作其他用途。所有施药器具，用后应立即用清水或适当的洗涤剂清洗。

35. 丙森·甲霜灵

【通用名称】丙森锌（Propineb）、甲霜灵（metalaxyl）。

【化学名称】

丙烯基双二硫代氨基甲酸锌

D，L-N-（2，6-二甲基苯基）-N-（2′-甲氧基乙酰）丙氨酸甲酯

甲霜灵结构式：

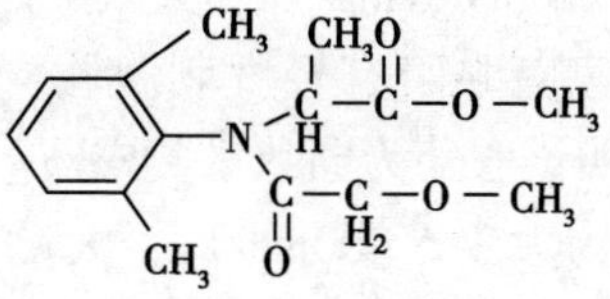

丙森锌结构式：

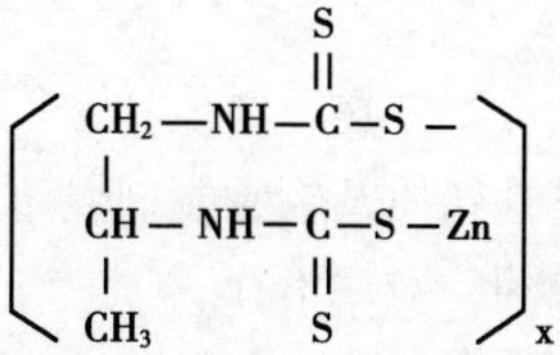

【理化性质】甲霜灵原药：分子质量，279.3，分子式：$C_{15}H_{21}NO_4$，黄色至棕色固体，熔点 71.8 ~ 72.3℃，比重 1.21（20℃），20℃时蒸汽压 $2.92 \times 10^{-4}$ Pa，20℃时水中溶解度为 0.71%，已烷中 0.91%，甲醇中 65%，苯中 55%，20℃时水解半衰期：pH 值 =1 时，大于 200 天，pH 值 =9 时，115 天，pH 值 =10 时，12 天，温度高达 300℃时仍稳定，450℃时有轻度放热反应，闪点 155℃（闭皿式），不易燃，不爆炸，无腐蚀性，常温贮存稳定期 2 年以上。

68%丙森·甲霜灵可湿性粉剂外观为浅黄色疏松粉末，无团块，pH 值 = 6.0 ~ 8.0，细度通过 44μm，孔径筛≥98%，悬浮率≥80%，润湿时间≤60s，常温贮存稳定性合格。

【剂型】68%可湿性粉剂。

【用法】大田期可在移栽时至团棵前后，68%丙森·甲霜灵可湿性粉剂 1 000 ~ 1 500g/hm²，加水 750 ~ 900L 配制药液，用喷雾器在每棵烟株的茎部喷淋或浇淋 40 mL 左右，使药液沿茎基流渗到根际周围的表土里。防治 2 次，间隔期 10 天左右。

【毒性】制剂为低毒杀菌剂。甲霜灵原药大鼠急性经口 $LD_{50}$ 雌雄分别为 584mg/kg 和 681mg/kg；大鼠急性经皮 $LD_{50}$ 雌雄均大于 2 150mg/kg；对家兔眼睛有轻度刺激性，皮肤无刺激性，变态反应试验结果表明该农药为弱致敏类农药。丙森锌原药大鼠急性经口 $LD_{50}$ 雌雄均为大于 5 000mg/kg；大鼠急性经皮 $LD_{50}$ 雌雄均大于 5 000mg/kg。

【安全间隔期】烟草上安全间隔期为 21 天。

【注意事项】

（1）应原包装贮存于干燥、阴凉处。

（2）不宜与酸碱性物质及铜汞制剂混用。

（3）无特效解毒药，对症治疗。

36. 王铜·代森锌

【通用名称】王铜（copperchloride）、代森锌（zineb）。

【化学名称与结构式】

王铜：

【化学名称】氧氯化铜

【结构式】$Cu_2Cl(OH)_3$

代森锌：

【化学名称】亚乙基双二硫代基甲酸锌

【结构式】

$$(-\overset{S}{\overset{\|}{S}}CNHCH_2CH_2N\overset{S}{\overset{\|}{C}}SZn-)_x$$

【理化性质】王铜原药：为绿色至蓝绿色粉末状晶体，难溶于水、乙醇、乙醚。溶于酸和氨水。溶于稀酸同时分解。250℃加热8h，变成棕黑色（失 $H_2O$ 和 $CuCl_2$）此反应可逆。对金属有腐蚀性。

代森锌原药：白色粉末，157℃分解，无熔点。蒸汽压 < 0.01mPa（20℃）。室温水中溶解度为10mg/L，不溶于大多数有机溶剂，但能溶于吡啶。对光、热、湿气不稳定，易分解，遇碱性物质或含铜、汞的物质，也易分解。

【剂型】52%可湿性粉剂。

【用法】用于烟草，防治野火病。1 733～2 600mg/kg，喷雾使用。

【产品特点】

①有效补充锌离子，促进植物生长；②杀灭细菌能力强，即使使用比说明书低一倍的浓度，对细菌杀灭能力也不明显减弱；③触杀作用强，但无内吸性，只有作物接触病原菌，才能杀死病原菌；④使用方式多样，喷雾、浸种、灌根、土壤消毒都可以；⑤杀菌效果稳定，持效期长。

【毒性】

王铜原药：大鼠急性经口 $LD_{50}$ 1 440mg/kg。

代森锌原药：大鼠急性经口 $LD_{50}$ 5 200mg/kg 以上。

52%王铜·代森锌可湿性粉剂属低毒。

【安全间隔期】7 天。

【注意事项】

（1）避免高温期高浓度用药。

（2）不能与石硫合剂、松脂合剂、矿物油乳剂、多菌灵、托布津等药剂混用。

（3）不能与强碱性农药混用。

（4）可与大多数杀虫剂、杀螨剂、微肥现混现用。

（5）高温干燥或多雨高湿、露水未干前，慎用。

37. 溴菌·壬菌铜

【通用名称】溴菌腈、壬菌铜。

溴菌腈：

【化学名称】2-溴-2-（溴甲基）戊二腈

【结构式】

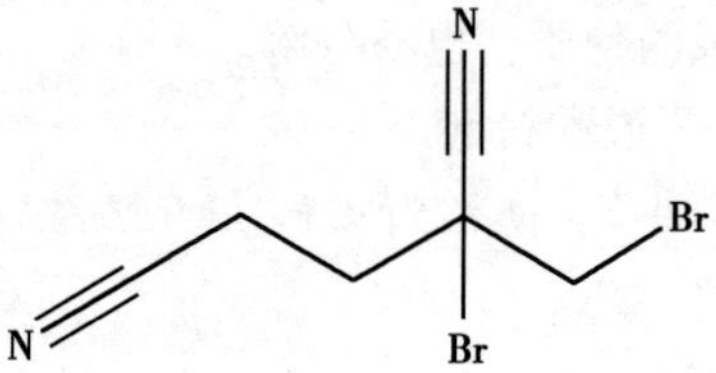

壬菌铜：

【化学名称】壬基酚硫酸铜

【结构式】

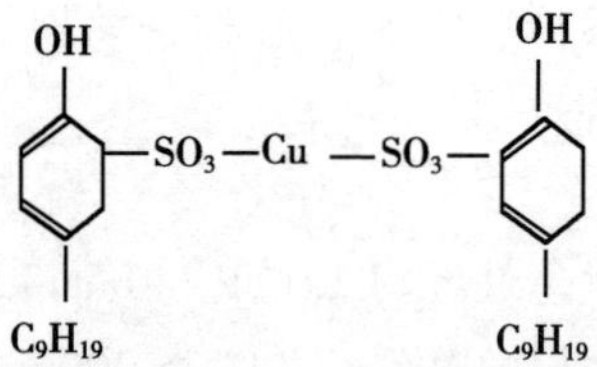

【理化性质】溴菌腈原药：为白色或浅黄色晶体，熔点48～50℃，易溶于醇、苯等一般有机溶剂，难溶于水，对光、热、水等介质稳定。

壬菌铜原药：深绿褐色糊状物，密度1. 211（25℃），沸点65℃，闪点37℃，溶于溶于乙醇、丙酮、微溶于水，不易燃，不易爆炸。

25%溴菌腈·壬菌铜微乳剂由溴菌腈、壬菌铜、水及助剂复配而成。外观为深蓝色液体。

【剂型】25%微乳剂。

【防治对象】青枯病。

【用法】宜在烟草移栽或青枯病发病初期开始用药，在移栽时，每穴灌施稀释液80mL，移栽后要灌足水量。根据病情，可在7~10天后再灌根施药1~2次。制剂用量30~40g/亩，稀释1 300~1 600倍液。

【毒性】25%溴菌·壬菌铜微乳剂大鼠急性经口 $LD_{50}$ 雌性动物为1 710mg/kg，雄性动物为2 000mg/kg；大鼠急性经皮 $LD_{50}$ 雌、雄性动物均大于2 150mg/kg。按我国农药急性毒性分级标准该药为低毒类。根据眼、皮肤刺激强度分级标准，对家兔皮肤无刺激性。根据眼刺激强度分级标准，家兔眼给药后不洗眼呈中度刺激性，给药后洗眼呈轻度至中度刺激性。根据我国农药致敏率强度分级标准，该药为弱致敏物。大鼠急性吸入毒性属微毒。

【注意事项】

（1）为防止产生抗药性，请与其他作用机制不同的杀菌剂交替使用。

（2）不能与强酸强碱性农药混用，以免降低防效。

38. 王铜·菌核净

【通用名称】王铜（copper oxychloride）、菌核净（dimetachlone）。

【性状】外观是一种蓝色超细粉末，不燃。

【剂型】47%可湿性粉剂，45%可湿性粉剂。

【用法】该药是一种保护兼治疗性的杀菌剂，主要用于防治烟草赤星病，于田间始发现赤星病零星病斑时，用47%王铜·菌核净可湿性粉剂400~600倍液喷雾，隔7天再喷一次。

【毒性】本剂对大白鼠经口 $LD_{50}$ 为 271~430mg/kg，经皮 $LD_{50}$ 大于 2 150mg/kg，属低毒制剂。

【安全间隔期】7~10 天。

【注意事项】本剂属低等毒性，使用时注意劳动保护；贮存于阴凉干燥处，避免污染食品和饲料。

39. 甲霜·霜霉威

【通用名称】甲霜灵（metalaxyl）、霜霉威盐酸盐（propamo-carb hydrochloride）。

【化学名称与结构式】

甲霜灵：

【化学名称】D，L-N-（2，6-二甲基苯基）-N-（2′-甲氧基乙酰）丙氨酸甲酯

【结构式】

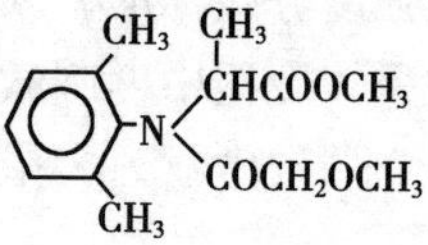

霜霉威盐酸盐：

【化学名称】丙基-3-（二甲基氨基）丙基氨基甲酸盐酸盐

【结构式】

$$Me_2NC_3H_6NHCOOC_3H_7HCl$$

【理化性质】

甲霜灵原药：外观为白色无味晶体，熔点 71.8~72.3℃，密度 1.20（20℃），KowlogP＝1.75（蒸馏水，25℃），溶解度：水 8.4g/L（22℃）、乙醇 400、丙酮 450、甲苯 340、正己烷 11、正辛醇 68（g/L，25℃），300℃以下稳定，中性、酸性介质中稳定（室温）。

霜霉威原药：无色吸湿性晶体，熔点 45~55℃，蒸汽压

0.80mPa（25℃），Kow0.0018，溶解度：水 867g/L（25℃），甲醇 >500，二氯甲烷 >430，乙酸乙酯23，异丙醇 >300，甲苯，己烷 <0.1（g/l，25℃），低于400℃时稳定，光稳定。

25%甲霜灵·霜霉威由甲霜灵、霜霉威盐酸盐、活性剂及其分散剂组成，外观为稳定的固体粉末。

【剂型】25%可湿性粉剂。

【用法】本品用于烟草，防治黑胫病。稀释600～800倍液，茎基部喷淋。

【毒性】

甲霜灵原药：急性经口 $LD_{50}$ 633mg/kg，急性经皮 $LD_{50}$ 3 100mg/kg，属低毒。

霜霉威盐酸盐原药：急性经口 $LD_{50}$ = 2 000～8 550mg/kg；急性经皮 $LD_{50}$ >3 920mg/kg，属低毒。

25%甲霜灵·霜霉威可湿性粉剂属低毒。

【安全间隔期】3 天。

【注意事项】

（1）使用本品时应穿戴防护服和手套，佩戴防尘面具。避免吸入药液。施药期间不可吃东西和饮水。施药后应及时洗手和洗脸。

（2）对鸟类中等毒，请勿在保护区附近使用。请注意保护环境，使用后剩余的空容器要妥善处理，不得留做他用，避免用处理废药液而污染水源。

（3）本品采用霜霉威盐酸盐与甲霜灵复配，能有效的延缓抗性的产生，长期使用本品的地区应与其他不同作用机制的杀菌剂轮换使用。

（4）不要与液体化肥或植物调节剂一起混用。

40. 霜霉·络氨铜

【通用名称】霜霉威（Propamocarb）、络氨铜（Cuaminosulfate）。

【化学名称与结构式】

霜霉威：

【化学名称】3-（二甲基氨基）丙基氨基甲酸丙酯

【结构式】

$$(CH_3)_2NCH_2CH_2CH_2NHCOCH_2CH_2CH_3$$

（上方有 O 及双键 ‖）

络氨铜：

【化学名称】硫酸四氨络合铜

【结构式】

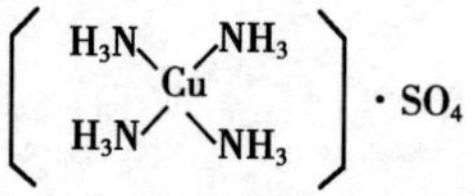

$$\left[\begin{matrix} H_3N & & NH_3 \\ & Cu & \\ H_3N & & NH_3 \end{matrix}\right] \cdot SO_4$$

【理化性质】

霜霉威：无色吸湿性晶体，熔点 45 ~ 55℃，蒸汽压 0.80mPa（25℃），Kow0.0018，溶解度：水 867g/L（25℃）、甲醇 >500、二氯甲烷 >430、乙酸乙酯 23、异丙醇 >300、甲苯、己烷 <0.1（g/L，25℃），低于 400℃ 时稳定，光稳定。

络氨铜：制剂为深兰色含少量微粒结晶溶液，比重 ≥1.05 ~ 1.25g/ml，pH 值 =8.0 ~9.5，不燃。

【剂型】48% 水剂。

【用法】在烟草发病初期喷药，重点喷施脚底叶，一般间隔 7 ~10 天，连续喷施 2 ~3 次。

【产品性能】本品由内吸性杀菌剂和具有保护、渗透作用的杀菌剂配制而成，可使病原菌细胞膜上的蛋白质凝固，渗透入病原菌细胞内与某些酶结合影响其活性，可提高作物的生理活性，起到一定的抗病和增产作用。

【安全间隔期】一季作物最多施用 3 次，安全间隔期 21 天。

【注意事项】

（1）施药时应按农药使用规则进行操作，穿戴防护服、口罩和手套，避免吸入药液。施药期间禁止吃东西和饮水，施药后应及时洗脸、洗手。

（2）不得与碱性农药等物质混用。

（3）为防止产生抗药性，请与其他作用机制不同的杀菌剂交替使用。

（4）禁止在池塘、河流等水体中清洗施药器具。

（5）用过的容器应妥善处理，不可做他用，也不可随意丢弃。

（6）孕妇和哺乳期妇女避免接触本品。

41. 精甲霜·锰锌

【通用名称】精甲霜灵（metalaxyl-M）、代森锰锌（Mancozeb）。

【化学名称与结构式】

精甲霜灵：

【化学名称】（R）-N-（2-甲氧基乙酰基）-N-（2, 6-二甲苯基）-2-丙氨酸甲酯

【结构式】

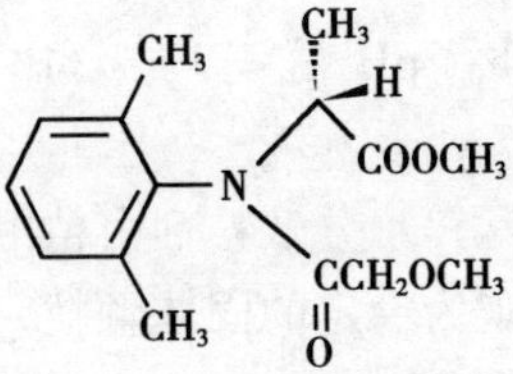

代森锰锌：

【化学名称】乙撑双二硫代氨基甲酰锰和锌的络盐

【结构式】

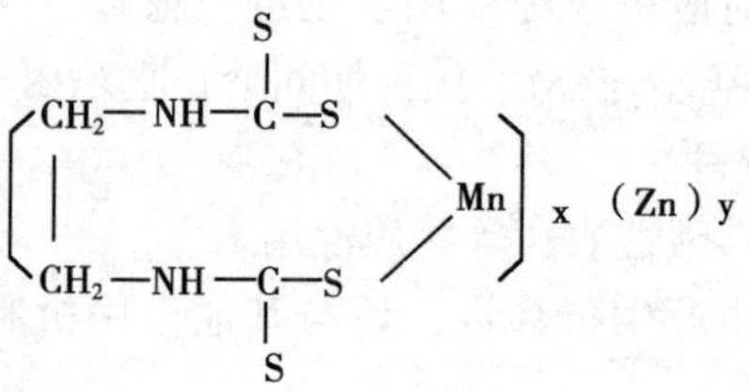

【理化性质】

精甲霜灵原药：外观为浅棕色，黏稠，透明液体。比重：1.125g/cm³（20℃，纯品）沸点：纯品在270℃左右时热分解。熔点：-38.7℃（纯品）。蒸汽压：$3.3 \times 10^{-3}$Pa（25℃，纯品）。溶解度：水中：26g/L（25℃，纯品）；有机溶剂中：59g/L（25℃，正己烷），与丙酮，乙酸乙酯，甲醇，二氯甲烷，甲苯，和正辛醇互溶。

代森锰锌原药：原药为灰黄色粉末，150℃时分解，无熔点；闪点（泰格开杯试验器）138℃。20℃蒸汽压可忽略不计。密度1.92。25℃在水中的溶解度为6~20mg/L，在大多数有机溶剂中不溶解。可溶于强螯合剂溶液中，但不能回收。稳定性：在密闭干燥条件下贮存稳定。水解速率（25℃）$DT_{50}$ 20天（pH 值 = 5），17h（pH 值 = 7），34h（pH 值 = 9）。闪点为137.8℃。

68%精甲霜灵·锰锌水分散粒剂由精甲霜灵、代森锰锌、分散剂、填料组成，外观为稳定的固体颗粒。

【剂型】68%水分散粒剂。

【用法】本品用于烟草，防治黑胫病。每亩使用制剂 100~120g，喷雾使用。每季作物最多施用 3 次。

【毒性】

精甲霜灵原药：急性经口 $LD_{50}$ 667mg/kg，急性经皮 $LD_{50}$ >

2 000mg/kg，属低毒。

代森锰锌原药：急性经口 $LD_{50}$ 5 000mg/kg，急性经皮 $LD_{50} >$ 10 000mg/kg，属低毒。

68％精甲霜灵·锰锌水分散粒剂属低毒。

【安全间隔期】7 天。

【注意事项】

（1）请按照农药安全使用准则使用本品。避免药液接触皮肤、眼睛和污染衣物，避免吸入雾滴。切勿在施药现场抽烟或饮食。在饮水、进食和抽烟前，应先洗手、洗脸。

（2）配药时，应戴防渗手套和面罩或护目镜，穿长袖衣、长裤和靴子。

（3）施药时，应带帽子，穿长袖衣、长裤和靴子。

（4）施药后，彻底清洗防护用具，洗澡，并更换和清洗工作服。

（5）使用过的空包装，用清水冲洗 3 次后妥善处理，切勿重复使用或改作其他用途。所有施药器具，用后应立即用清水或适当的洗涤剂清洗。

（6）本品对鱼和水生生物有毒，不得污染各类水域，勿将制剂及其废液弃于池塘、沟渠和湖泊等，以免污染水源。

（7）未用完的制剂应放在原包装内密封保存，切勿将本品置于饮、食容器中。

（8）避免孕妇及哺乳期妇女接触。

42. 噁霉·络氨铜

【通用名称】噁霉灵（hymexazol）、络氨铜（cuaminosolfate）。

【产品名称】19％噁霉·络铜水剂。

噁霉灵：

【化学名称】3-羟基-5-甲基异噁唑

【结构式】

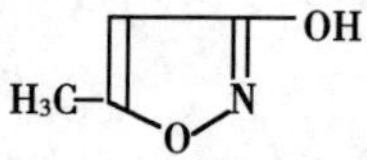

络氨铜：

【化学名称】硫酸四氨络合铜

【结构式】

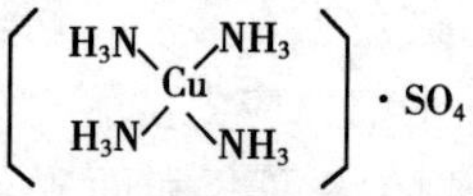

【理化性质】

噁霉灵原药理化性质：原药外观为无色晶体，熔点 86 ~ 87℃，蒸汽压 < 133mPa（25℃），溶解度水 85g/L（25℃），丙酮、甲醇、乙醇、异丙醇、甲基异丁基酮、四氢呋喃、二恶烷、二甲基甲酰胺、乙二醇、氯仿 > 500g/L，乙酸乙酯 425g/L，乙醚、苯、二甲苯、三氯乙烷 100 ~ 300g/L，己烷、二硫化碳 < 50g/L（25℃），碱性条件下稳定，酸性环境中相当稳定，对光、热稳定。噁霉灵原药分析方法：气谱法或液谱法。

络氨铜理化性质：制剂为深蓝色含少量微粒结晶溶液，比重≥1.05 ~ 1.25g/ml，pH 值 = 8.0 ~ 9.5，不燃。络氨铜分析方法：化学法。

19% 噁霉·络氨铜水剂由噁霉灵和络氨铜及水复配而成。外观为蓝色稳定的均相液体。

【剂型】19% 水剂。

【使用方法】本品用于烟草，防治赤星病。稀释 1 000 ~ 2 000倍液，在烟草成苗期及移栽后发病前使用，重点喷施脚底叶，一般间隔 7 ~ 10 天，连续喷施 2 ~ 3 次。

【毒性】19% 噁霉·络铜水剂大鼠急性经口 $LD_{50}$ 雌性动物为

3 160mg/kg，雄性动物 > $LD_{50}$ 4 640mg/kg；大鼠急性经皮 $LD_{50}$ 雌、雄性动物均 > 2 150mg/kg。按我国农药急性毒性分级标准该药为低毒类。

根据眼、皮肤刺激强度分级标准，19%噁霉·络铜水剂对家兔眼为轻度刺激性，对家兔皮肤无刺激性。

19%噁霉·络氨铜水剂豚鼠致敏率为0，根据我国农药致敏率强度分级标准，该药为弱致敏物。

【安全间隔期】7～10 天。

【注意事项】

（1）本品不能与酸、碱性农药混用。

（2）本品应贮存在阴凉、干燥、通风的地方。

（3）中毒主要症状：头晕、恶心，如误食请及时就医。

（4）按农药安全使用规则操作，注意穿戴防护用品。

### （三）抗病毒剂

1. 宁南霉素

【中文通用名称】宁南霉素。

【化学名称】（4-肌氨酰胺-L-丝氨酰胺-4-脱氧-β-D-吡喃葡萄糖醛酰胺）胞嘧啶

【结构式】

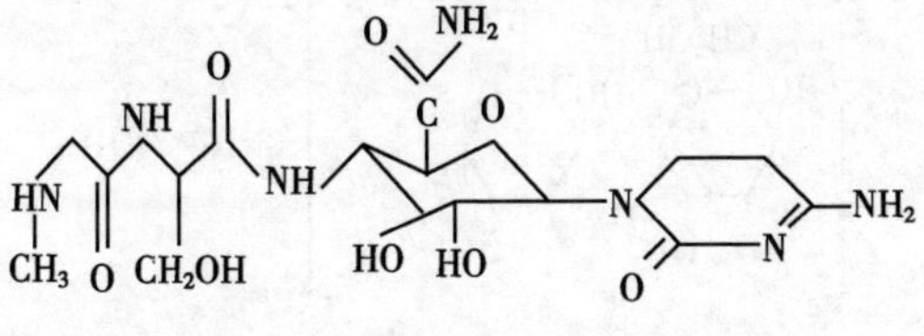

【剂型】2% 水剂。

【理化性状】白色无定形粉末，熔点 195℃（分解），易溶于水，难溶于醇、酮、乙酸乙酯、氯仿等有机溶剂。2% 水制剂外观为褐色或深棕色液体，（54±2）℃贮存14天，热贮相对分解率≤15%，常温贮存保质期2年。

【作用机理】使病毒粒体变脆，易折断，抑制核酸的合成和复制。

【用法】在烟草苗期、大田病发前时期施药。每公顷用药量3 000~4 500mL，对水750~900kg，均匀喷雾在植株上，连续使用3~4次，每次间隔7~10天。

【毒性】对人畜低毒，无致癌致畸、致突变作用，残留量低。以含14%有效成分的发酵液冷冻干燥品进行毒性试验，急性毒性对雌小白鼠经口 $LD_{50}$ 为6 845mg/kg，雄大白鼠经口 $LD_{50}$ 为5 492mg/kg，雌小白鼠经皮 $LD_{50} \geq 10\ 000$mg/kg。

【注意事项】

（1）在发病前或发病初期开始喷药。

（2）喷药时必须均匀喷布，不漏喷。

（3）不能与碱性物质混用，可与菊酯类有机杀虫剂混用。

（4）存放在干燥、阴凉、避光处。

2. 香菇多糖

【通用名称】香菇多糖。

【化学名称】香菇多糖。

【结构式】

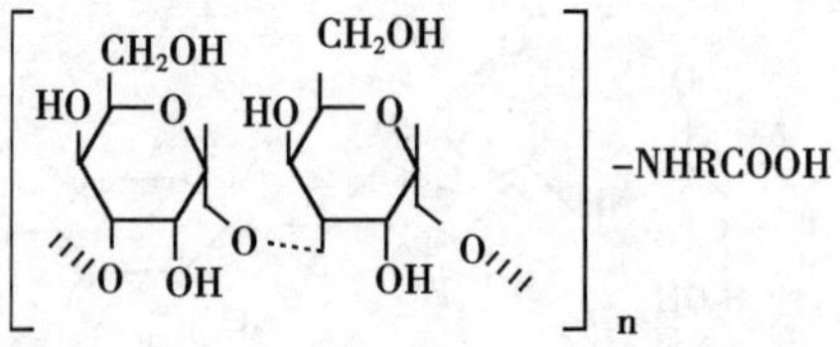

【理化性质】稳定的均相液体，无可见的悬浮物和沉淀。

【剂型】1%水剂。

【用法】用于烟草，防治病毒病。稀释600~800倍，喷雾使用。

【注意事项】

（1）早期使用冷水稀释。

（2）喷药后 24h 遇雨及时补喷。

（3）如有沉淀物，使用时及时摇匀，不影响药效。

（4）避免与酸性物质、碱性物质及其他物质混用。配制时必须用清水，现配现用，配好的药剂不可贮存。

（5）使用时应采取安全防护措施，避免口鼻吸入，使用后及时清洗暴露部位皮肤。

（6）切勿使药剂污染水源。

（7）过敏者禁用，使用中有任何不良反应请及时就医。

3. 氨基寡糖素

【中文通用名称】氨基寡糖素（oligosaccarchins）。

【化学名称】低聚 D – 氨基葡萄糖。

【剂型】0.5% 水剂。

【理化性状】浅棕色，稳定均相液体，有异味，比重 $1.055kg/m^3$。

【毒性】对人畜低毒，无残留，无污染。急性经皮毒性 $LD_{50}$ 在雌雄性大白鼠均 $> 2\,150mg/kg$，雌性雄性大白鼠急性经口服毒性 $LD_{50}$ 均 $> 5\,050mg/kg$。

【作用特点】以海洋生物为原料，采用生物工程研制而成，其独特的生物化学机理，能诱导作物对病害产生抗性，具有药肥双重功效。

【用法】苗期或发病初期，$600 \sim 800$ 倍液均匀喷雾。$5 \sim 7$ 天喷一次，连续使用 $3 \sim 4$ 次。

【注意事项】

（1）本剂适宜在傍晚或阴天使用。

（2）本剂不可与波尔多液、石硫合剂及其他碱性农药或重金属的农药化肥混用。

（3）施药时不得随意缩小稀释倍数。

（4）本剂贮存于干燥、避光、通风良好处。

4. 嘧肽霉素

【通用名称】嘧肽霉素（cytosinpeptidemycin）。

【化学名称】胞嘧啶核苷肽。

【分子式】$C_{19}H_{29}N_7O_{10}$

【结构式】

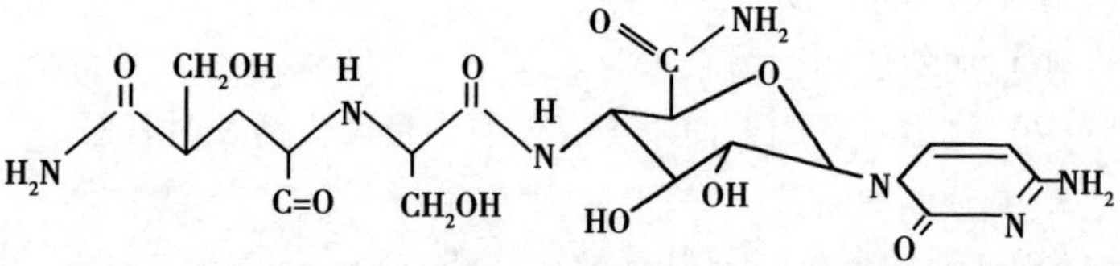

【理化性质】稳定的褐色均相液体，无可见的悬浮物和沉淀。熔点195℃，对光、热、酸稳定。在碱性状态不稳定。

【剂型】2%水剂。

【用法】用于烟草，防治病毒病。稀释600～800倍液，喷雾使用。

【注意事项】

（1）早期使用冷水稀释。

（2）喷药后24小时遇雨及时补喷。

（3）如有沉淀物，使用时及时摇匀，不影响药效。

（4）避免与酸性物质、碱性物质及其他物质混用。配制时必须用清水，现配现用，配好的药剂不可贮存。

（5）使用时应采取安全防护措施，避免口鼻吸入，使用后及时清洗暴露部位皮肤。

（6）切勿使药剂污染水源。

（7）过敏者禁用，使用中有任何不良反应请及时就医。

5. 盐酸吗啉胍

【通用名称】盐酸吗啉胍（moroxydine hydrochloride）。

【化学名称】N-（2-胍基-乙亚氨基）-吗啉盐酸盐。

【结构式】

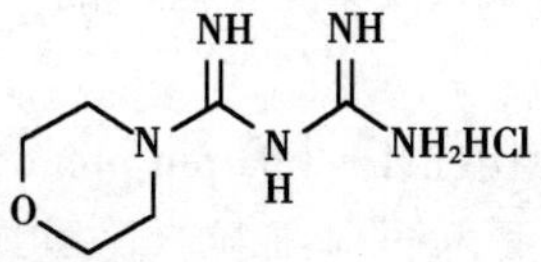

【剂型】20%可湿性粉剂。

【理化性状】白色结晶状粉末，熔点 206～212℃，易溶于水。

【毒性】急性经口 $LD_{50} > 5\,000\,mg/kg$；急性经皮 $LD_{50} > 10\,000\,mg/kg$。

【用法】

①在病害开始表现症状时，选在下午喷药，喷药时注意叶正反喷洒均匀，避免漏喷。②防治烟草病毒病于发病初期开始使用，300～400 倍液均匀喷雾。③大风天或预计 1h 内降雨，请勿施药。

【安全间隔期及使用次数】30 天，每季最多4 次。

【注意事项】

（1）本品不可与呈碱性的农药等物质混合使用。

（2）建议与其他作用机制不同的杀菌剂轮换使用，以延缓抗性产生。

（3）远离水产养殖区施药，禁止在河塘等水体中清洗施药器具。

（4）使用本品时应穿防护服、戴手套和口罩等，避免吸入药粉或药液。施药期间不可吃东西和饮水。施药后应及时洗手和洗脸。

（5）用过的容器应妥善处理，不可做他用，也不可随意丢弃。

（6）由于病毒病主要靠蚜虫传播，所以要加强对田间的蚜虫的防治，以提高防治效果。

（7）孕妇及哺乳期妇女禁止接触本品。

6. 超敏蛋白

【中文通用名】超敏蛋白（harpin protein）。

【理化性质】淡褐色固体细粒，比重或密度：0.452g/mL，pH（22℃以下）值 = 7.82，乳液稳定性：水中可溶 0.5g/mL。

【毒性】急性经口 $LD_{50}$：5 000mg/kg，急性经皮 $LD_{50}$：6 000mg/kg。

【作用特点】3% 超敏蛋白微粒剂是一种具有促进作物生长、提高作物抗病能力、增加作物产量的纯天然蛋白制剂。作用原理：3% 超敏蛋白微粒剂是通过 Harpin Ea 提示植物识别病原菌侵入并做出反应，诱导系统获得抗性、促进作物生长，从而达到增加产量、调节生产和提高抗病力的目的。

【剂型】3% 微粒剂。

【用法】在苗期或移栽期 500～1 000 倍液喷雾，每隔 15～20 天喷洒一次。

【注意事项】

（1）超敏蛋白对氯气敏感，请勿用新鲜自来水配用。

（2）不能与 pH 值 <5 的强酸、pH 值 >10 的强碱以及强氧化剂、离子态药肥等物质混用。

（3）本品启封后在 24h 内使用，与水混和后应在 4h 内使用，喷施 30min 后遇雨不必重喷。

（4）使用期间结合正常使用杀虫剂、杀菌剂，则使用效果更佳。

（5）避免在强紫外线时段喷施。

7. 丙唑·吗啉胍

【通用名称】丙硫咪唑（albendazol）、盐酸吗啉胍（moroxydine hydrochleride）。

丙硫唑咪：

【化学名称】［5-（丙硫基）-1H-苯并咪唑-2基］氨基甲酸甲酯

【结构式】

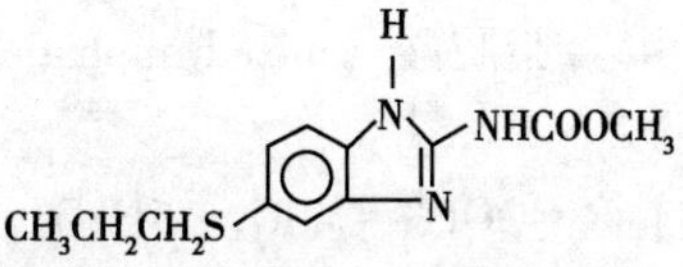

【分子式】$C_{12}H_{16}N_3O_2S$

盐酸吗啉胍：

【化学名称】N'，N'-脱水-（-羟乙基）双胍盐酸盐

【结构式】

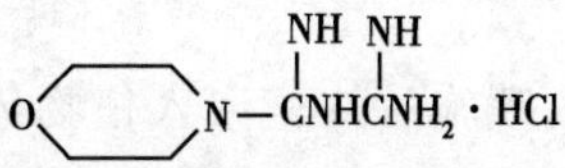

【分子式】$C_6H_{13}N_5O \cdot HCl$

【剂型】18%可湿性粉剂。

【理化性状】熔点206～212℃（分解），不溶于水，在乙醇中几乎不溶，在丙酮或氯仿中微溶，在冰醋酸中溶解。对酸、光、热稳定。

【用法】在烟草苗期、大田发病前施药。每50g药剂对水35～50kg，均匀喷雾在植株上，连续使用2～3次，每次间隔7～10天。

【毒性】对大鼠急性经口 $LD_{50} > 2\ 150mg/kg$，对大鼠急性经皮 $LD_{50} > 2\ 150mg/kg$，属于低毒。对人畜低毒，无致癌致畸和致突变作用，无致敏和蓄积作用，残留量低。

【注意事项】

（1）喷药后4h遇雨，应补喷。

（2）不能与碱性药剂混用。

（3）在稀释液中加入0.2%洗衣粉可提高防效。

（4）使用不当或误食，应立即去医院治疗。

（5）存放在干燥、阴凉、避光处。

8. 混脂·硫酸铜

【通用名称】 混合脂肪酸（mixed aliphatic acid）、碱式硫酸铜（copper sulfate）。

【化学结构式】 R-COOH、$CuSO_4 \cdot 5H_2O$

【剂型】 24%水乳剂。

【理化性质】 该产品外观为浅绿色或深绿色液体，无悬浮物和沉淀，pH值=8~10。

【毒性】 对人畜低毒，低残留，无污染。对雄性大鼠急性经口毒性$LD_{50}$为4 640mg/kg，急性经皮毒性$LD_{50}$为2 150mg/kg。

【作用特点】

（1）防病治病。喷施后快速渗入植物体内，能诱导植物抗病基因的表达，从而提高抗病相关蛋白、多种酶和细胞分裂素的含量。以提高抗病能力，抑制病情发展。喷施后不仅快速钝化植物体外病毒，而且形成一层保护膜，阻止病毒的侵染，同时因药液中含有相关的营养元素可使轻微染病的叶片变绿，起到治疗作用。

（2）促进生长。本品含有激素激活物质能使植物体内分裂素活性增强，促进根系生长发达，防止落花、落果，改善产品品质。

（3）施肥增产。本品因生产工艺特殊，含有N、P、K和Cu等营养元素，能及时供应养分，使植物挺拔，叶面肥绿，增产显著。

（4）绿色无公害。以天然高活性植物为主要原料，对人、畜安全，不污染环境，特别适用于无公害农作物生产基地使用。

【安全间隔期】7～10 天。

【注意事项】

（1）本品在作物发病前和发病初期使用效果最佳。

（2）本品在低温时，溶解速度慢，一定要搅拌至桶内稀释均匀后喷施。

9. 嘧肽·吗啉胍

【通用名称】嘧肽霉素、盐酸吗啉胍（moroxydine hydrochloride）。

【化学名称和结构式】

嘧肽霉素（cytosinpeptidemycin）：

【化学名称】胞嘧啶核苷肽 $C_{19}H_{29}N_7O_{10}$

【结构式】

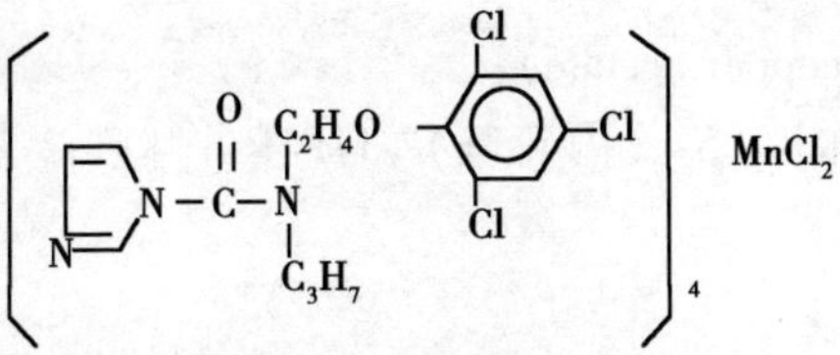

盐酸吗啉胍（moroxydine hydrochloride）：

【化学名称】$N'$，$N'$-脱水-（-羟乙基）双胍盐酸盐

【结构式】

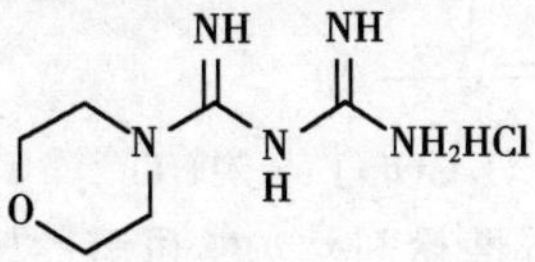

【分子式】$C_6H_{13}N_5O \cdot HCl$

【剂型】5.6% 可湿性粉剂。

【用法】烟草病毒病发病初期，700～1 000 倍液，叶面均匀

喷施 2 次，间隔 5 ~ 7 天。

【毒性】低毒。

10. 吗胍·乙酸铜

【通用名称】盐酸吗啉胍（moroxydine hydrochloride）、乙酸铜（copper acetate）。

【化学名称和结构式】

盐酸吗啉胍（moroxydine hydrochloride）：

【化学名称】N′，N′-脱水-（-羟乙基）双胍盐酸盐

【结构式】

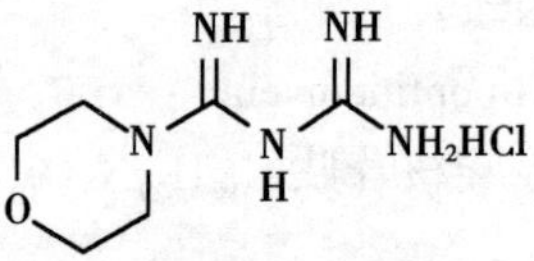

【分子式】$C_6H_{13}N_5O \cdot HCl$

乙酸铜（copper acetate）：

【化学名称】［5-（丙硫基）-1H-苯并咪唑-2 基］氨基甲酸甲酯

【结构式】

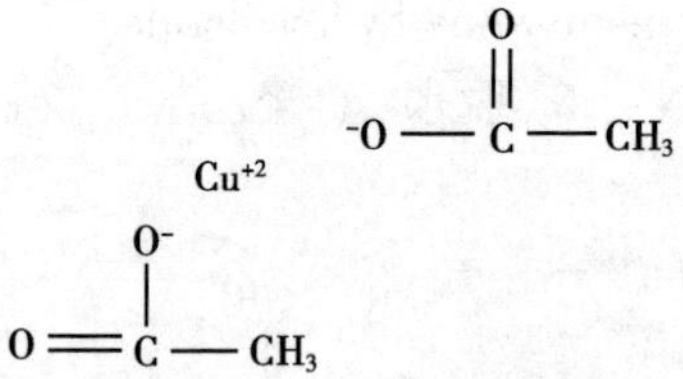

【分子式】$Cu（CH_3COO）\cdot 2H_2O$

【剂型】20% 可湿性粉剂、20% 可溶性粉剂。

【用法】本品应于病毒病发病前或发病初施药，注意喷雾均匀，视病情发生情况，间隔 10 天左右施药一次，可连续用药 3 ~ 4 次，每次用药 200 ~ 300g/亩。大风天或预计 1h 内降雨，请

勿施药。

【毒性】低毒。

【安全间隔期】30 天。

【注意事项】

（1）建议与其他作用机制不同的杀菌剂轮换使用，以延缓抗性产生。

（2）本品不可与呈碱性的农药等物质混和使用。

（3）使用本品时应穿戴防护服和手套，避免吸入药液。施药期间不可吃东西和饮水。施药后应及时洗手和洗脸。

（4）本品对鱼类等水生生物有毒，远离水产养殖区施药，禁止在河塘等水体中清洗施药器具，避免污染水源。

（5）孕妇及哺乳期妇女避免接触。

（6）用过的容器应妥善处理，不可做他用，也不可随意丢弃。

11. 烯·羟·硫酸铜

【通用名称】烯腺嘌呤（enadenine）、羟烯腺嘌呤（oxyenad-enine）、硫酸铜（copper sulfate）。

【剂型】6% 可湿性粉剂。

【用法】苗期或移栽后喷 1～2 次，大田期喷 2～3 次，间隔 7～10 天喷 1 次。

【注意事项】

（1）本品不能与碱性物质混用，使用时应注意喷洒均匀。

（2）药剂调好后尽快喷用，不宜久置，以免引起沉淀而失效。

（3）遇雨应即使补喷。

（4）使用后的喷雾器应妥善处理，不得污染水源、食物和饲料。

（5）建议与其他作用机制不同的杀菌剂轮换使用，以延缓抗性产生。

（6）使用本品时应穿戴防护服和手套，避免吸入药液。施药期间不可吃东西和饮水。施药后应及时洗手和洗脸及暴露部位皮肤。

（7）禁止在河塘等水域内清洗施药器具。

（8）孕妇、哺乳期妇女及过敏者禁用，使用中有任何不良反应请及时就医。

**（四）杀线虫剂**

1. 阿维菌素

【通用名称】阿维菌素（abamectin）

【化学名称与结构式】（10E，14E，16E，22Z）-（1R，4S，5′S，6S，6′，8R，12S，13S，20R，21R，24S）-6′［（S）-仲丁基］-21，24-二羟基-5′，11，13，22-四甲基-2-氧-3，7，19-三氧杂四环［15.6.1.1.$^{4.8}$O$^{20.24}$］二十五碳-10，14，16，22-四烯-6-螺 2′-（5′，6′-二氢-2′H-砒喃）-12-基 2，6-二脱氧-4-O-（2，6-二脱氧-3-O-甲基-2-L 阿拉伯糖-己砒喃糖基）-3-O-甲基-α-L-阿拉伯糖-己砒喃糖苷（i）

【结构式】

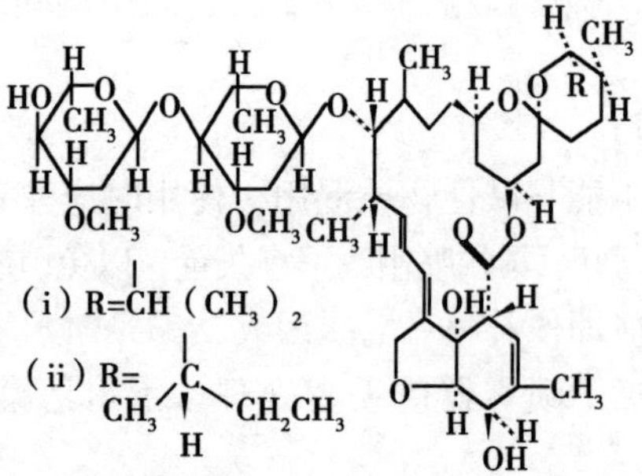

（i）R=CH（CH$_3$）$_2$

（ii）R=$\overset{\underset{|}{H}}{C}$CH$_3$CH$_2$CH$_3$

【理化性质】原药精粉为白色或黄色结晶（含 B1a≥90%），熔点 150～155℃，21℃时溶解度在水中 7.8μg/L、丙酮 100g/L、甲苯中 350g/L、异丙醇 70g/L，氯仿 25g/L。常温下不易分解。

在25℃，pH值=5~9的溶液中，无分解现象。

【剂型】0.5%颗粒剂，3%微囊悬浮剂。

【作用机理】阿维菌素是一种高效生物杀虫、杀螨、杀线虫剂，用于防治各种抗性害虫，对烟草根结线虫有很好的防治的作用，具有高效、广谱、有效期长、不易产生抗药性、易降解、无残留、使用安全等特点，主要用于烟草的根结线虫、肾线虫、根腐线虫、胞囊线虫等寄生性线虫生物防治。

【用法】0.5%颗粒剂用于烟草，防治根结线虫，45~60kg/hm$^2$，混沙使用。每季最多使用1次。

【毒性】阿维菌素原药：急性经口 $LD_{50}$10mg/kg，急性经皮 $LD_{50}$2 000mg/kg，属高毒。

【注意事项】

（1）不可与呈碱性的农药等物质混合使用。

（2）对蜜蜂、鱼类等水生生物有毒，施药期间应避免对周围蜂群的影响、蜜源作物花期禁用。远离水产养殖区施药，禁止在河塘等水体中清洗施药器具。

（3）使用时应穿戴防护服和手套，避免吸入药液。施药期间不可吃东西和饮水。

2. 厚孢轮枝菌

【通用名】厚孢轮枝菌（*Verticillium chlamydosporium*）。

【剂型】2.5亿个孢子/g 微粒剂。

【用法】

（1）施用本产品时须与根部接触，主要为穴施或沟施。

（2）每个作物周期分2次施用，在烟草育苗时与营养土混匀施用，在烟草移栽时与适量农家肥或土混匀穴施（1.5~2kg/亩）。

（3）每季最多使用2次。

【产品的作用机理】

（1）通过孢子在作物根系周围土壤中萌发，产生菌丝作用于根结线虫雌虫，导致线虫死亡。

（2）通过孢子萌发产生菌丝寄生根结线虫的卵，使得虫卵不能孵化、繁殖。

【安全间隔期】70天。

【注意事项】

（1）本产品不可与化学杀菌剂混用。

（2）本产品须现拌现用，必须施于作物根部，不可对水浇灌或喷施。

（3）使用本品时应穿戴防护服和手套，避免吸入药液。施药期间不可吃东西和饮水。施药后应及时洗手和洗脸。

（4）避免孕妇及哺乳期妇女接触。

（5）防止药液污染水源地。

（6）用过的容器应妥善处理，不可做他用，也不可随意丢弃。

3. 阿维·丁硫

【通用名称】阿维菌素（abamectin）、丁硫克百威（carbosulfan）。

【化学名称】

阿维菌素：（10E，14E，16E，22Z）-（1R，4S，5′S，6S，6′，8R，12S，13S，20R，21R，24S）-6′〔（S）-仲丁基〕-21，24-二羟基-5′，11，13，22-四甲基-2-氧-3，7，19-三氧杂四环[15.6.1.1.$^{4.8}$O$^{20.24}$]二十五碳-10，14，16，22-四烯-6-螺 2′-（5′，6′-二氢-2′H-砒喃）-12-基 2，6-二脱氧-4-O-（2，6-二脱氧-3-O-甲基-2-L 阿拉伯糖-己砒喃糖基）-3-O-甲基-α-L-阿拉伯糖-己砒喃糖苷（i）

【结构式】

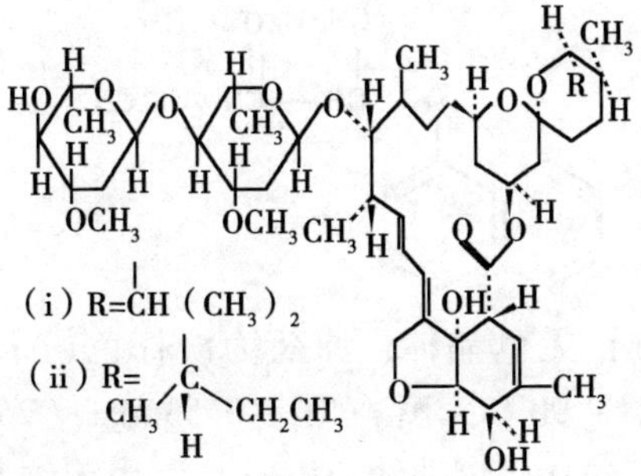

(ⅰ) R=CH（CH₃）₂

(ⅱ) R=

丁硫克百威：

2，3-二氢-2，2-二甲基苯并呋喃-7-基（二丁基氨基硫）甲基氨基甲酸酯

【结构式】

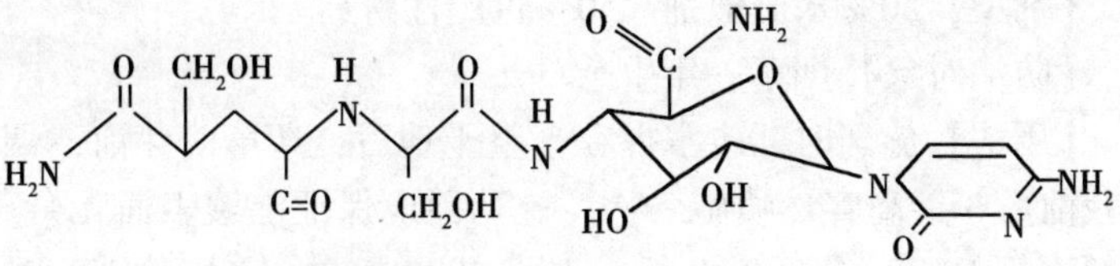

【剂型】25％水乳剂。

【毒性】中等毒性（原药高毒）。

【使用方法】125～250mg/kg 灌根。

## （五）除草剂

### 1. 敌草胺

【通用名称】敌草胺（napropamide）。

【化学名称】N，N-二乙基-2-（1-萘氧基）丙酰胺

【结构式】

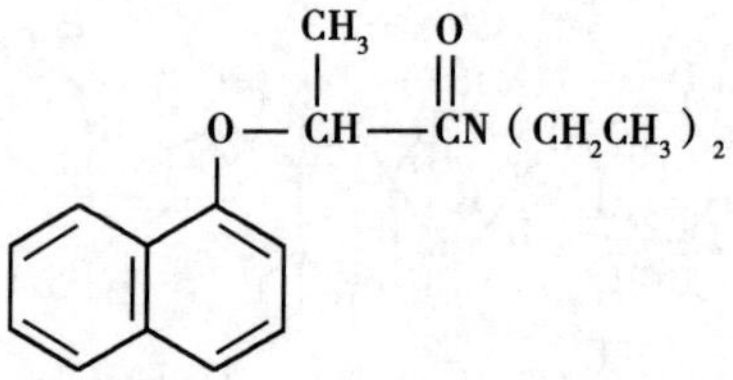

【理化性质】无色晶体，原药为淡棕色粉末；熔点：75℃（纯品）、68℃～90℃；蒸汽压：0.53mPa（25℃）；溶解度（20℃）：水73 mg/L、煤油约60 g/L、二甲苯约500 g/L、微溶于丙酮、乙醇、4-甲基戊-2-酮等有机溶剂；稳定性：在40℃、pH值＝4～10的情况下，63天内不分解；将其水溶液暴露于模拟阳光下，$DT_{50}$为25.7min，土壤中$DT_{50}$为130～200天，实验室条件下，21～32℃，$DT_{50}$为56～108天。

【剂型】50%水分散剂、50%可湿性粉剂。

【防治对象】烟草一年生杂草。

【用法】施药时期应掌握在平整土地后，杂草萌芽前，烟草移栽前后3天高容量喷施一次。施药前应保证土壤表面无杂草。制剂用量1 875～3 000g/hm²，对水450～750kg土壤喷雾。对紫外线敏感，施药后应避免阳光直射施药土层，可采用人工混土、浇水或覆盖地膜、稻草等。黏土和干旱时采用推荐的高剂量，沙壤土和潮湿时采用低剂量。

【毒性】急性经口：$LD_{50} > 5\ 000mg/kg$；急性经皮：$LD_{50} > 4\ 640mg/kg$（兔）。

【注意事项】

（1）施药适期应掌握在杂草出苗前，最迟不超过杂草一叶期。

（2）施药后5～7天，如遇干旱应采取人工措施保持土壤湿润。

（3）使用时应平整土地，保证足够水量。

2. 二甲戊灵

【通用名称】二甲戊灵（pendimethalin）。

【化学名称】N-（1-乙基丙基）-2，6-二硝基-3，4-二甲基苯胺

【结构式】

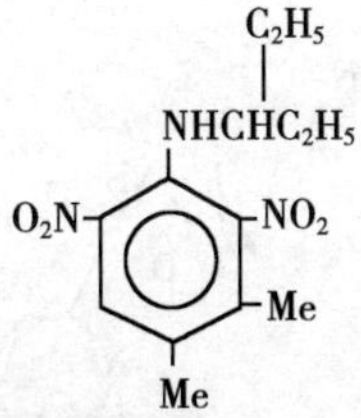

$$C_2H_5$$
$$NHCHC_2H_5$$
$$O_2N \quad \quad NO_2$$
$$Me$$
$$Me$$

【理化性状】外观为橘黄色液体，无味。20/-18℃ 五个循环，分解率<5%，（54±2）℃，2周，分解率<5%。

【剂型】45%微胶囊悬浮剂。

【防治对象】烟草一年生禾本科杂草及部分阔叶杂草。

【用法】作为烟草除草剂，可用于土壤喷雾处理：时间选择在烟草移栽前 2~6 天，施药东北地区 2 250~3000mL/hm$^2$；其他地区 1 650~2 250mL/hm$^2$。

苗后早期施药：烟草移栽缓苗后，杂草出苗前施用，东北地区 2 250~3 000mL/hm$^2$；其他地区 1 650~2 250mL/hm$^2$。

移栽前需保证作物的移栽深度在 3cm 以上，并避免移栽时露根或根系接触到毒土层。喷药时应均匀周到，避免重喷漏喷或超过推荐剂量用药，药液量应控制在 450~600kg/hm$^2$。为确保药效，整地应精细，避免有大土块和植物残茬。在低温情况下或施药后浇水及降大雨可能会使作物产生轻微药害或影响药效，施药后表土持续干旱也会影响药效。

二甲戊灵对多年生杂草和生长至二叶期后的杂草无效。

【毒性】原药为低毒。对小白鼠低毒，无致敏作用。

3. 砜嘧磺隆

【通用名称】砜嘧磺隆（rimsulfuron）。

【化学名称】N-［（4，6-二甲氧基-2-嘧啶基）氨基］羰基-3-乙基磺酰基-2-吡啶磺酰胺

【结构式】

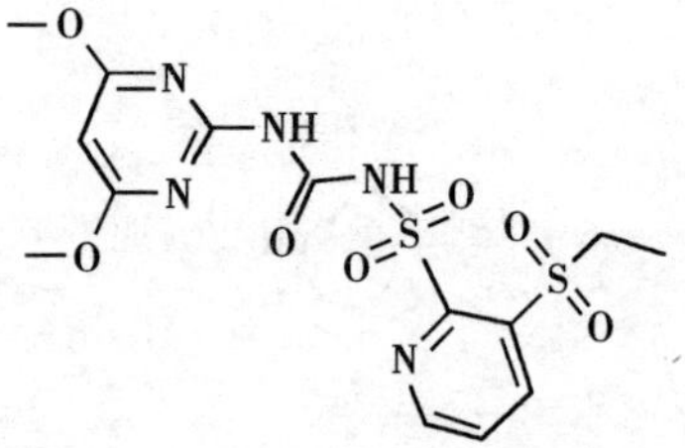

【理化性质】

纯品为白色结晶固体。熔点 176～178℃，蒸汽压 1.5×0.001mPa（25℃），25℃ 时水中溶解度 <10mg/L，分配系数（正辛醇/水）0.034，pKa4.1。在中性土壤中稳定，在酸性或碱性土壤中易降解。土壤中半衰期为 1.7～4.3 天。水解半衰期为4.6 天（pH 值 =5）、7.2 天（pH 值 =7）、0.3 天（pH 值 =9）。

【剂型】25% 水分散粒剂。

【用法】严禁使用弥雾机施药。配药时，先将用清水在小杯内充分溶解后，再倒入已盛水半满的喷雾器药桶中，加足水，充分搅拌，再加入洗衣粉液，搅拌均匀即可。在喷药时，应控制喷头高度，使药液正好覆盖在作物行间，沿行间均匀喷施。严禁将药液直接喷到烟叶上。使用前后 7 天内，禁止使用有机磷杀虫剂，避免产生药害。每季作物最多施用一次。

【毒性】大鼠急性经口 LD$_{50}$ >5g/kg，兔急性经皮 LD$_{50}$ >2g/kg，对兔的眼睛稍有刺激性，但对皮肤无刺激作用，对豚鼠皮肤无过敏性。大鼠急性吸入 LC$_{50}$（4h）>5.4mg/L，饲喂试验无作

用剂量为：雄大鼠（2年）300mg/kg，雌大鼠（2年）3g/kg；小鼠（18个月）2.5g/kg，狗（1年）为50mg/kg。大鼠2代繁殖试验无作用剂量为3g/kg。Ames试验，无诱变作用。无致畸作用和致癌作用。鹌鹑急性经口$LD_{50}$ > 2 250mg/kg，野鸭急性经口$LD_{50}$ > 2g/kg。鹌鹑和野鸭$LC_{50}$ > 5 620mg/kg。鱼毒$LC_{50}$（96h）：蓝鳃和虹鳟 > 390mg/L，鲤鱼 > 900mg/L。蜜蜂$LD_{50}$（接触）> 100μg/只，（规定饮食）> 1g/kg。蚯蚓$LC_{50}$（14天）> 1g/kg，水蚤$LC_{50}$（48h）> 360mg/L。

【注意事项】

（1）严禁使用弥雾机施药，严禁将药液直接喷到烟叶上。

（2）使用前后7天内，禁止使用有机磷杀虫剂，避免产生药害。每季作物最多施用一次。

（3）施药时穿长衣长裤、戴手套、眼镜等，不能吃东西、饮水、吸烟等；施药后洗干净手脸。使用后空袋可在当地法规允许下焚毁或深埋，不可他用。避免孕妇及哺乳期的妇女接触。清洗器具的废水不能排入河流、池塘等水源。使用前仔细阅读产品标签。

（4）在使用过程中未发现中毒现象。误吸或误服，如有不适请医生对症治疗。眼睛接触：立即用大量清水清洗，如有不适可向医生咨询。皮肤接触：用清水清洗，如有不适可向医生咨询。

（5）应贮存在阴凉、干燥、通风的地方，远离食物和种子。

4. 异丙甲草胺

【通用名称】异丙甲草胺（metolachlor）。

【化学名称】2-甲基-6-乙基-N-（1-甲基-2-甲氧乙基）-N-氯代乙酰基苯胺

【结构式】

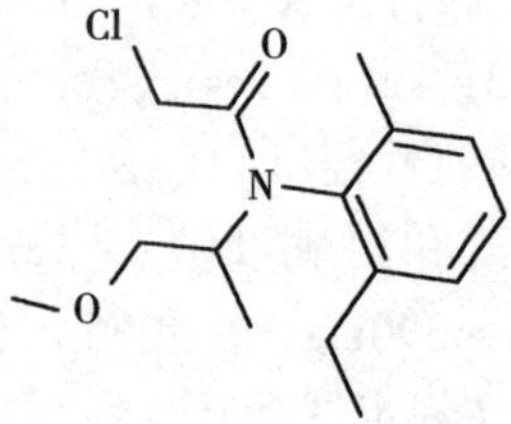

【理化性质】纯品为无色液体，工业品为棕色油状液体。能溶于甲醇、二氯乙烷等多种有机溶剂，在水中溶解度为530mg/L。不易光分解，贮存2年稳定，半衰期为25天。

【剂型】72%乳油。

【用法】

（1）在烟草移栽前后，在降雨或灌溉前施用。若土壤干旱，需确保浇足地表水，或施药后浅混土2~3cm，利于药效发挥；

（2）若用于地膜烟、则在盖膜前施用，保持地表湿润或浇足地表水后效果较好；

（3）每亩用本药剂100~150mL对水50~70kg充分搅拌，均匀喷施于地表。

（4）每季最多使用1次。

【毒性】大鼠急性经口 $LD_{50}$ 为2 780mg/kg，急性经皮 $LD_{50}$ > 3 170mg/kg，急性吸入 $LC_{50}$ > 1 750mg/m$^3$（4h）。对兔眼睛无刺激作用，对皮肤有轻度刺激。大鼠90d饲喂试验无作用剂量为1 000mg/kg，狗为500mg/kg。大鼠2年饲喂试验无作用剂量为1 000mg/kg，小鼠为3 000mg/kg。动物试验未见致畸、致癌、致突变作用。对鱼有毒，虹鳟鱼 $LC_{50}$ 为3.9mg/L，鲇鱼 $LC_{50}$ 为4.9mg/L。对鸟低毒。对蜜蜂有胃毒，但无触杀毒性。

【注意事项】

（1）土壤墒情好有利于药效发挥。施药时应穿长衣长裤、戴手套眼镜等，此时不能吃东西、饮水、吸烟等，施药后洗干净手脸等。

（2）本剂不可直接喷施在烟株上。

（3）清洗器具的废水不能排入河流、池塘等水源，废弃物要妥善处理，不能乱丢乱放，也不能做他用。

5. 精喹·异噁松

【通用名称】精喹禾灵（quizalofop-P-ethyl）、异噁草松（clomazone）。

【化学名称】（R）-2-［4-（6-氯喹喔啉-2-基氧）苯氧基］丙酸乙酯、2-（2-氯苄基）-4，4-二甲基异噁唑-3-酮

【结构式】

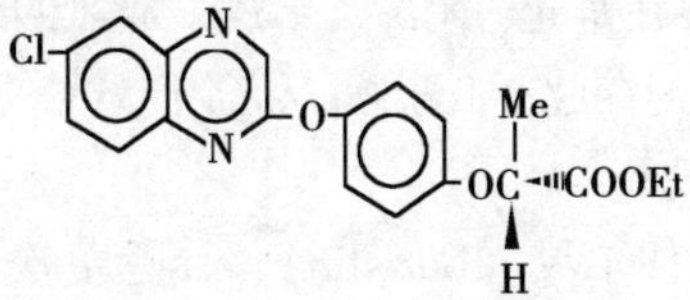

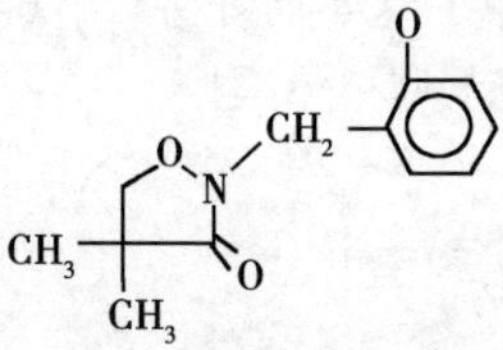

【理化性状】外观为橘红色液体，易燃。

【剂型】29%乳油。

【防治对象】烟草大田一年生杂草。

【用法】制剂用量 1 200～1 800g/hm$^2$，对水 750～900kg，于移栽前或烟田起垄后（如土壤干旱最好先浇水后再用药）均匀的喷于土壤表面，不漏喷。

【毒性】按我国农药毒性分级标准，29%精喹禾灵·异噁草松乳油属低毒除草剂。大鼠急性经口 $LD_{50}$ > 2 077mg/kg，用家兔试

验，急性经皮 $LD_{50} > 2\,000mg/kg$，对眼睛和皮肤均有刺激作用。

对鱼类有毒，蓝鳃翻车鱼和虹鳟鱼 $LC_{50}$ 为 $> 19\ mg/L$，蓝鳃太阳鱼 $LC_{50}$ 为 $> 34\ mg/L$，牡蛎 $LC_{50}$ 为 $> 2.8mg/L$。对鸟类低毒，北美鹑和野鸭 $LD_{50}$ 为 $> 2\,510mg/kg$。

【注意事项】

（1）芽前、苗后除草剂，对已出土的杂草应掌握在 3 叶期内效果最佳。

（2）土壤有机质含量高、黏壤土用高量，土壤有机质含量低、砂壤土用低量。

（3）雾滴如飘移到施药区以外的敏感性作物上，有可能产生药害，施药时应避免大风天气。

（4）将药储存在避光、阴凉、干燥、通风的地方，并远离肥料和食物。避免将药剂存放在低于0℃和高于35℃的温度条件下。

6. 仲灵·异噁松

【通用名称】仲丁灵（butralin）、异噁草松（clomazone）。

【化学名称】N-仲丁基-4-特丁基-2，6-二硝基苯胺、2-（2-氯苄基）-4，4-二甲基异噁唑-3-酮

【结构式】

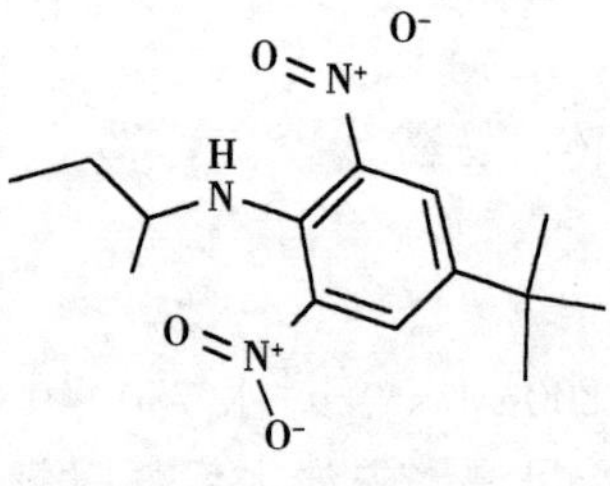

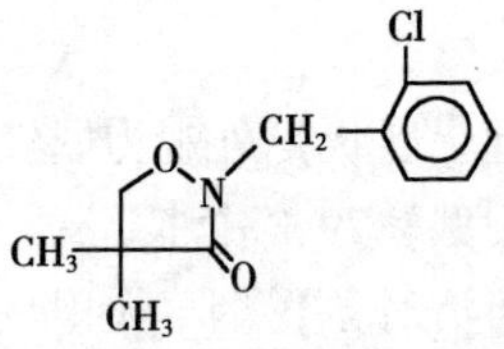

【剂型】40%乳油。

【防治对象】烟草大田一年生杂草。

【用法】应于整地起垄后，烟苗移栽前 1～2 天，按推荐剂

量每亩对水 60～90kg 均匀喷施于土表。盖膜地于施药后第二天盖膜，然后移栽。施药时，应以喷药的实际面积折算用药量，不得随意加大用量，喷药做到均匀周到，不重喷、不漏喷。每季最多使用一次。

【毒性】低毒。

【注意事项】①该产品在烟草地土壤地封闭除草的安全间隔期为 12 个月，每个作物周期的最多使用次数为 1 次。②土壤有机质含量高，粘壤土和露地移栽用高量，反之用低量。③如遇干旱，应先浇地再喷药，以充分发挥药效。④本品低毒，但使用时仍应严格遵守一般农药使用操作规程。

### （六）抑芽剂

1. 氟节胺

【通用名称】氟节胺（flumetralin）。

【化学名称】N-乙基-N（2-氯-6-氟代苯）-2,6-二硝基-4-三氟甲苯胺

【结构式】

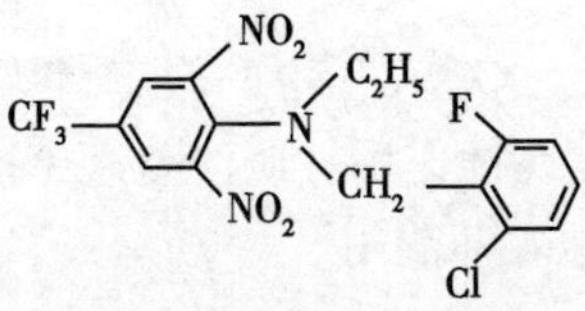

【剂型】12.5% 乳油、25% 乳油。

【理化性状】氟节胺乳油由有效成分、乳化剂及溶剂组成，外观为橘黄色液体，比重 1.01～1.02（20℃），闪点 39～43℃，易燃，常温贮存稳定期为 2 年。

【用法】施药时期应掌握在烟草植株上部分花蕾伸长起至始花期进行人工打顶（摘除顶芽），打顶后 24h 内施药，通常是打

顶后随即施药。打顶后各叶腋的侧芽大量发生，一般进行人工打侧芽 2~3 次，以免消耗养分，影响烟草产量和品质。25%氟节胺乳油 900~1 000mL/hm², 对水稀释 300~400 倍液，采用喷雾法、杯淋法或涂抹法均可。每株用稀释药液 15 mL 为宜，顺主茎淋下，简便快速。也可用毛笔蘸取药液涂抹各侧芽，省药但花工比较多。有些烟区使用抑芽剪，在剪除顶芽的同时，药液顺主茎流下，使打顶和施药一次完成，更为简易省工。每季使用 1 次。

【毒性】属低毒植物生长调节剂。原药大鼠急性经口 $LD_{50}$ > 5 000mg/kg, 用家兔实验，急性经皮 $LD_{50}$ > 2 000mg/kg, 大鼠急性吸入 $LC_{50}$ > 2.13mg/L。对眼睛和皮肤均有刺激作用。

对鱼类有毒，蓝鳃翻车鱼和虹鳟鱼 $LC_{50}$ > 3.2mg/L, 海藻 $LC_{50}$ > 0.85mg/L, 水虱 $LC_{50}$ > 2.8mg/L。对蜜蜂毒性较低，急性经口在 0.075~5mg/头的剂量范围内，未发现有毒害作用。对鸟类低毒，鹌鹑急性经口 $LC_{50}$ > 2 000mg/kg, 野鸭 $LD_{50}$ > 2 000mg/kg。

【注意事项】

（1）药液对 2.5cm 以上的侧芽效果不好，施药时应事先打去。

（2）对鱼类有毒，对人、畜的眼、口、鼻、及皮肤有刺激作用，对金属有轻度腐蚀作用，应注意避免接触。

（3）不可与其他农药混用。

2. 二甲戊灵

【通用名称】二甲戊灵（pendimethalin）。

【化学名称】N（1-乙基丙替）-3,4-二甲基-2,6-二硝基苯胺

【剂型】33%乳油。

【理化性状】二甲戊灵 33%乳油外观为橙黄色透明液体，比重 1.038（25℃），闪点 27℃。在碱性和酸性条件下均稳定，在 37℃时贮存 12 个月不分解，常温贮存稳定期为两年以上。

【用法】施药时期应掌握在烟草植株上部分花蕾伸长起至始花期进行人工打顶（摘除顶芽），打顶后 6h 内施药，通常是打顶后随即施药。打顶后各叶腋的侧芽大量发生，一般进行人工打侧芽 2～3 次，以免消耗养分，影响烟草产量和品质。33% 二甲戊灵乳油 2 250mL/hm²，对水稀释 300～400 倍液，采用喷雾法、杯淋法或涂抹法均可。每株用稀释药液 15mL 为宜，顺主茎淋下，简便快速。也可用毛笔蘸取药液涂抹各侧芽，省药但花工比较多。有些烟区使用抑芽剪，在剪除顶芽的同时，药液顺主茎流下，使打顶和施药一次完成，更为简易省工。每季使用 1 次。

【毒性】属低毒植物生长调节剂。

【注意事项】

（1）药液对 2.5cm 以上的侧芽效果不好，施药时应事先打去。

（2）对鱼类有毒，防止污染水源。

（3）不可与其他农药混用。

3. 仲丁灵

【通用名称】仲丁灵（butralin）。

【化学名称】N（1-乙基丙替）-3,4-二甲基-2,6-二硝基苯胺

【结构式】

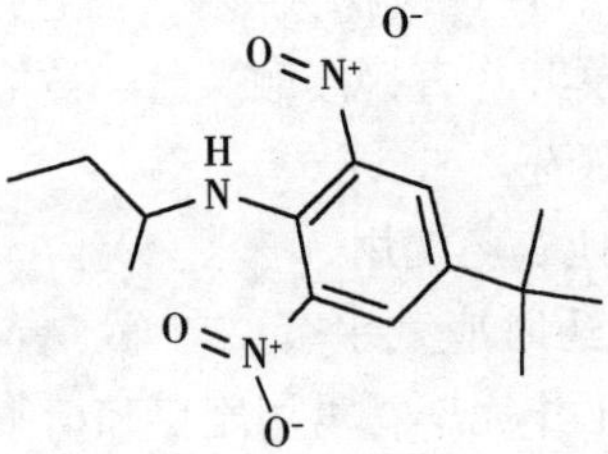

【剂型】36% 乳油。

【理化性状】外观为橙色或红棕色油状液体，比重（$d_4^{25}$）1.00，燃点 490～500℃，水分含量 ≤0.1%，酸度（以 $H_2SO_4$ 计）≤0.5%。

【用法】施药时期应掌握在烟草植株上部分花蕾伸长起至始花期进行人工打顶（摘除顶芽），打顶后 24h 内施药，36% 乳油对水 100 倍液从烟草打顶处倒下，使药液沿茎而下流到各腋芽处，每株用药液 15～20mL。通常是打顶后随即施药。打顶后各叶腋的侧芽大量发生，一般进行人工打侧芽 2～3 次，以免消耗养分，影响烟草产量和品质。杯淋法或涂抹法均可。每株用稀释药液 15mL 为宜，顺主茎淋下，简便快速。也可用毛笔蘸取药液涂抹各侧芽，省药但花工比较多。有些烟区使用抑芽剪，在剪除顶芽的同时，药液顺主茎流下，使打顶和施药一次完成，更为简易省工。每季使用 1 次。

【毒性】对人畜低毒，大鼠急性口服 $LD_{50}$ 为 2 500mg/kg，急性经皮 $LD_{50}$ 为 4 600mg/kg，急性吸 $LC_{50}$ 为 50mg/L 空气。Ames 试验和染色体畸变分析试验为阴性。鱼毒：鲤鱼 TLM 4.2mg/kg，鳟鱼 TLM 3.4mg/kg。对黏膜有轻度刺激作用。但对皮肤未见刺激作用。小鼠急性经口 $LD_{50}$ 为 3 694mg/kg。

【注意事项】

（1）药液对 2.5cm 以上的侧芽效果不好，施药时应事先打去。

（2）施药时，不宜在植株太湿，气温过高，风速太大时进行。避免药液与烟草叶片直接接触。已经被抑制的腋芽不要个个摘除，避免再生新腋芽。

（3）不可与其他农药混用。

（4）配药和施药时应戴手套、口罩，穿长袖衣、长裤，不可吃、喝和吸烟。工作完毕，需用肥皂和请水洗手。勿让药剂接触皮肤和眼睛。如果药液间溅到眼睛或皮肤上，立即用大量清水冲洗，并立即就医治疗。若误食中毒，应立即请医生治疗。

（5）避免药液飘移到邻近的作物上。

（6）将药贮存在避光、阴凉、干燥、通风的地方，并远离火源、肥料和食物。

4. 甲戊·烯效唑

【通用名称】二甲戊灵（pendimerthalin）、烯效唑（uniconazole）。

【产品名称】30%二甲戊·烯乳油。

二甲戊灵：

【化学名称】N-1-（乙基丙基）2，6-二硝基-3，4 二甲基苯胺

【结构式】

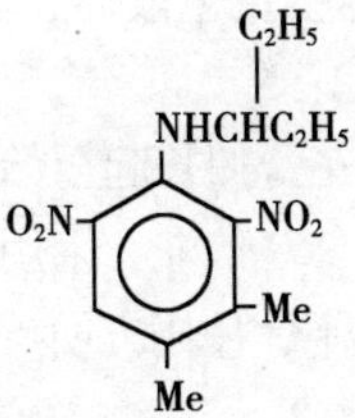

烯效唑：

【化学名称】（E）-1-（4-氯苯基）-2-（1，2，4-三唑-1-基）-4，4-二甲基-1-戊烯-3-醇

【结构式】

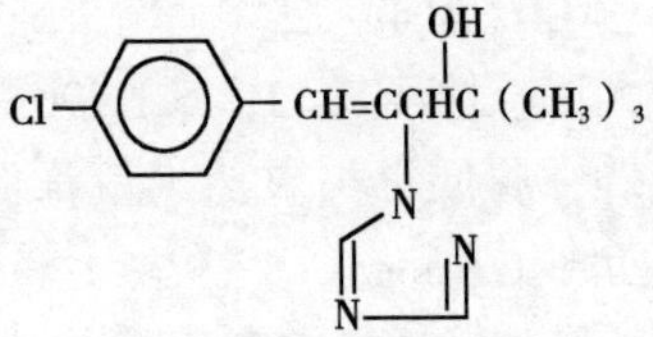

【理化性质】

二甲戊灵原药：橙色晶状固体，熔点 54～58℃，蒸汽压 4.0mPa（25℃），密度1.19（25℃），Kow 152 000，溶解度：水 0.3mg/L（20℃），丙酮 700、二甲 苯 628、玉米油 148、庚烷

138、异丙醇 77（g/L，26℃），易溶于苯、甲苯、氯仿、二氯甲烷、微溶于石油醚和汽油中，5~130℃贮存稳定，对酸碱稳定，光下缓慢分解，$DT_{50}$ 水中 <21 天。

烯效唑原药：白色晶状固体，熔点 147~164℃，蒸汽压 8.9mPa（20℃），密度 1.28（21.5℃），Kow4700（25℃），溶解度水 8.41mg/L（25℃），甲醇 88，己烷 0.3，二甲苯 7（g/kg，25℃），溶于丙酮、乙酸乙酯、氯仿、二甲基甲酰胺，一般条件下稳定。

30% 二甲戊·烯乳油：由二甲戊灵原药、烯效唑原药、乳化剂及其溶剂组成，外观为桔黄色液体，常温储存稳定期为 2 年。

【剂型】30% 乳油。

【使用方法】在烟株花蕾伸长起至始花期进行人工打顶后，开始施药，用本品稀释 220~260 倍液，采用杯淋法，每株用稀释药液 15~20mL 为宜，顺主茎淋下，使用方便。每季最多使用 2 次。

【毒性】

二甲戊灵原药：大鼠急性经口 $LD_{50}$ 为 1 250mg/kg，小鼠急性经口 $LD_{50}$ 为 1 620mg/kg，属低毒类农药。在实验剂量内，对动物无致畸、致突变、致癌作用。对鱼类及水生物高毒。对蜜蜂和鸟的毒性较低，蜜蜂经口 $LD_{50}$ 为 59.0mg/只，野鸭急性经口 $LD_{50}$ 为 10g/kg，鹌鹑 $LD_{50}$ 为 4g/kg。

烯效唑原药：大鼠急性经口 $LD_{50}$ >1 790mg/kg 为 4，急性经皮 $LD_{50}$ >2 000mg/kg，属低毒类农药，鱼毒性：TLm，48h，鲤鱼：7.64mg/L，金鱼 >1.0 mg/L，兰鳃 >1.0mg/L。

30% 二甲戊·烯乳油属低毒类农药。

【注意事项】

（1）本品对 2.5cm 以上的侧芽效果不好，施药时应事先打去。

（2）本品不可与其他农药混用。

（3）施药时应佩戴防护用品，施药结束后要用肥皂和清水清洗，如果不慎将药液接触皮肤和眼睛时，应立即用大量清水冲洗，如果误服中毒时，不可使中毒者呕吐，应立即请医生对症治疗。

（4）本品应贮存在避光、干燥、阴凉、通风的地方，避免与食物、种子混放。

### （七）土壤消毒剂

1. 威百亩

【中文通用名称】威百亩（metam）。

【化学名称】N-甲基二硫代氨基甲酸钠。

【化学结构式】

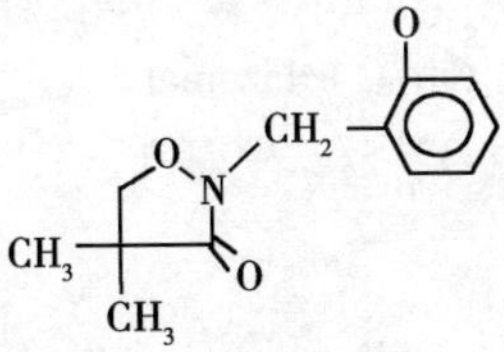

【剂型】35%水剂、42%水剂。

【性状】该纯品为白色结晶固体，工业品为棕黄色均相液体，易溶于水，20℃为72.2g /100 mL，水溶液为具有臭味的碱性液 pH 值 = 8 ~ 9，微溶于甲醇，不溶于大多数有机溶剂，在稀溶液中不稳定，遇酸和重金属分解，对锌和铜有腐蚀作用。

【毒性】对人畜低毒，无残留、无污染，对雄大鼠急性经口 $LD_{50}$ 为 1 260mg/kg，急性经皮 $LD_{50}$ 为 2 150mg/kg。

【作用特点】本品主要是靠其施在土中，分解产生异氰酸甲酯来起到杀线虫和除草作用。

【用法】苗床使用方法：施药前将苗床土细碎、平整，每标准厢（10m²）土壤用适每地 500mL 对水 30kg 均浇在苗床上，湿透土层 4cm，然后用拱架覆膜在苗床上，10 天后揭膜翻松土壤，通风透气 2~7 天平整苗床土壤即可播种。

营养土使用方法：将配制好的营养土平铺 5cm 厚，用 80 倍 35% 威百亩水剂均匀浇洒，需湿透 3cm 以上再覆盖一层土，再浇洒溶液，重复处理成堆后用塑料膜覆盖 10~13 天后揭膜，翻松土，2 天后再翻松一次，再隔 2~4 天即可装人幼苗器使用。

【安全间隔期】10 天。

【注意事项】

（1）农药不可直接喷洒在农作物上。

（2）不可与波尔多液、石硫合剂及其他碱性农药混用。

（3）施药时应注意防护，避免皮肤、眼睛与药剂接触和沾染衣服。

2. 棉隆

【中文通用名称】棉隆（dazomet）。

【化学名称】四氢-3，5-二甲基-1，3，5-噻二唑-2-硫酮

【化学结构式】

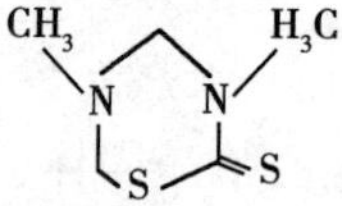

【理化性质】无色晶体，熔点 104~105℃，蒸汽压 0.37mPa（20℃），溶解度（20℃，g/kg）：水 3、环己烷 400、氯仿 391、丙酮 173、苯 51、乙醇 15、乙醚 6，35℃ 以下稳定，50℃ 以上对温度和湿度敏感，酸性介质中水解成二硫化碳、甲醛和甲胺。

【剂型】98% 原药，98% 微粒剂。

【性状】棉隆是一种低毒的土壤消毒剂，施用于潮湿的土壤中时，会产生一种异硫氰酸甲酯气体，迅速扩散至土壤中，有效地杀死各种线虫。

【毒性】急性经口 $LD_{50}$：640mg/kg；急性经皮 $LD_{50}$ > 2 000mg/kg。

【作用特点】广谱杀线虫剂，兼治土壤真菌、害虫和杂草，易于在土壤及其他基质中扩散，杀线虫作用全面而持久，并能与肥料混用。该药使用范围广，可防治多种线虫，不会在植物体内残留，对鱼有毒，易污染地下水，南方应慎用。

【用法】

①整地：施药前先松土，然后浇水湿润土壤，并且保温 3～4 天（湿度以手捏成团，掉地后能散开为标准）。②施药：施药方法根据不同需要，有效的撒施、沟施、条施等。③混土：施药后马上混匀土壤，深度为 20cm，用药到位（沟、边、角）。④密闭消毒：混土后再次浇水，湿润土壤，浇水后立即覆以不透气塑料膜用新土封严实，以保持土壤避免棉隆产生气体泄漏。密闭消毒时间、松土通气时间和土壤温度关系。⑤发芽试验方法：在施药处理的土壤内，随机取土样，装半玻璃瓶，在瓶内撒需移栽种子的湿润棉花团，然后立即密封瓶口，放在温暖的室内 48h，同时取未施药的土壤作对照，如果施药处理的土壤有抑制发芽的情况，松土通气，当通过发芽安全测试，才可栽种作物。

【注意事项】

（1）施药前应仔细阅读产品说明并严格按使用方法操作。本品属低毒产品，应严格按农药安全操作规程时行操作，施药时，应穿戴好防护用品，工作结束后要冲洗，如发现泄漏应集中包装物中，未使用完的药剂，应收集并统一处理和存放。

（2）本剂为土壤消毒剂，不可对水喷施于任何作物上。

（3）为避免处理后土壤第二次感染线虫病菌，基肥一定要在施药前加入并避免通过鞋衣服或劳动工具将棚外未消毒的土块或杂物带入而引起再次感染。

（4）本剂对鱼有毒，禁止将剩余药剂或洗涤工具放入鱼塘。

（尤祥伟 ，任广伟，钱玉梅，王静，王秀芳，申莉莉，王新伟）

# 附件 1　烟草常用农药混用查对表

| 农药种类 | 波尔多液 | 石硫合剂 | 代森锌 | 福美双 | 甲霜灵 | 代森锰锌 | 菌核净 | 甲基硫菌灵 | 敌百虫 | 辛硫磷 | 乙酰甲胺磷 | 西维因 | 抗蚜威 | 功夫 | 敌杀死 | 农用苏云金杆菌 | 多抗霉素（链霉素） | DT | 植病灵（宁南霉素） | 敌草胺 |
|---|---|---|---|---|---|---|---|---|---|---|---|---|---|---|---|---|---|---|---|---|
| 波尔多液 | | - | - | - | - | - | - | - | × | - | - | - | - | - | - | - | - | - | - | - |
| 石硫合剂 | - | | - | - | - | - | - | - | × | - | - | - | - | - | - | - | - | - | - | - |
| 代森锌 | - | - | | + | + | + | + | + | + | + | + | + | + | + | + | + | + | + | + | + |
| 福美双 | - | - | + | | + | + | + | + | + | + | + | + | + | + | + | + | + | + | + | + |
| 甲霜灵 | - | - | + | + | | + | + | + | + | + | + | + | + | + | + | - | - | + | + | + |
| 代森锰锌 | - | - | + | + | + | | + | + | + | + | + | + | + | + | + | + | + | + | + | + |
| 菌核净 | - | - | + | + | + | + | | + | + | + | + | + | + | + | + | + | + | + | + | + |
| 甲基硫菌灵 | - | - | + | + | + | + | + | | + | + | + | + | + | + | + | - | + | + | + | + |
| 敌百虫 | × | × | + | + | + | + | + | + | | + | + | + | + | + | + | - | - | + | + | + |
| 氧化乐果 | × | × | + | + | + | + | + | + | + | | + | + | + | + | + | + | + | + | + | + |
| 辛硫磷 | - | - | + | + | + | + | + | + | + | + | + | + | + | + | + | + | + | + | + | + |

（续表）

| 农药种类 | 波尔多液 | 石硫合剂 | 代森锌 | 福美双 | 甲霜灵 | 代森锰锌 | 菌核净 | 甲基硫菌灵 | 敌百虫 | 乐果 | 辛硫磷 | 已酰甲胺磷 | 西维因 | 杀螟松 | 抗蚜威 | 功夫 | 万灵 | 敌杀死 | 苏云金杆菌 | 农用链霉素 | 多抗霉素 | DT | 植病灵 | 宁南霉素 | 敌草胺 |
|---|---|---|---|---|---|---|---|---|---|---|---|---|---|---|---|---|---|---|---|---|---|---|---|---|---|
| 已酰甲胺磷 | - | - | + | + | + | + | + | + | + | + | + | | + | + | + | + | + | + | + | + | - | + | + | + | + |
| 杀螟松 | - | - | + | + | + | + | + | + | + | + | + | + | + | | + | + | + | + | + | + | - | + | + | + | + |
| 西维因 | - | - | + | + | + | + | + | + | + | + | + | + | | + | + | + | + | + | + | + | - | + | + | + | + |
| 抗蚜威 | - | - | + | + | + | + | + | + | + | + | + | + | + | + | | + | + | + | + | + | - | + | + | + | + |
| 功夫 | - | - | + | + | + | + | + | + | + | + | + | + | + | + | + | | + | + | + | + | - | + | + | + | + |
| 万灵 | - | - | + | + | + | + | + | + | + | + | + | + | + | + | + | + | | + | + | + | - | + | + | + | + |
| 敌杀死 | - | - | + | + | + | + | + | + | + | + | + | + | + | + | + | + | + | | + | + | + | + | + | - | + |
| 苏云金杆菌 | - | - | + | + | + | + | + | + | + | + | + | + | + | + | + | + | + | + | | + | + | + | + | + | + |
| 农用链霉素 | - | - | + | + | + | + | + | + | + | + | + | + | + | + | + | + | + | + | + | | + | + | + | - | + |
| 多抗霉素 | - | - | + | + | + | + | + | + | + | + | + | + | + | + | + | + | + | + | + | + | | + | + | + | + |
| DT | - | - | + | + | + | + | + | + | + | + | + | + | + | + | + | + | + | + | + | + | + | | + | + | + |
| 植病灵 | - | - | + | + | + | + | + | + | + | + | + | + | + | + | + | + | + | + | + | + | + | + | | + | + |
| 宁南霉素 | - | - | + | + | + | + | + | + | + | + | + | + | + | + | + | + | + | + | + | + | + | + | + | | + |
| 敌草胺 | - | - | + | + | + | + | + | + | + | + | + | + | + | + | + | + | + | + | + | + | + | + | + | + | |

注：+ 可以混用，- 不能混合，× 可以混合但须立即使用。

# 附件2 2014年度烟草上推荐使用的农药品种及安全使用方法

（每亩按50kg水计算）

| 序号 | 产品名称 | 登记证号 | 登记有效期 | 防治对象 | 常用量 | 最高用量 | 施药方法 | 最多使用次数 | 安全间隔期（天） | 生产厂家 | 备注 |
|---|---|---|---|---|---|---|---|---|---|---|---|
| 杀虫剂 | | | | | | | | | | | |
| 01 | 200g/L 吡虫啉可溶液剂 | PD365-2001 | 2011.06.27　2016.06.27 | 烟蚜 | 10mL/667m² | 15mL/667m² | 喷雾 | 2 | 10 | 德国拜耳作物科学公司 | |
| 02 | 2% 吡虫啉颗粒剂 | PD20110159 | 2011.02.10　2016.02.10 | 烟蚜 | 9g/667m² | 13g/667m² | 穴施 | 1 | 10 | 湖北省天门市斯普林植物保护有限公司 | 毒土法根部穴施 |
| 03 | 20% 吡虫啉可溶液剂 | PD20130205 | 2013.01.30　2018.01.30 | 烟蚜 | 12mL/667m² | 15mL/667m² | 喷雾 | 2 | 10 | 昆明百事德生物化学科技有限公司 | |
| 04 | 20% 吡虫啉可溶液剂 | PD20040701 | 2009.12.19　2014.12.19 | 烟蚜 | 12mL/667m² | 15mL/667m² | 喷雾 | 2 | 10 | 江苏常隆化工有限公司 | |
| 05 | 5% 吡虫啉乳油 | PD20060034 | 2011.02.06　2016.02.06 | 烟蚜 | 1 200 × | 1 000 × | 喷雾 | 2 | 10 | 德强生物股份有限公司 | |
| 06 | 70% 吡虫啉可湿性粉剂 | PD20110994 | 2011.09.21　2016.09.21 | 烟蚜 | 13 000 × | 12 000 × | 喷雾 | 2 | 10 | 温州市瓯城东瓯染料中间体厂（原温州农药厂） | |

（续表）

| 序号 | 产品名称 | 登记证号 | 登记有效期 | 防治对象 | 常用量 | 最高用量 | 施药方法 | 最多使用次数 | 安全间隔期（天） | 生产厂家 | 备注 |
|---|---|---|---|---|---|---|---|---|---|---|---|
| 07 | 70%吡虫啉水分散粒剂 | PD20130164 | 2013.01.24 2018.01.24 | 烟蚜 | 13 000× | 12 000× | 喷雾 | 2 | 10 | 昆明百事德生物化学科技有限公司 | |
| 08 | 5%涕灭威颗粒剂 | PDNS1-97 | 2013.06.23 2018.06.23 | 烟蚜 | 750g/667m² | 1 000g/667m² | 移栽时穴施 | 1 | >60 | 山东华阳农药化工集团有限公司 | 限河北、河南、山东、山西和新疆地区使用 |
| 09 | 1.7%阿维·吡虫啉微乳剂 | PD20101766 | 2010.07.07 2015.07.07 | 烟蚜 | 1 000× | 800× | 喷雾 | 2 | 10 | 云南中科生物产业有限公司 | |
| 10 | 5%啶虫脒乳油 | PD20070673 | 2012.12.17 2017.12.17 | 烟蚜 | 3 000× | 2 000× | 喷雾 | 2 | 10 | 郑州兰博尔科技有限公司 | |
| 11 | 3%啶虫脒乳油 | PD20110149 | 2011.02.10 2016.02.10 | 烟蚜 | 2 500× | 1 500× | 喷雾 | 2 | 10 | 湖北省天门斯普林植物保护有限公司 | |
| 12 | 3%啶虫脒微乳剂 | PD20120017 | 2012.01.06 2017.01.06 | 烟蚜 | 12.5g/667m² | 16.6g/667m² | 喷雾 | 2 | 10 | 北京市东旺农药厂 | |
| 13 | 5%啶虫脒乳油 | PD20080213 | 2013.01.11 2018.01.11 | 烟蚜 | 18g/667m² | 24g/667m² | 喷雾 | 2 | 10 | 江苏龙灯化学有限公司 | |
| 14 | 70%吡虫啉水分散粒剂 | PD20131904 | 2013.09.25 2018.09.25 | 烟蚜 | 1.2g/667m² | 1.8g/667m² | 喷雾 | 2 | 10 | 山东省青岛泰生生物科技有限公司 | |
| 15 | 22%噻虫·高氯氟微囊悬浮剂 | PD20120035 | 2012.01.09 2017.01.09 | 烟蚜 | 5mL/667m² | 10mL/667m² | 喷雾 | 2 | 10 | 瑞士先正达作物保护有限公司 | |

（续表）

| 序号 | 产品名称 | 登记证号 | 登记有效期 | 防治对象 | 常用量 | 最高用量 | 施药方法 | 最多使用次数 | 安全间隔期（天） | 生产厂家 | 备注 |
|---|---|---|---|---|---|---|---|---|---|---|---|
| 16 | 25%吡蚜酮 | PD20130788 | 2013.04.22 | 2018.04.22 | 烟蚜 | 16g/667m² | 18g/667m² | 喷雾 | 2 | 10 | 江西顺泉生物科技有限公司 | |
| 17 | 40%灭多威可溶粉剂 | PD246-98 | 2012.09.27 | 2017.09.27 | 烟青虫 | 1 500× | 1 000× | 喷雾 | 2 | 10 | 上海杜邦农化有限公司 | |
| 18 | 0.5%苦参碱水剂 | PD20101283 | 2010.03.12 | 2015.03.12 | 烟青虫 | 800× | 600× | 喷雾 | 2 | 10 | 江苏省南通神雨绿色药业有限公司 | |
| 19 | 5%氯氟氰菊酯乳油 | PD20040091 | 2009.12.19 | 2014.12.19 | 烟青虫 | 1 200× | 1 000× | 喷雾 | 2 | 10 | 四川国光农化股份有限公司 | |
| 20 | 25g/L溴氰菊酯乳油 | PD1-85 | 2010.09.20 | 2015.09.20 | 烟青虫 | 2 500× | 1 000× | 喷雾 | 2 | 10 | 德国拜耳作物科学公司 | |
| 21 | 25g/L溴氰菊酯乳油 | PD20130160 | 2013.01.24 | 2018.01.24 | 烟青虫 | 2 500× | 1 000× | 喷雾 | 2 | 10 | 昆明百事德生物化学科技有限公司 | |
| 22 | 25g/L高效氯氟氰菊酯乳油 | PD20080720 | 2013.06.11 | 2018.06.11 | 烟青虫 | 20g/667m² | 25g/667m² | 喷雾 | 2 | 10 | 山东玉成生化农药有限公司 | |
| 23 | 25g/L高效氯氟氰菊酯乳油 | PD20084015 | 2013.12.16 | 2018.12.16 | 烟青虫 | 20mL/667m² | 30mL/667m² | 喷雾 | 2 | 10 | 江西劲农化工有限公司 | |
| 24 | 25g/L高效氯氟氰菊酯乳油 | PD20080097 | 2013.01.03 | 2018.01.03 | 烟青虫 | 20g/667m² | 30g/667m² | 喷雾 | 2 | 10 | 利尔化学股份有限公司 | |
| 25 | 25g/L高效氯氟氰菊酯乳油 | PD20081444 | 2013.10.31 | 2018.10.31 | 烟青虫 | 20g/667m² | 30g/667m² | 喷雾 | 2 | 10 | 江苏扬农化工股份有限公司 | |

（续表）

| 序号 | 产品名称 | 登记证号 | 登记有效期 | 防治对象 | 常用量 | 最高用量 | 施药方法 | 最多使用次数 | 安全间隔期(天) | 生产厂家 | 备注 |
|---|---|---|---|---|---|---|---|---|---|---|---|
| 26 | 10%高效氯氰菊酯水乳剂 | PD20122037 | 2012.12.24 | 2017.12.24 | 烟青虫 | 12g/667m$^2$ | 18g/667m$^2$ | 喷雾 | 2 | 10 | 陕西上格之路生物科学有限公司 | |
| 27 | 50g/L S-氰戊菊酯水乳剂 | PD20080532 | 2013.04.29 | 2018.04.29 | 烟青虫 | 12g/667m$^2$ | 24g/667m$^2$ | 喷雾 | 2 | 10 | 日本住友化学株式会社 | |
| 28 | 0.57%甲氨基·阿维菌素苯甲酸盐微乳剂 | PD20101139 | 2010.01.25 | 2015.01.25 | 烟青虫 | 1 500× | 1 000× | 喷雾 | 2 | 10 | 云南中科生物产业有限公司 | |
| 29 | 5%高氯·甲维盐微乳剂 | PD20101728 | 2010.06.28 | 2015.06.28 | 烟青虫 | 16.6g/667m$^2$ | 25g/667m$^2$ | 喷雾 | 2 | 10 | 北京市东旺农药厂 | |
| 30 | 5%甲氨基阿维菌素苯甲酸盐可溶粒剂 | PD20132150 | 2013.10.29 | 2018.10.29 | 烟青虫 | 3g/667m$^2$ | 4g/667m$^2$ | 喷雾 | 2 | 10 | 山东省青岛泰生生物科技有限公司 | |
| 31 | 1600IU/毫克苏云金杆菌可湿性粉剂 | PD20098291 | 2009.12.18 | 2014.12.18 | 烟青虫 | 50g/667m$^2$ | 75g/667m$^2$ | 喷雾 | 2 | 10 | 山东成生化农药有限公司 | |
| 32 | 5%高氯·甲维盐微乳剂 | PD20101728 | 2010.06.28 | 2015.06.28 | 斜纹夜蛾 | 3 500× | 3 000× | 喷雾 | 2 | 10 | 北京市东旺农药厂 | |
| 土壤熏蒸剂 | | | | | | | | | | | |
| 33 | 35%威百亩水剂 | PD20095715 | 2009.05.18 | 2014.05.18 | 苗床猝倒病 | 50g/m$^2$ | 75g/m$^2$ | 土壤熏蒸 | 1 | 7 | 潍坊中农联合化工有限公司（由原山东鸿汇烟草用药有限公司转入） | |

（续表）

| 序号 | 产品名称 | 登记证号 | 登记有效期 | | 防治对象 | 常用量 | 最高用量 | 施药方法 | 最多使用次数 | 安全间隔期（天） | 生产厂家 | 备注 |
|---|---|---|---|---|---|---|---|---|---|---|---|---|
| 34 | 35%威百亩水剂 | PD20101546 | 2010.05.19 | 2015.05.19 | 一年生杂草 | 50g/m² | 75g/m² | 土壤熏蒸 | 1 | 7 | 辽宁省沈阳丰收农药有限公司 | |
| 35 | 42%威百亩水剂 | PD20101411 | 2010.04.14 | 2015.04.14 | 一年生杂草 | 40mL/667m² | 60mL/667m² | 土壤熏蒸 | 1 | 7 | 辽宁省沈阳丰收农药有限公司 | |
| 杀菌剂 | | | | | | | | | | | | |
| 36 | 80%代森锌可湿性粉剂 | PD84116-8 | 2009.12.20 | 2014.12.20 | 炭疽病 | 80g/667m² | 100g/667m² | 喷雾 | 2 | 10 | 四川国光农化股份有限公司 | |
| 37 | 80%代森锌可湿性粉剂 | PD20096093 | 2009.06.18 | 2014.06.18 | 炭疽病 | 80g/667m² | 100g/667m² | 喷雾 | 2 | 10 | 河北双吉化工有限公司 | |
| 38 | 80%代森锌可湿性粉剂 | PD84116-7 | 2009.12.30 | 2014.12.30 | 炭疽病 | 80g/667m² | 100g/667m² | 喷雾 | 2 | 10 | 天津市瀚乐农药科技发展有限公司 | |
| 39 | 80%代森锰锌可湿性粉剂 | PD20040029 | 2009.12.10 | 2014.12.10 | 炭疽病 | 80g/667m² | 100g/667m² | 喷雾 | 2 | 10 | 利民化工股份有限公司 | |
| 40 | 20%噁霉·稻瘟灵乳油 | PD20086357 | 2013.12.31 | 2018.12.31 | 立枯病 | 1 500× | 1 000× | 喷淋茎基部 | 2 | 10 | 湖北移栽灵农业科技股份有限公司 | 播前喷洒苗床，栽后再喷雾一次 |
| 41 | 36%甲基硫菌灵悬浮剂 | PD86116 | 2011.04.17 | 2016.04.17 | 白粉病 | 1 000× | 800× | 喷雾 | 2 | 10 | 江苏蓝丰生物化工股份有限公司 | |

（续表）

| 序号 | 产品名称 | 登记证号 | 登记有效期 | 防治对象 | 常用量 | 最高用量 | 施药方法 | 最多使用次数 | 安全间隔期（天） | 生产厂家 | 备注 |
|---|---|---|---|---|---|---|---|---|---|---|---|
| 42 | 12.5%腈菌唑微乳剂 | PD20111439 | 2011.12.29 2016.12.29 | 白粉病 | 2 000× | 1 500× | 喷雾 | 2 | 10 | 北京市东旺农药厂 | |
| 43 | 25%三唑酮可湿性粉剂 | PD20092731 | 2009.03.04 2014.03.04 | 白粉病 | 10g/667m² | 12g/667m² | 喷雾 | 2 | 10 | 四川省化学工业研究设计院 | |
| 44 | 722g/L霜霉威盐酸盐水剂 | PD20081425 | 2013.10.31 2018.10.31 | 黑胫病 | 900× | 600× | 喷淋茎基部 | 2 | 10 | 德强生物股份有限公司 | |
| 45 | 722g/L霜霉威盐酸盐水剂 | PD20082753 | 2013.12.08 2018.12.08 | 黑胫病 | 80g/667m² | 100g/667m² | 喷淋茎基部 | 2 | 10 | 江苏宝灵化工股份有限公司 | |
| 46 | 722g/L霜霉威水剂 | PD20082577 | 2013.12.04 2018.12.04 | 黑胫病 | 900× | 600× | 喷淋茎基部 | 2 | 10 | 江西盾牌化工有限责任公司 | |
| 47 | 25%甲霜·霜霉威可湿性粉剂 | PD20091765 | 2014.02.04 2019.02.04 | 黑胫病 | 800× | 600× | 喷淋茎基部 | 2 | 10 | 江苏宝灵化工股份有限公司 | |
| 48 | 68%丙森·甲霜灵可湿性粉剂 | PD20121978 | 2012.12.18 2017.12.18 | 黑胫病 | 60g/667m² | 100g/667m² | 喷淋茎基部 | 2 | 10 | 江苏宝灵化工股份有限公司 | |
| 49 | 48%霜霉·络氨铜水剂 | PD20101024 | 2010.03.22 2015.03.22 | 黑胫病 | 1 500× | 1 200× | 喷淋茎基部 | 2 | 10 | 北京市东旺农药厂 | |
| 50 | 58%甲霜·锰锌可湿性粉剂 | PD20086180 | 2013.12.30 2018.12.30 | 黑胫病 | 800× | 600× | 喷淋茎基部 | 2 | 10 | 温州市鹿城东瓯染料中间体厂（原温州农药厂） | |

（续表）

| 序号 | 产品名称 | 登记证号 | 登记有效期 | 防治对象 | 常用量 | 最高用量 | 施药方法 | 最多使用次数 | 安全间隔期（天） | 生产厂家 | 备注 |
|---|---|---|---|---|---|---|---|---|---|---|---|
| 51 | 58%甲霜·锰锌可湿性粉剂 | PD20084693 | 2013.12.22 | 2018.12.22 | 黑胫病 | 800× | 600× | 喷淋茎基部 | 2 | 10 | 江苏宝灵化工股份有限公司 | |
| 52 | 58%甲霜·锰锌可湿性粉剂 | PD20096280 | 2009.07.22 | 2014.07.22 | 黑胫病 | 80g/667m² | 120g/667m² | 喷淋茎基部 | 2 | 10 | 四川国光农化股份有限公司 | |
| 53 | 58%甲霜·锰锌可湿性粉剂 | PD20080482 | 2013.03.31 | 2018.03.31 | 黑胫病 | 46.4g/667m² | 69.6g/667m² | 喷淋茎基部 | 2 | 10 | 河北双吉化工有限公司 | |
| 54 | 72%甲霜·锰锌可湿性粉剂 | PD20083368 | 2013.12.11 | 2018.12.11 | 黑胫病 | 800× | 600× | 喷淋茎基部 | 2 | 10 | 江苏灵化工股份有限公司 | |
| 55 | 72%甲霜·锰锌可湿性粉剂 | PD20086169 | 2013.12.30 | 2018.12.30 | 黑胫病 | 800× | 600× | 喷淋茎基部 | 2 | 10 | 浙江禾本科技有限公司 | |
| 56 | 72%甲霜·锰锌可湿性粉剂 | PD20070519 | 2012.11.28 | 2017.11.28 | 黑胫病 | 800× | 600× | 喷淋茎基部 | 2 | 10 | 利民化工股份有限公司 | |
| 57 | 68%精甲霜·锰锌水分散剂 | PD20080846 | 2013.07.14 | 2018.07.14 | 黑胫病 | 100g/667m² | 120g/667m² | 喷淋茎基部 | 2 | 10 | 瑞士先正达作物保护有限公司 | |
| 58 | 64%噁霜·锰锌可湿性粉剂 | PD20083261 | 2013.12.11 | 2018.12.11 | 黑胫病 | 200g/667m² | 300g/667m² | 喷淋茎基部 | 2 | 10 | 北京燕化永乐农药有限公司 | |
| 59 | 64%噁霜·锰锌可湿性粉剂 | PD20130206 | 2013.01.30 | 2018.01.30 | 黑胫病 | 230g/667m² | 250g/667m² | 喷淋茎基部 | 2 | 10 | 昆明百事德生物化学科技有限公司 | |
| 60 | 20%噁霉·稻瘟灵微乳剂 | PD20120168 | 2012.01.30 | 2017.01.30 | 黑胫病 | 40mL/667m² | 60mL/667m² | 喷淋茎基部 | 2 | 10 | 湖北移栽灵农业科技股份有限公司 | |

（续表）

| 序号 | 产品名称 | 登记证号 | 登记有效期 | 防治对象 | 常用量 | 最高用量 | 施药方法 | 最多使用次数 | 安全间隔期（天） | 生产厂家 | 备注 |
|---|---|---|---|---|---|---|---|---|---|---|---|
| 61 | 50%烯酰吗啉可湿性粉剂 | PD20070342 | 2012.10.24 2017.10.24 | 黑胫病 | 1 500× | 1 250× | 喷淋茎基部 | 2 | 10 | 巴斯夫欧洲公司 | |
| 62 | 80%烯酰吗啉水分散粒剂 | PD20111431 | 2011.12.18 2016.12.18 | 黑胫病 | 18.75 g/667m² | 25g/667m² | 喷淋茎基部 | 2 | 10 | 山东省青岛泰生生物科技有限公司 | |
| 63 | 50%氟吗·乙铝可湿性粉剂 | PD20090493 | 2014.01.12 2019.01.12 | 黑胫病 | 80g/667m² | 107g/667m² | 喷淋茎基部 | 2 | 10 | 沈阳科创化学品有限公司 | |
| 64 | 10亿/g枯草芽孢杆菌粉剂 | PD20097312 | 2009.10.27 2014.10.27 | 黑胫病 | 100g/667m² | 125g/667m² | 喷淋茎基部 | 2 | 10 | 云南星耀生物制品有限公司 | |
| 65 | 1000亿活芽孢/克枯草芽孢杆菌可湿性粉剂 | PD20132105 | 2013.10.24 2018.10.24 | 黑胫病 | 125g/667m² | 150g/667m² | 喷淋茎基部 | 2 | 10 | 山东玉成生农药有限公司 | |
| 66 | 100万孢子/克蜡质芽孢杆菌可湿性粉剂 | PD20131756 | 2013.09.06 2018.09.06 | 黑胫病 | 20g/667m² | 40g/667m² | 喷淋茎基部 | 2 | 10 | 捷克生物制剂股份有限公司 | |
| 67 | 1000亿芽孢/g枯草芽孢杆菌可湿性粉剂 | PD20110973 | 2011.09.14 2016.09.14 | 黑胫病 | 15g/667m² | 25g/667m² | 喷淋茎基部 | 2 | 10 | 德强生物股份有限公司 | |
| 68 | 40%菌核净可湿性粉剂 | PD86108-2 | 2011.06.19 2016.06.19 | 赤星病 | 500× | 400× | 喷雾 | 3 | 10 | 浙江省斯俪斯植保有限公司 | |

（续表）

| 序号 | 产品名称 | 登记证号 | 登记有效期 | | 防治对象 | 常用量 | 最高用量 | 施药方法 | 最多使用次数 | 安全间隔期（天） | 生产厂家 | 备注 |
|---|---|---|---|---|---|---|---|---|---|---|---|---|
| 69 | 40%王铜·菌核净可湿性粉剂 | PD20130259 | 2013.02.06 | 2018.02.06 | 赤星病 | 100g/667m² | 150g/667m² | 喷雾 | 3 | 10 | 温州市鹿城东瓯染料中间体厂（原温州农药厂） | |
| 70 | 0.3% 多抗霉素水剂 | PD20092758 | 2014.03.04 | 2019.03.04 | 赤星病 | 300× | 200× | 喷雾 | 3 | 10 | 辽宁科生生物化学制品有限公司 | |
| 71 | 3%多抗霉素水剂 | PD20101655 | 2010.06.03 | 2015.06.03 | 赤星病 | 800× | 400× | 喷雾 | 3 | 10 | 绩溪农华生物科技有限公司 | |
| 72 | 3%多抗霉素可湿性粉剂 | PD85163 | 2010.08.23 | 2015.08.23 | 赤星病 | 600× | 400× | 喷雾 | 3 | 10 | 吉林省延边春雷生物药业有限公司 | |
| 73 | 10% 多抗霉素 B 可湿性粉剂 | PD20101483 | 2010.05.05 | 2015.05.05 | 赤星病 | 800× | 600× | 喷雾 | 3 | 10 | 江西劲牛化工有限公司 | |
| 74 | 10%多抗霉素可湿性粉剂 | PD20131159 | 2013.05.24 | 2018.05.24 | 赤星病 | 800× | 600× | 喷雾 | 3 | 10 | 昆明百事德生物化学科技有限公司 | |
| 75 | 19%噁霉·络氨铜水剂 | PD20101336 | 2010.03.22 | 2015.03.22 | 赤星病 | 2 000× | 1 500× | 喷雾 | 3 | 10 | 北京市东旺农药厂 | |
| 76 | 80%代森锰锌可湿性粉剂 | PD20081295 | 2013.10.06 | 2018.10.06 | 赤星病 | 120g/667m² | 160g/667m² | 喷雾 | 3 | 10 | 河北双吉化工有限公司 | |
| 77 | 80%代森锌可湿性粉剂 | PD20040029 | 2009.12.10 | 2014.12.10 | 赤星病 | 140g/667m² | 175g/667m² | 喷雾 | 3 | 10 | 利民化工股份有限公司 | |

（续表）

| 序号 | 产品名称 | 登记证号 | 登记有效期 | 防治对象 | 常用量 | 最高用量 | 施药方法 | 最多使用次数 | 安全间隔期（天） | 生产厂家 | 备注 |
|---|---|---|---|---|---|---|---|---|---|---|---|
| 78 | 50%咪鲜胺锰盐可湿性粉剂 | PD20070522 | 2012.11.28 | 2017.11.28 | 赤星病 | 35g/667m² | 47g/667m² | 喷雾 | 3 | 10 | 江苏辉丰农化股份有限公司 | |
| 79 | 50%异菌脲可湿性粉剂 | PD20080210 | 2013.01.11 | 2018.01.11 | 赤星病 | 1 200× | 800× | 喷雾 | 3 | 10 | 江苏快达农化股份有限公司 | |
| 80 | 50%氯溴异氰尿酸可溶粉剂 | PD20095663 | 2009.05.13 | 2014.05.13 | 赤星病 | 100g/667m² | 125g/667m² | 喷雾 | 3 | 10 | 南京南农农药科技发展有限公司 | |
| 81 | 10亿个/g 枯草芽孢杆菌可湿性粉剂 | PD20132408 | 2013.11.20 | 2018.11.20 | 赤星病 | 75g/667m² | 100g/667m² | 喷雾 | 3 | 10 | 山东潍坊万胜生物农药有限公司 | |
| 82 | 50%氯溴异氰尿酸可溶粉剂 | PD20095663 | 2009.05.13 | 2014.05.13 | 野火病 | 60g/667m² | 80g/667m² | 喷雾 | 3 | 10 | 南京南农农药科技发展有限公司 | |
| 83 | 57.6%氢氧化铜水分散粒剂 | PD20090735 | 2014.01.19 | 2019.01.19 | 野火病 | 1 400× | 1 000× | 喷雾 | 3 | 10 | 澳大利亚纽发姆有限公司 | |
| 84 | 52%王铜·代森锌可湿性粉剂 | PD20131158 | 2013.05.24 | 2018.05.24 | 野火病 | 130g/667m² | 150g/667m² | 喷雾 | 3 | 10 | 昆明百事德生物化学科技有限公司 | |
| 85 | 77%硫酸铜钙可湿性粉剂 | PD270-99 | 2014.03.05 | 2019.03.05 | 野火病 | 600× | 400× | 喷雾 | 3 | 10 | 西班牙艾克威化学工业有限公司 | |
| 86 | 20%噻菌铜悬浮剂 | PD20086024 | 2013.12.29 | 2018.12.29 | 野火病 | 100g/667m² | 130g/667m² | 喷雾 | 3 | 10 | 浙江龙湾化工有限公司 | |
| 87 | 4%春雷霉素可湿性粉剂 | PD85164 | 2010.08.23 | 2015.08.23 | 野火病 | 800× | 600× | 喷雾 | 3 | 10 | 吉林省延边春生物药业有限公司 | |

（续表）

| 序号 | 产品名称 | 登记证号 | 登记有效期 | 防治对象 | 常用量 | 最高用量 | 施药方法 | 最多使用次数 | 安全间隔期（天） | 生产厂家 | 备注 |
|---|---|---|---|---|---|---|---|---|---|---|---|
| 88 | 72%硫酸链霉素可溶粉剂 | PD20110252 | 2011.03.04 2016.03.04 | 野火病 | 5 000 × | 3 500 × | 喷雾 | 3 | 10 | 河北三农化用化工有限公司 | |
| 89 | 40%噻唑锌悬浮剂 | LS20130530 | 2013.06.29 2014.06.29 | 野火病 | 800 × | 600 × | 喷雾 | 3 | 10 | 浙江新农化工股份有限公司 | |
| 90 | 3000 亿个/g 荧光假单胞菌粉剂 | PD20090002 | 2014.01.04 2019.01.04 | 青枯病 | 512.5g/667m² | 662.5g/667m² | ①浸种②苗床泼浇③灌根 | 3 | 10 | 江苏省常州兰陵制药有限公司 | 对青枯病有一定效果 |
| 91 | 0.1 亿 cfu/g 多粘类芽孢杆菌细粒剂 | PD20096844 | 2009.09.21 2014.09.21 | 青枯病 | 1250g/667m² | 1700g/667m² | ①浸种②苗床泼浇③灌根 | 3 | 10 | 浙江省桐庐汇丰生物化工有限公司 | 对青枯病有一定效果 |
| 92 | 20%噻菌铜悬浮剂 | PD20086024 | 2013.12.19 2018.12.19 | 青枯病 | 700 × | 300 × | 喷雾 | 3 | 10 | 浙江龙游化工有限公司 | 对青枯病有一定效果 |
| 93 | 8%宁南霉素水剂 | PD20097122 | 2009.10.12 2014.10.12 | 病毒病 | 1 600 × | 1 200 × | 喷雾 | 4 | 10 | 德强生物股份有限公司 | 对病毒病有一定预防效果 |
| 94 | 2%嘧肽霉素水剂 | LS20130472 | 2013.10.17 2014.10.17 | 病毒病 | 1 000 × | 600 × | 喷雾 | 4 | 10 | 辽宁沈阳红旗林药有限公司 | 对病毒病有一定预防效果 |
| 95 | 5.6%嘧肽·吗啉胍可湿性粉剂 | LS20130414 | 2013.07.30 2014.07.30 | 病毒病 | 1 200 × | 700 × | 喷雾 | 4 | 10 | 辽宁沈阳红旗林药有限公司 | 对病毒病有一定预防效果 |

（续表）

| 序号 | 产品名称 | 登记证号 | 登记有效期 | | 防治对象 | 常用量 | 最高用量 | 施药方法 | 最多使用次数 | 安全间隔期（天） | 生产厂家 | 备注 |
|---|---|---|---|---|---|---|---|---|---|---|---|---|
| 96 | 20%盐酸吗啉胍可湿性粉剂 | PD20097150 | 2014.10.16 | 2009.10.16 | 病毒病 | 400× | 300× | 喷雾 | 4 | 10 | 江西禾益化工有限公司 | 对病毒病有一定预防效果 |
| 97 | 18%丙多·吗啉胍可湿性粉剂 | PD20120237 | 2017.02.13 | 2012.02.13 | 病毒病 | 500× | 300× | 喷雾 | 4 | 10 | 贵州道元科技有限公司 | 对病毒病有一定预防效果 |
| 98 | 20%吗胍·乙酸铜可湿性粉剂 | PD20097587 | 2014.11.03 | 2009.11.03 | 病毒病 | 1 200× | 800× | 喷雾 | 4 | 10 | 山东省绿士农药有限公司 | 对病毒病有一定预防效果 |
| 99 | 20%吗胍·乙酸铜可溶性粉剂 | PD20097455 | 2014.10.28 | 2009.10.28 | 病毒病 | 1 200× | 800× | 喷雾 | 4 | 10 | 山东神星药业有限公司 | 对病毒病有一定预防效果 |
| 100 | 20%吗胍·乙酸铜可湿性粉剂 | PD20100302 | 2015.01.11 | 2010.01.11 | 病毒病 | 1 200× | 800× | 喷雾 | 4 | 10 | 山东玉成生化农药有限公司 | 对病毒病有一定预防效果 |
| 101 | 24%混脂·硫酸铜水乳剂 | PD20101264 | 2015.03.05 | 2010.03.05 | 病毒病 | 900× | 600× | 喷雾 | 4 | 10 | 北京市东征农药厂 | 对病毒病有一定预防效果 |
| 102 | 8%混脂·硫酸铜水乳剂 | PD20101263 | 2015.03.05 | 2010.03.05 | 病毒病 | 1 000× | 500× | 喷雾 | 4 | 10 | 北京市东征农药厂 | 对病毒病有一定预防效果 |
| 103 | 6%烯·羟·硫酸铜可湿性粉剂 | PD20101113 | 2015.01.25 | 2010.01.25 | 病毒病 | 400× | 300× | 喷雾 | 4 | 10 | 河南倍尔农化有限公司 | 对病毒病有一定预防效果 |
| 104 | 0.5%氨基寡糖素水剂 | PD20098403 | 2014.12.18 | 2009.12.18 | 病毒病 | 600× | 400× | 喷雾 | 4 | 10 | 广西北海国海海洋生物农药有限公司 | 对病毒病有一定预防效果 |
| 105 | 0.5%氨基寡糖素水剂 | PD20101201 | 2015.02.09 | 2010.02.09 | 病毒病 | 600× | 400× | 喷雾 | 4 | 10 | 河北奥德植保农业有限公司 | 对病毒病有一定预防效果 |

（续表）

| 序号 | 产品名称 | 登记证号 | 登记有效期 | 防治对象 | 常用量 | 最高用量 | 施药方法 | 最多使用次数 | 安全间隔期（天） | 生产厂家 | 备注 |
|---|---|---|---|---|---|---|---|---|---|---|---|
| 106 | 2%氨基寡糖素水剂 | PD20097891 | 2009.11.30 2014.11.30 | 病毒病 | 1 200× | 1 000× | 喷雾 | 4 | 10 | 辽宁省大连凯飞化学股份有限公司 | 对病毒病有一定预防效果 |
| 107 | 0.5%香菇多糖水剂 | PD20096263 | 2009.07.15 2014.07.15 | 病毒病 | 500× | 300× | 喷雾 | 4 | 10 | 北京燕化乐东农药有限公司 | 对病毒病有一定预防效果 |
| 108 | 3%超敏蛋白微粒剂 | PD20070120 | 2012.05.08 2017.05.08 | 病毒病 | 10g/667m² | 15g/667m² | 喷雾 | 4 | 10 | 美国伊甸生物技术公司 | 对病毒病有一定预防效果 |
| 109 | 25%阿维·丁硫水乳剂 | PD20102108 | 2010.11.30 2015.11.30 | 根结线虫 | 2 500× | 2 000× | 灌根 | 1 | 10 | 北京市东旺农药厂 | |
| 110 | 2.5亿个孢子/g厚孢轮枝菌微粒剂 | PD20070381 | 2012.10.24 2017.10.24 | 根结线虫 | 1 500g/667m² | 2 000g/667m² | 穴施 | 1 | 10 | 云南陆良酶制剂有限责任公司 | |
| 111 | 0.5%阿维菌素颗粒剂 | PD20110570 | 2011.05.27 2016.05.27 | 根结线虫 | 3 000g/667m² | 4 000g/667m² | 穴施 | 1 | 10 | 山东省泰安市泰山现代农业科技有限公司 | |
| 112 | 3%阿维菌素微囊剂 | PD20132561 | 2013.12.17 2018.12.17 | 根结线虫 | 500g/667m² | 1 000g/667m² | 穴施 | 1 | 10 | 山东玉成生化农药有限公司 | |
| 除草剂 | | | | | | | | | | | |
| 113 | 25%砜嘧磺隆水分散粒剂 | PD20040019 | 2009.11.02 2014.11.02 | 一年生杂草 | 5g/667m² | 10g/667m² | 苗后田间杂草在3-4叶期定向喷雾 | 1 | 15 | 美国杜邦公司 | |

（续表）

| 序号 | 产品名称 | 登记证号 | 登记有效期 | | 防治对象 | 常用量 | 最高用量 | 施药方法 | 最多使用次数 | 安全间隔期（天） | 生产厂家 | 备注 |
|---|---|---|---|---|---|---|---|---|---|---|---|---|
| 114 | 25%砜嘧磺隆水分散粒剂 | PD20121069 | 2012.07.12 | 2017.07.12 | 一年生杂草 | 5g/667m² | 10g/667m² | 定向喷雾 | 1 | 15 | 江苏省激素研究所股份有限公司 | |
| 115 | 50%敌草胺可湿性粉剂 | PD20080995 | 2013.08.06 | 2018.08.06 | 一年生杂草 | 南方：100g/667m² 北方：150g/667m² | 南方：200g/667m² 北方：250g/667m² | 见注* | 1 | 15 | 江苏快达农化股份有限公司 | 喷雾 |
| 116 | 50%敌草胺水分散粒剂 | PD201-95 | 2012.12.02 | 2017.12.02 | 一年生禾本科杂草及部分阔叶杂草 | 200g/667m² | 266g/667m² | 见注* | 1 | 15 | 印度联合磷化物有限公司 | 喷雾 |
| 117 | 50%敌草胺水分散粒剂 | PD20098469 | 2009.12.14 | 2014.12.14 | 一年生杂草 | 200g/667m² | 266g/667m² | 见注* | 1 | 15 | 河南省郑州志信农化有限公司 | |
| 118 | 50%敌草胺水分散粒剂 | PD20085204 | 2013.12.23 | 2018.12.23 | 一年生禾本科杂草及部分阔叶杂草 | 200g/667m² | 266g/667m² | 见注* | 1 | 15 | 江苏快达农化股份有限公司 | |
| 119 | 50%敌草胺可湿性粉剂 | PD20091089 | 2014.01.21 | 2019.01.21 | 一年生杂草 | 200g/667m² | 266g/667m² | 见注* | 1 | 15 | 利尔化学股份有限公司 | |

（续表）

| 序号 | 产品名称 | 登记证号 | 登记有效期 | 防治对象 | 常用量 | 最高用量 | 施药方法 | 最多使用次数 | 安全间隔期（天） | 生产厂家 | 备注 |
|---|---|---|---|---|---|---|---|---|---|---|---|
| 120 | 50%敌草胺水分散粒剂 | PD20101975 | 2010.09.21 2015.09.21 | 一年生禾本科杂草 | 200g/667m² | 150g/667m² | 土壤喷雾 | 1 | 15 | 浙江禾本科技有限公司 | |
| 121 | 72%异丙甲草胺乳油 | PD20096884 | 2009.09.23 2014.09.23 | 一年生杂草 | 125g/667m² | 150g/667m² | 移栽前土表喷雾 | 1 | 15 | 贵州遵义乘通化工股份有限公司 | |
| 122 | 40%仲灵·异噁松乳油 | PD20081725 | 2013.11.18 2018.11.18 | 一年生杂草 | 175g/667m² | 200g/667m² | 移栽前土表喷雾 | 1 | 15 | 江西盾牌化工有限责任公司 | |
| 123 | 50%仲灵·异噁松乳油 | PD20110784 | 2011.07.25 2016.07.25 | 一年生杂草 | 160g/667m² | 200g/667m² | 移栽前土表喷雾 | 1 | 15 | 甘肃省张掖市大弓农化有限公司 | |
| 124 | 450g/L二甲戊灵微囊悬浮剂 | PD20070456 | 2012.11.20 2017.11.20 | 一年生禾本科杂草和阔叶杂草 | 140mL/667m² | 150mL/667m² | 移栽前土表喷雾 | 1 | 15 | 巴斯夫欧洲公司 | |
| **植物生长调节剂** | | | | | | | | | | | |
| 125 | 125g/L氟节胺乳油 | PDl98-95 | 2010.05.25 2015.05.25 | 腋芽 | 300× | 250× | 杯淋、涂抹、喷雾 | 1 | 7～10 | 瑞士先正达作物保护有限公司 | 抑芽 |

（续表）

| 序号 | 产品名称 | 登记证号 | 登记有效期 | 防治对象 | 常用量 | 最高用量 | 施药方法 | 最多使用次数 | 安全间隔期（天） | 生产厂家 | 备注 |
|---|---|---|---|---|---|---|---|---|---|---|---|
| 126 | 125g/L氟节胺乳油 | PD20100123 | 2010.01.05 2015.01.05 | 腋芽 | 300× | 250× | 杯淋法 | 1 | 7~10 | 江苏辉丰农化股份有限公司 | 抑芽 |
| 127 | 125g/L氟节胺乳油 | PD20085709 | 2013.12.26 2018.12.26 | 腋芽 | 300× | 250× | 杯淋法 | 1 | 7~10 | 浙江禾田化工有限公司 | 抑芽 |
| 128 | 125g/L氟节胺乳油 | PD20097161 | 2009.10.16 2014.10.16 | 腋芽 | 300× | 250× | 杯淋法 | 1 | 7~10 | 陕西上格之瞬生物科学有限公司 | 抑芽 |
| 129 | 25%氟节胺乳油 | PD20081670 | 2013.11.17 2018.11.17 | 腋芽 | 350× | 300× | 杯淋法或涂抹 | 2 | 7~10 | 浙江禾田化工有限公司 | 抑芽 |
| 130 | 25%氟节胺可分散油悬浮剂 | PD20131996 | 2013.10.10 2018.10.10 | 腋芽 | 400× | 350× | 杯淋法 | 1 | 7~10 | 张掖市大弓农化有限公司 | 抑芽 |
| 131 | 330g/L二甲戊灵乳油 | PD20091341 | 2014.02.01 2019.02.01 | 腋芽 | 100× | 80× | 杯淋法 | 1 | 7~10 | 江苏龙灯化学有限公司 | 抑芽 |
| 132 | 330g/L二甲戊灵乳油 | PD20100964 | 2010.01.19 2015.01.19 | 腋芽 | 100× | 80× | 杯淋法 | 1 | 7~10 | 潍坊中农联合化工有限公司（由原山东鸿汇烟草用药有限公司转入） | 抑芽 |
| 133 | 330g/L二甲戊灵乳油 | PD178-93 | 2013.07.24 2018.07.24 | 腋芽 | 100× | 80× | 杯淋法 | 1 | 7~10 | 巴斯夫欧洲公司 | 抑芽 |
| 134 | 330g/L二甲戊灵乳油 | PD20092796 | 2009.03.04 2014.03.04 | 腋芽 | 100× | 80× | 杯淋法 | 1 | 7~10 | 利尔化学股份有限公司 | 抑芽 |

（续表）

| 序号 | 产品名称 | 登记证号 | 登记有效期 | | 防治对象 | 常用量 | 最高用量 | 施药方法 | 最多使用次数 | 安全间隔期（天） | 生产厂家 | 备注 |
|---|---|---|---|---|---|---|---|---|---|---|---|---|
| 135 | 330g/L二甲戊灵乳油 | PD20060048 | 2011.02.27 | 2016.02.27 | 腋芽 | 100× | 80× | 杯淋法 | 1 | 7~10 | 浙江省宁波中化化学品有限公司 | 抑芽 |
| 136 | 330克/升二甲戊灵乳油 | PD20130615 | 2013.04.03 | 2018.04.03 | 腋芽 | 100× | 80× | 杯淋法 | 1 | 7~10 | 昆明百事德生物化学科技有限公司 | 抑芽 |
| 137 | 33%二甲戊灵乳油 | PD20082217 | 2013.12.24 | 2018.12.24 | 腋芽 | 100× | 80× | 杯淋法 | 1 | 7~10 | 山东华阳农药化工集团有限公司 | 抑芽 |
| 138 | 30%甲戊·稀效唑乳油 | PD20110983 | 2011.09.16 | 2016.09.16 | 腋芽 | 200× | 160× | 杯淋法 | 1 | 7~10 | 北京市东旺农药厂 | 抑芽 |
| 139 | 360g/L仲丁灵乳油 | PD221-97 | 2012.09.29 | 2017.09.29 | 腋芽 | 100× | 80× | 杯淋法 | 1 | 7~10 | 澳大利亚纽发姆有限公司 | 抑芽 |
| 140 | 36%仲丁灵乳油 | PD20081142 | 2013.09.01 | 2018.09.01 | 腋芽 | 100× | 80× | 杯淋法 | 1 | 7~10 | 潍坊中农联合化工有限公司（由原山东鸿汇草用药有限公司转入） | 抑芽 |
| 141 | 360g/L仲丁灵乳油 | PD20094150 | 2014.03.27 | 2019.03.27 | 腋芽 | 100× | 80× | 杯淋法 | 1 | 7~10 | 江西劲农化工有限公司 | 抑芽 |
| 142 | 360g/L仲丁灵乳油 | PD20080577 | 2013.05.12 | 2018.05.12 | 腋芽 | 100× | 80× | 杯淋法 | 1 | 7~10 | 山东玉成生化药有限公司 | 抑芽 |
| 143 | 36%仲丁灵乳油 | PD20095742 | 2009.05.18 | 2014.05.18 | 腋芽 | 100× | 80× | 杯淋法 | 1 | 7~10 | 山东华阳和乐农药有限公司 | 抑芽 |

（续表）

| 序号 | 产品名称 | 登记证号 | 登记有效期 | 防治对象 | 常用量 | 最高用量 | 施药方法 | 最多使用次数 | 安全间隔期（天） | 生产厂家 | 备注 |
|---|---|---|---|---|---|---|---|---|---|---|---|
| 144 | 360g/L 仲丁灵乳油 | PD20093624 | 2014.03.25 2019.03.25 | 腋芽 | 100× | 80× | 杯淋法 | 1 | 7~10 | 山东省绿士农药有限公司 | 抑芽 |
| 145 | 36% 仲丁灵乳油 | PD20092563 | 2014.02.26 2019.02.26 | 腋芽 | 100× | 80× | 杯淋法 | 1 | 7~10 | 江西益隆化工有限公司 | 抑芽 |
| 146 | 360g/L 仲丁灵乳油 | PD20080595 | 2013.05.12 2018.05.12 | 腋芽 | 100× | 80× | 杯淋法 | 1 | 7~10 | 甘肃省张掖市大弓农化有限公司 | 抑芽 |
| 147 | 360g/L 仲丁灵乳油 | PD20100546 | 2010.01.14 2015.01.14 | 腋芽 | 100× | 80× | 杯淋法 | 1 | 7~10 | 贵州遵义泉通化工有限公司 | 抑芽 |
| 148 | 37.3% 仲丁灵乳油 | PD20050153 | 2010.09.29 2015.09.29 | 腋芽 | 100× | 80× | 杯淋法 | 1 | 7~10 | 江西盾牌化工有限责任公司 | 抑芽 |
| 149 | 30.2% 抑芽丹水剂 | PD20101272 | 2010.03.05 2015.03.05 | 腋芽 | 50× | 40× | 茎叶喷雾 | 1 | 7~10 | 潍坊中农联合化工有限公司（由原山东鸿汇烟草用药有限公司转入） | 抑芽 |
| 150 | 4% 赤霉酸 A3 水剂 | PD20121964 | 2012.12.12 2017.12.12 | 调节生长 | 8mL/667m² | 10mL/667m² | 茎叶喷雾 | 1 | 7~10 | 贵州遵义泉通化工股份有限公司 | 降碱提钾开片增质 |

＊杂草苗前除草剂。移栽前后1~3天施药。每亩兑水50~100kg，使用浓度在1 000倍以上，均匀喷雾土表，干燥无雨时应相应增加用水量。移栽后施药时注意使用防风罩，避免药液直接接触烟苗。

# 附件 3 禁止在烟草上使用的农药品种或化合物名单

| | | | | | | |
|---|---|---|---|---|---|---|
| 1 | 六六六 | 9 | 林丹 | 17 | 滴滴涕 | 25 | 滴滴滴（TDE） | 33 | 毒杀芬 | 41 | 二溴氯丙烷 |
| 2 | 杀虫脒 | 10 | 二溴乙烷 | 18 | 二氯乙烷 | 26 | 环氧乙烷 | 34 | 除草醚 | 42 | 艾氏剂 |
| 3 | 狄氏剂 | 11 | 汞制剂 | 19 | 砷、铅类 | 27 | 敌枯双 | 35 | 氟乙酰胺（敌蚜胺） | 43 | 甲胺磷 |
| 4 | 甲基对硫磷 | 12 | 对硫磷 | 20 | 久效磷 | 28 | 磷胺 | 36 | 苯硫磷 | 44 | 溴苯磷 |
| 5 | 速灭磷 | 13 | 内吸磷 | 21 | 八甲磷 | 29 | 三氯杀螨砜 | 37 | 乙酯杀螨醇 | 45 | 乐杀螨 |
| 6 | 克百威 | 14 | 氯丹 | 22 | 七氯 | 30 | 氯乙烯 | 38 | 五氯酚（PCP） | 46 | 氯化苦 |
| 7 | 六氯苯 | 15 | 敌菌丹 | 23 | 赛力散（PMA） | 31 | 草枯醚 | 39 | 除草定 | 47 | 比久（daminozide） |
| 8 | 2,4,5-涕 | 16 | 乙基己烯二醇 | 24 | 氰化合物 | 32 | 黄樟素（safrole） | 40 | 硫酸亚铊 | | |

# 附件4 农药管理的相关文件

## 中华人民共和国农药管理条例【国务院第216号令】
### (2001年修正本)

### 第一章 总 则

**第一条** 为了加强对农药生产、经营和使用的监督管理，保证农药质量，保护农业、林业生产和生态环境，维护人畜安全，制定本条例。

**第二条** 本条例所称农药，是指用于预防、消灭或者控制危害农业、林业的病、虫、草和其他有害生物以及有目的地调节植物、昆虫生长的化学合成或者来源于生物、其他天然物质的一种物质或者几种物质的混合物及期制剂。

前款农药包括用于不同目的、场所的下列各类：

（一）预防、消灭或者控制危害农业、林业的病、虫（包括昆虫、蜱、螨）、草和鼠、软体动物等有害生物的；

（二）预防、消灭或者控制仓储病、虫、鼠和其他有害生物的；

（三）调节植物、昆虫生长的；

（四）用于农业、林业产品防腐或者保鲜的；

（五）预防、消灭或者控制蚊、蝇、蜚蠊、鼠和其他有害生物的；

（六）预防、消灭或者控制危害河流堤坝、铁路、机场、建筑物和其他场所的有害生物的。

**第三条** 在中华人民共和国境内生产、经营和使用农药的，应当遵守本条例。

**第四条** 国家鼓励和支持研制、生产和使用安全、高效、经济的农药。

**第五条** 国务院农业行政主管部门负责全国的农药登记和农药监督管理工作。省、自治区、直辖市人民政府农业行政主管部门协助国务院农业行政主管部门做好本行政区域内的农药登记，并负责本行政区域内的农药监督管理工作。县级人民政府和设区的市、自治州人民政府的农业行政主管部门负责本行政区域内的农药监督管理工作。

县级以上各级人民政府其他有关部门在各自的职责范围内负责有关的农药监督管理工作。

## 第二章 农药登记

**第六条** 国家实行农药登记制度。

生产（包括原药生产、制剂加工和分装，下同）农药和进口农药，必须进行登记。

**第七条** 国内首次生产的农药和首次进口的农药的登记，按照下列三个阶段进行：

（一）田间试验阶段：申请登记的农药，由其研制者提出田间试验申请，经批准，方可进行田间试验；田间试验阶段的农药不得销售。

（二）临时登记阶段：田间试验后，需要进行田间试验示范、试销的农药以及在特殊情况下需要使用的农药，由其生产者申请临时登记，经国务院农业行政主管部门发给农药临时登记证后，方可在规定的范围内进行田间试验示范、试销。

（三）正式登记阶段：经田间试验示范、试销可以作为正式商品流通的农药，由其生产者申请正式登记，经国务院农业行政主管部门发给农药登记证后，方可生产、销售。

农药登记证和农药临时登记证应当规定登记有效期限；登记有效期限届满，需要继续生产或者继续向中国出售农药产品的，应当在登记有效期限届满前申请续展登记；

经正式登记和临时登记的农药，在登记有效期限内改变剂型、含量或者使用范围、使用方法的，应当申请变更登记。

**第八条**  依照本条例第七条的规定申请农药登记时，其研制者、生产者或者向中国出售农药的外国企业应当向国务院农业行政主管部门或者经由省、自治区、直辖市人民政府农业行政主管部门向国务院农业行政主管部门提供农药样品，并按照国务院农业行政主管部门规定的农药登记要求，提供农药的产品化学、毒理学、药效、残留、环境影响、标签等方面的资料。

国务院农业行政主管部门所属的农药检定机构负责全国的农药具体登记工作。省、自治区、直辖市人民政府农业行政主管部门所属的农药检定机构协助做好本行政区域内的农药具体登记工作。

**第九条**  国务院农业、林业、工业产品许可管理、卫生、环境保护、粮食部门和全国供销合作总社等部门推荐的农药管理专家和农药技术专家，组成农药登记评审委员会。

**第十条**  农药正式登记的申请资料分别经国务院农业、化学工业、卫生、环境保护部门和全国供销合作总社审查并签署意见后，由农药登记评审委员会对农药的产品化学、毒理学、药效、残留、环境影响等作出评价。根据农药登记评审委员会的评价，符合条件的，由国务院农业行政主管部门发给农药登记证。国家对获得首次登记的、含有新化合物的农药的申请人提交的其自己所取得且未披露的试验数据和其他数据实施保护。

"自登记之日起 6 年内，对其他申请人未经已获得登记的申请人同意，使用前款数据申请农药登记的，登记机关不予登记；但是，其他申请人提交其自己所取得的数据的除外。

"除下列情况外，登记机关不得披露第一款规定的数据：

（一）公共利益需要；

（二）已采取措施确保该类信息不会被不正当地进行商业使用

**第十一条** 生产其他厂家已经登记的相同农药产品的，其生产者应当申请办理农药登记，提供农药样品和本条例第八条规定的资料，由国务院农业行政主管部门发给农药登记证。

## 第三章 农药生产

**第十二条** 农药生产应当符合国家农药工业的产业政策。

**第十三条** 开办农药生产企业（包括联营、设立分厂和非农药生产企业设立农药生产车间）、应当具备下列条件，并经企业所在地的省、自治区、直辖市工业产品许可管理部门审核同意后，报国务院化学工业行政管理部门批准；但是，法律、行政法规对企业设立的条件和审核或者批准机关另有规定的，从其规定：

（一）有与其生产的农药相适应的技术人员和技术工人；

（二）有与其生产的农药相适应的厂房、生产设施和卫生环境；

（三）有符合国家劳动安全、卫生标准的设施和相应的劳动安全、卫生管理制度；

（四）有产品质量标准和产品质量保证体系；

（五）所生产的农药是依法取得农药登记的农药；

（六）有符合国家环境保护要求的污染防治设施和措施，并且污染物排放不超过国家和地方规定的排放标准。

农药生产企业经批准后，方可依法向工商行政管理机关申请领取营业执照。

**第十四条**　国家实行农药生产许可制度。

生产有国家标准或者行业标准的农药的，应当向国务院工业产品许可管理部门申请农药生产许可证。

生产尚未制定国家标准、行业标准但已有企业标准的农药的，应当经省、自治区、直辖市化学工业行政管理部门审核同意后，报国务院工业产品许可管理部门批准，发给农药生产批准文件。

**第十五条**　农药生产企业应当按照农药产品质量标准、技术规程进行生产，生产记录必须完整、准确。

**第十六条**　农药产品包装必须贴有标签或者附具说明书。标签应当紧贴或者印制在农药包装物上。标签或者说明书上应当注明农药名称、企业名称、产品批号和农药登记证号或者农药临时登记证号、农药生产许可证号或者农药生产批准文件号以及农药有效成份、含量、重量、产品性能、毒性、用途、使用技术、使用方法、生产日期、有效期和注意事项等；农药分装的，还应当注明分装单位。

**第十七条**　农药产品出厂前，应当经过质量检验并附具产品质量检验合格证；不符合产品质量标准的，不得出厂。

## 第四章　农药经营

**第十八条**　不列单位可以经营农药：

（一）供销合作社的农业生产资料经营单位；

（二）植物保护站；

（三）土壤肥料站；

（四）农业、林业技术推广机构；

（五）森林病虫害防治机构；

（六）农药生产企业；

（七）国务院规定的其他经营单位。

经营的农药属于化学危险物品的，应当按照国家有关规定办理经营许可证。

**第十九条** 农药经营单位应当具备下列条件和有关法律、行政法规规定的条件，并依法向工商行政管理机关申请领取营业执照后，方可经营农药：

（一）有与其经营的农药相适应的技术人员；

（二）有与其经营的农药相适应的营业场所、设备、仓储设施、安全防护措施和环境污染防治设施、措施；

（三）有与其经营的农药相适应的规章制度；

（四）有与其经营的农药相适应的质量管理制度和管理手段。

**第二十条** 农药经营单位购进农药，应当将农药产品与产品标签或者说明书、产品质量合格证核对无误，并进行质量检验。

禁止收购、销售无农药登记证或者农药临时登记证、无农药生产许可证或者农药生产批准文件、无产品质量标准和产品质量合格证和检验不合格的农药。

**第二十一条** 农药经营单位应当按照国家有关规定做好的农药储备工作。

贮存农药应当建立和执行仓储保管制度，确保农药产品的质量和安全。

**第二十二条** 农药经营单位销售农药，必须保证质量，农药产品与产品标签或者说明书、产品质量合格证应当核对无误。

农药经营单位应当向使用农药的单位和个人正确说明农药的用途、使用方法、用量、中毒急救措施和注意事项。

**第二十三条** 超过产品质量保证期限的农药产品，经省级以上人民政府农业行政主管部门所属的农药检定机构检验，符合标准的，可以在规定期限内销售；但是，必须注明"过期农药"

字样，并附具使用方法和用量。

## 第五章 农药使用

**第二十四条** 县级以上各级人民政府农业行政主管部门应当根据"预防为主，综合防治"的植保方针，组织推广安全、高效农药，开展培训活动，提高农民施药技术水平，并做好病虫害预测预报工作。

**第二十五条** 县级以上地方各级人民政府农业行政主管部门应当加强对安全、合理使用农药的指导，根据本地区农业病、虫、草、鼠害发生情况，制定农药轮换使用规划，有计划地轮换使用农药，减缓病、虫、草、鼠的抗药性，提高防治效果。

**第二十六条** 使用农药应当遵守农药防毒规程，正确配药、施药，做好废弃物处理和安全防护工作，防止农药污染环境和农药中毒事故。

**第二十七条** 使用农药应当遵守国家有关农药安全、合理使用的规定，按照规定的用药量、用药次数、用药方法和安全间隔期施药，防止污染农副产品。

剧毒、高毒农药不得用于防治卫生害虫，不得用于蔬菜、瓜果、茶叶和中草药材。

**第二十八条** 使用农药应当注意保护环境、有益生物和珍稀物种。

严禁用农药毒鱼、虾、鸟、兽等。

**第二十九条** 林业、粮食、卫生行政部门应当加强对林业、储粮、卫生用农药的安全、合理使用的指导。

## 第六章 其他规定

**第三十条** 任何单位和个人不得生产未取得农药生产许可证或者农药生产批准文件的农药。

任何单位和个人不得生产、经营、进口或者使用未取得农药登记证或者农药临时登记证的农药。

进口农药应当遵守国家有关规定，货主或者其代理人应当向海关出示其取得的中国农药登记证或者农药临时登记证。

**第三十一条** 禁止生产、经营和使用假农药。

下列农药为假农药：

（一）以非农药冒充农药或者以此种农药冒充他种农药的；

（二）所含有效成份的种类、名称与产品标签或者说明书上注明的农药有效成份的种类、名称不符的。

**第三十二条** 禁止生产、经营和使用劣质农药。

下列农药为劣质农药：

（一）不符合农药产品质量标准的；

（二）失去使用效能的；

（三）混有导致药害等有害成份的。

**第三十三条** 禁止经营产品包装上未附标签或者标签残缺不清的农药。

**第三十四条** 未经登记的农药，禁止刊登、播放、设置、张贴广告。

农药广告内容必须与农药登记的内容一致，并依照广告法和国家有关农药广告管理的规定接受审查。

**第三十五条** 经登记的农药，在登记有效期内发现对农业、林业、人畜安全、生态环境有严重危害的，经农药登记评审委员会审议，由国务院农业行政主管部门宣布限制使用或者撤销登记。

**第三十六条** 任何单位和个人不得生产、经营和使用国家明令禁止生产或者撤销登记的农药。

**第三十七条** 县级以上各级人民政府有关部门应当做好农副产品中农药残留量的检测工作，并公布检测结果。

**第三十八条**　禁止销售农药残留量超过标准的农副产品。

**第三十九条**　处理假农药、劣质农药、过期报废农药、禁用农药、废弃农药包装和其他含农药的废弃物，必须严格遵守环境保护法律、法规的有关规定，防止污染环境。

# 第七章　罚　　则

**第四十条**　有下列行为之一的，依照刑法关于非法经营罪或者危险物品肇事罪的规定，依法追究刑事责任；尚不够刑事处罚的，由农业行政主管部门按照以下规定给予处罚：

（一）未取得农药登记证或者农药临时登记证，擅自生产、经营农药的，或者生产、经营已撤销登记的农药的，责令停止生产、经营，没收违法所得，并处违法所得 1 倍以上 10 倍以下的罚款；没有违法所得的，并处 10 万元以下的罚款；

（二）农药登记证或者农药临时登记证有效期限届满未办理续展登记，擅自继续生产该农药的，责令限期补办续展手续，没收违法所得，可以并处违法所得 5 倍以下的罚款；没有违法所得的，可以并处 5 万元以下的罚款；逾期不补办的，由原发证机关责令停止生产、经营，吊销农药登记证或者农药临时登记证；

（三）生产、经营产品包装上未附标签、标签残缺不清或者擅自修改标签内容的农药产品的，给予警告，没收违法所得，可以并处违法所得 3 倍以下的罚款；没有违法所得的，可以并处 3 万元以下的罚款；

（四）不按照国家有关农药安全使用的规定使用农药的，根据所造成的危害后果，给予警告，可以并处 3 万元以下的罚款。

**第四十一条**　有下列行为之一的，由省级以上人民政府工业产品许可管理部门按照以下规定给予处罚：

（一）未经批准，擅自开办农药生产企业的，或者未取得农药生产许可证或者农药生产批准文件，擅自生产农药的，责令停止生产，没收违法所得，并处违法所得 1 倍以上 10 倍以下的罚款；没有违法所得的，并处 10 万元以下的罚款；

（二）未按照农药生产许可证或者农药生产批准文件的规定，擅自生产农药的，责令停止生产，没收违法所得，并处违法所得 1 倍以上 5 倍以下的罚款；没有违法所得的，并处 5 万元以下的罚款；情节严重的，由原发证机关吊销农药生产许可证或者农药生产批准文件。

**第四十二条** 假冒、伪造或者转让农药登记证或者农药临时登记证、农药登记证号或者农药临时登记证号、农药生产许可证或者农药生产批准文件、农药生产许可证号或者农药生产批准文件号的，依照刑法关于非法经营罪或者伪造、变造、买卖国家机关公文、证件、印章罪的规定，依法追究刑事责任；尚不够刑事处罚的，由农业行政主管部门收缴或者吊销农药登记证或者农药临时登记证，由工业产品许可管理部门收缴或者吊销农药生产许可证或者农药生产批准文件，由农业行政主管部门或者工业产品许可管理部门没收违法所得，可以并处违法所得 10 倍以下的罚款；没有违法所得的，可以并处 10 万元以下的罚款。

**第四十三条** 生产、经营假农药、劣质农药的，依照刑法关于生产、销售伪劣产品罪或者生产、销售伪劣农药罪的规定，依法追究刑事责任；尚不够刑事处罚的，由农业行政主管部门或者法律、行政法规规定的其他有关部门没收假农药、劣质农药和违法所得，并处违法所得 1 倍以上 10 倍以下的罚款；没有违法所得的，并处 10 万元以下的罚款；情节严重的，由农业行政主管部门吊销农药登记证或者农药临时登记证，由工业产品许可管理部门吊销农药生产许可证或者农药生产批准文件。

**第四十四条** 违反工商行政管理法律、法规，生产、经营农药的，或者违反农药广告管理规定的，依照刑法关于非法经营罪或者虚假广告罪的规定，依法追究刑事责任；尚不够刑事处罚的，由工商行政管理机关依照有关法律、法规的规定给予处罚。

**第四十五条**　违反本条例规定，造成农药中毒、环境污染、药害等事故或者其他经济损失的，应当依法赔偿。

**第四十六条**　违反本条例规定，在生产、储存、运输、使用农药过程中发生重大事故的，对直接负责的主管人员和其他直接责任人员，依照刑法关于危险物品肇事罪的规定，依法追究刑事责任；尚不够刑事处罚的，依法给予行政处分。

**第四十七条**　农药管理工作人员滥用职权、玩忽职守、徇私舞弊、索贿受贿的，依照刑法关于滥用职权罪、玩忽职守罪或者受贿罪的规定，依法追究刑事责任；尚不够刑事处罚的，依法给予行政处分。

## 第八章　附　　则

**第四十八条**　中华人民共和国缔结或者参加的与农药有关的国际条约与本条例有不同规定的，适用国际条约的规定；但是，中华人民共和国声明保留的条款除外。

**第四十九条**　本条例自 1997 年 5 月 8 日起施行。

# 农药管理条例实施办法【农业部第 18 号令，农业部第 38 号令修订】

（2002 年 7 月 27 日发布）

## 第一章　总　　则

**第一条**　为了保证《农药管理条例》（以下简称《条例》）的贯彻实施，加强对农药登记、经营和使用的监督管理，促进农药工业技术进步，保证农业生产的稳定发展，保护生态环境，保障人畜安全，根据《条例》的有关规定，制定本实施办法。

第二条 农业部负责全国农药登记、使用和监督管理工作，负责制定或参与制定农药安全使用、农药产品质量及农药残留的国家或行业标准。

省、自治区、直辖市人民政府农业行政主管部门协助农业部做好本行政区域内的农药登记，负责本行政区域内农药研制者和生产者申请农药田间试验和临时登记资料的初审，并负责本行政区域内的农药监督管理工作。

县和设区的市、自治州人民政府农业行政主管部门负责本行政区域内的农药监督管理工作。

第三条 农业部农药检定所负责全国的农药具体登记工作。省、自治区、直辖市人民政府农业行政主管部门所属的农药检定机构协助做好本行政区域内的农药具体登记工作。

第四条 各级农业行政主管部门必要时可以依法委托符合法定条件的机构实施农药监督管理工作。受委托单位不得从事农药经营活动。

## 第二章 农药登记

第五条 对农药登记试验单位实行认证制度。

农业部负责组织对农药登记药效试验单位、农药登记残留试验单位、农药登记毒理学试验单位和农药登记环境影响试验单位的认证，并发放认证证书。

经认证的农药登记试验单位应当接受省级以上农业行政主管部门的监督管理。

第六条 农业部制定并发布《农药登记资料要求》。

农药研制者和生产者申请农药田间试验和农药登记，应当按照《农药登记资料要求》提供有关资料。

第七条 新农药应申请田间试验、临时登记和正式登记。

（一）田间试验

农药研制者在我国进行田间试验，应当经其所在地省级农业行政主管部门所属的农药检定机构初审后，向农业部提出申请，由农业部农药检定所对申请资料进行审查。经审查批准后，农药研制者持农药田间试验批准证书与取得认证资格的农药登记药效试验单位签订试验合同，试验应当按照《农药田间药效试验准则》实施。

省级农业行政主管部门所属的农药检定机构对田间试验的初审，应当在农药研制者交齐资料之日起一个月内完成。

境外及港、澳、台农药研制者的田间试验申请，申请资料由农业部农药检定所审查。

农业部农药检定所应当自农药研制者交齐资料之日起三个月内组织完成田间试验资料审查。

（二）临时登记

田间试验后，需要进行示范试验（面积超过 10 公顷）、试销以及在特殊情况下需要使用的农药，其生产者须申请原药和制剂临时登记。其申请登记资料应当经所在地省级农业行政主管部门所属的农药检定机构初审后，向农业部提出临时登记申请，由农业部农药检定所对申请资料进行综合评价，经农药临时登记评审委员会评审，符合条件的，由农业部发给原药和制剂农药临时登记证。

省级农业行政主管部门所属的农药检定机构对临时登记资料的初审，应当在农药生产者交齐资料之日起一个月内完成。

境外及港、澳、台农药生产者向农业部提出临时登记申请的，申请资料由农药检定所审查。

农业部组织成立农药临时登记评审委员会，每届任期三年。农药临时登记评审委员会一至二个月召开一次全体会议。农药临时登记评审委员会的日常工作由农业部农药检定所承担。

农业部农药检定所应当自农药生产者交齐资料之日起三个月

内组织完成临时登记评审。

农药临时登记证有效期为一年，可以续展，累积有效期不得超过四年。

（三）正式登记

经过示范试验、试销可以作为正式商品流通的农药，其生产者须向农业部提出原药和制剂正式登记申请，由农业部农药检定所对申请资料进行审查，经国务院农业、化工、卫生、环境保护部门和全国供销合作总社审查并签署意见后，由农药登记评审委员会进行综合评价，符合条件的，由农业部发给原药和制剂农药登记证。

农药生产者申请农药正式登记，应当提供两个以上不同自然条件地区的示范试验结果。示范试验由省级农业、林业行政主管部门所属的技术推广部门承担。

农业部组织成立农药登记评审委员会，下设农业、毒理、环保、工业等专业组。农药登记评审委员会每届任期三年，每年召开一次全体会议和一至二次主任委员会议。农药登记评审委员会的日常工作由农业部农药检定所承担。

农业部农药检定所应当自农药生产者交齐资料之日起一年内组织完成正式登记评审。

农药登记证有效期为五年，可以续展。

**第八条** 经正式登记和临时登记的农药，在登记有效期限内，同一厂家或者不同厂家改变剂型、含量（配比）或者使用范围、使用方法的，农药生产者应当申请田间试验、变更登记。

田间试验、变更登记的申请和审批程序同本《实施办法》第七条第（一）、第（二）项。

变更登记包括临时登记变更和正式登记变更，分别发放农药临时登记证和农药登记证。

**第九条** 生产其他厂家已经登记的相同农药的，农药生产者应当申请田间试验、变更登记，其申请和审批程序同本《实施办法》第七条第（一）、第（二）项。

对获得首次登记的，含新化合物的农药登记申请人提交的数据，按照《农药管理条例》第十条的规定予以保护。

申请登记的农药产品质量和首家登记产品无明显差异的，在首家取得正式登记之日起 6 年内，经首家登记厂家同意，农药生产者可使用其原药资料和部分制剂资料；在首家取得正式登记之日起 6 年后，农药生产者可免交原药资料和部分制剂资料。

**第十条**　生产者分装农药应当申请办理农药分装登记，分装农药的原包装农药必须是在我国已经登记过的。农药分装登记的申请，应当经农药生产者所在地省级农业行政主管部门所属的农药检定机构初审后，向农业部提出，由农药检定所对申请资料进行审查。经审查批准后，由农业部发给农药临时登记证，登记证有效期为一年，可随原包装厂家产品登记有效期续展。

农业部农药检定所应当自农药生产者交齐资料之日起三个月内组织完成分装登记评审。

**第十一条**　经审查合格的农药登记申请，农业部应当在评审结束后 10 日内决定是否颁发农药临时登记证或农药正式登记证。

**第十二条**　农药登记证、农药临时登记证和农药田间试验批准证书使用"中华人民共和国农业部农药审批专用章"。

**第十三条**　农药生产者申请办理农药登记时可以申请使用农药商品名称。农药商品名称的命名应当规范，不得描述性过强，不得有误导作用。农药商品名称经农业部批准后由申请人专用。

**第十四条**　农药临时登记证、农药登记证需续展的，应当在登记证有效期满前一个月提出续展登记申请。登记证有效期满后提出申请的，应当重新办理登记手续。

**第十五条**　取得农药登记证或农药临时登记证的农药生产厂家因故关闭的，应当在企业关闭后一个月内向农业部农药检定所交回农药登记证或农药临时登记证。逾期不交的，由农业部宣布撤销登记。

**第十六条** 如遇紧急需要，对某些未经登记的农药、某些已禁用或限用的农药，农业部可以与有关部门协商批准在一定范围、一定期限内使用和临时进口。

**第十七条** 农药登记部门及其工作人员有责任为申请者提供的资料和样品保守技术秘密。

**第十八条** 农业部定期发布农药登记公告。

**第十九条** 农药生产者应当指定专业部门或人员负责农药登记工作。省级以上农业行政主管部门所属的农药检定机构应当对申请登记人员进行相应的业务指导。

**第二十条** 进行农药登记试验（药效、残留、毒性、环境）应当提供有代表性的样品，并支付试验费。试验样品须经法定质量检测机构检测确认样品有效成分及其含量与标明值相符，方可进行试验。

## 第三章　农药经营

**第二十一条** 供销合作社的农业生产资料经营单位，植物保护站，土壤肥料站，农业、林业技术推广机构，森林病虫害防治机构，农药生产企业，以及国务院规定的其他单位可以经营农药。

农垦系统的农业生产资料经营单位、农业技术推广单位，按照直供的原则，可以经营农药；粮食系统的储运贸易公司、仓储公司等专门供应粮库、粮站所需农药的经营单位，可以经营储粮用农药。

日用百货、日用杂品、超级市场或者专门商店可以经营家庭用防治卫生害虫和衣料害虫的杀虫剂。

**第二十二条** 农药经营单位不得经营下列农药：

（一）无农药登记证或者农药临时登记证、无农药生产许可证或者生产批准文件、无产品质量标准的国产农药；

（二）无农药登记证或者农药临时登记证的进口农药；

（三）无产品质量合格证和检验不合格的农药；

（四）过期而无使用效能的农药；

（五）没有标签或者标签残缺不清的农药；

（六）撤销登记的农药。

**第二十三条**　农药经营单位对所经营农药应当进行或委托进行质量检验。

**第二十四条**　农药经营单位向农民销售农药时，应当提供农药使用技术和安全使用注意事项等服务。

## 第四章　农药使用

**第二十五条**　各级农业行政主管部门及所属的农业技术推广部门，应当贯彻"预防为主，综合防治"的植保方针，根据本行政区域内的病、虫、草、鼠害发生情况，提出农药年度需求计划，为国家有关部门进行农药产销宏观调控提供依据。

**第二十六条**　各级农业技术推广部门应当指导农民按照《农药安全使用规定》和《农药合理使用准则》等有关规定使用农药，防止农药中毒和药害事故发生。

**第二十七条**　各级农业行政主管部门及所属的农业技术推广部门，应当做好农药科学使用技术和安全防护知识培训工作。

**第二十八条**　农药使用者应当确认农药标签清晰，农药登记证号或者农药临时登记证号、农药生产许可证号或者生产批准文件号齐全后，方可使用农药。

农药使用者应当严格按照产品标签规定的剂量、防治对象、使用方法、施药适期、注意事项施用农药，不得随意改变。

**第二十九条**　各级农业技术推广部门应当大力推广使用安

全、高效、经济的农药。剧毒、高毒农药不得用于防治卫生害虫，不得用于瓜类、蔬菜、果树、茶叶、中草药材等。

第三十条 为了有计划地轮换使用农药，减缓病、虫、草、鼠的抗药性，提高防治效果，省、自治区、直辖市人民政府农业行政主管部门报农业部审查同意后，可以在一定区域内限制使用某些农药。

## 第五章 农药监督

第三十一条 各级农业行政主管部门应当配备一定数量的农药执法人员。农药执法人员应当是具有相应的专业学历、并从事农药工作三年以上的技术人员或者管理人员，经有关部门培训考核合格，取得执法证，持证上岗。

第三十二条 农业行政主管部门有权按照规定对辖区内的农药生产、经营和使用单位的农药进行定期和不定期监督、检查，必要时按照规定抽取样品和索取有关资料，有关单位和个人不得拒绝和隐瞒。

农药执法人员对农药生产、经营单位提供的保密技术资料，应当承担保密责任。

第三十三条 对假农药、劣质农药需进行销毁处理的，必须严格遵守环境保护法律、法规的有关规定，按照农药废弃物的安全处理规程进行，防止污染环境；对有使用价值的，应当经省级以上农业行政主管部门所属的农药检定机构检验，必要时要经过田间试验，制订使用方法和用量。

第三十四条 禁止销售农药残留量超过标准的农副产品。县级以上农业行政主管部门应当做好农副产品农药残留量的检测工作。

第三十五条 农药广告内容必须与农药登记的内容一致，农药广告经过审查批准后方可发布。农药广告的审查按照《广告法》和《农药广告审查办法》执行。

通过重点媒介发布的农药广告和境外及港、澳、台地区农药产品的广告，由农业部负责审查。其他广告，由广告主所在地省级农业行政主管部门负责审查。广告审查具体工作由农业部农药检定所和省级农业行政主管部门所属的农药检定机构承担。

**第三十六条**　地方各级农业行政主管部门应当及时向上级农业行政主管部门报告发生在本行政区域内的重大农药案件的有关情况。

## 第六章　罚　则

**第三十七条**　对未取得农药临时登记证而擅自分装农药的，由农业行政主管部门责令停止分装生产，没收违法所得，并处违法所得 1 倍以上 5 倍以下的罚款；没有违法所得的，并处 5 万元以下的罚款。

**第三十八条**　对生产、经营假农药、劣质农药的，由农业行政主管部门或者法律、行政法规规定的其他有关部门，按以下规定给予处罚：

（一）生产、经营假农药的，劣质农药有效成分总含量低于产品质量标准 30%（含 30%）或者混有导致药害等有害成分的，没收假农药、劣质农药和违法所得，并处违法所得 5 倍以上 10 倍以下的罚款；没有违法所得的，并处 10 万元以下的罚款。

（二）生产、经营劣质农药有效成分总含量低于产品质量标准 70%（含 70%）但高于 30% 的，或者产品标准中乳液稳定性、悬浮率等重要辅助指标严重不合格的，没收劣质农药和违法所得，并处违法所得 3 倍以上 5 倍以下的罚款；没有违法所得的，并处 5 万元以下的罚款。

（三）生产、经营劣质农药有效成分总含量高于产品质量标准 70% 的，或者按产品标准要求有一项重要辅助指标或者二项以上一般辅助指标不合格的，没收劣质农药和违法所得，并处违法所得 1 倍以上 3 倍以下的罚款；没有违法所得的，并处 3 万元以下罚款。

（四）生产、经营的农药产品净重（容）量低于标明值，且超过允许负偏差的，没收不合格产品和违法所得，并处违法所得 1 倍以上 5 倍以下的罚款；没有违法所得的，并处 5 万元以下罚款。

生产、经营假农药、劣质农药的单位，在农业行政主管部门或者法律、行政法规规定的其他有关部门的监督下，负责处理被没收的假农药、劣质农药，拖延处理造成的经济损失由生产、经营假农药和劣质农药的单位承担。

**第三十九条** 对经营未注明"过期农药"字样的超过产品质量保证期的农药产品的，由农业行政主管部门给予警告，没收违法所得，可以并处违法所得 3 倍以下的罚款；没有违法所得的，并处 3 万元以下的罚款。

**第四十条** 收缴或者吊销农药登记证或农药临时登记证的决定由农业部作出。

**第四十一条** 本《实施办法》所称"违法所得"，是指违法生产、经营农药的销售收入。

**第四十二条** 各级农业行政主管部门实施行政处罚，应当按照《行政处罚法》《农业行政处罚程序规定》等法律和部门规章的规定执行。

**第四十三条** 农药管理工作人员滥用职权、玩忽职守、徇私舞弊、索贿受贿，构成犯罪的，依法追究刑事责任；尚不构成犯罪的，依法给予行政处分。

## 第七章　附　则

**第四十四条** 对《条例》第二条所称农药解释如下：

（一）《条例》第二条（一）预防、消灭或者控制危害农业、林业的病、虫（包括昆虫、蜱、螨）、草和鼠、软体动物等有害生物的是指农、林、牧、渔业中的种植业用于防治植物病、虫（包括昆虫、蜱、螨）、草和鼠、软体动物等有害生物的。

（二）《条例》第二条（三）调节植物生长的是指对植物生长发育（包括萌发、生长、开花、受精、座果、成熟及脱落等过程）具有抑制、刺激和促进等作用的生物或者化学制剂；通过提供植物养分促进植物生长的适用其他规定。

（三）《条例》第二条（五）预防、消灭或者控制蚊、蝇、蜚蠊、鼠和其他有害生物的是指用于防治人生活环境和农林业中养殖业用于防治动物生活环境卫生害虫的。

（四）利用基因工程技术引入抗病、虫、草害的外源基因改变基因组构成的农业生物，适用《条例》和本《实施办法》。

（五）用于防治《条例》第二条所述有害生物的商业化天敌生物，适用《条例》和本《实施办法》。

（六）农药与肥料等物质的混合物，适用《条例》和本《实施办法》。

**第四十五条**　本《实施办法》下列用语定义为：

（一）新农药是指含有的有效成分尚未在我国批准登记的国内外农药原药和制剂。

（二）新制剂是指含有的有效成分与已经登记过的相同，而剂型、含量（配比）尚未在我国登记过的制剂。

（三）新登记使用范围和方法是指有效成分和制剂与已经登记过的相同，而使用范围和方法是尚未在我国登记过的。

**第四十六条**　种子加工企业不得应用未经登记或者假、劣种衣剂进行种子包衣。对违反规定的，按违法经营农药行为处理。

**第四十七条**　我国作为农药事先知情同意程序国际公约（PIC）成员国，承担承诺的国际义务，有关具体事宜由农业部农药检定所承办。

**第四十八条** 本《实施办法》由农业部负责解释。

**第四十九条** 本《实施办法》自发布之日起施行。凡与《条例》和本《实施办法》相抵触的规定，一律以《条例》和本《实施办法》为准。

# 中华人民共和国农业部公告【第 194 号】

(2002 年 4 月 22 日发布)

## 加强甲胺磷等 5 种高毒有机磷农药的登记管理

为了促进无公害农产品生产的发展，保证农产品质量安全，增强我国农产品的国际市场竞争力，经全国农药登记评审委员会审议，我部决定，在 2000 年对甲胺磷等 5 种高毒有机磷农药加强登记管理的基础上，再停止受理一批高毒、剧毒农药的登记申请，撤销一批高毒农药在一些作物上的登记，现将有关事项公告如下：

### 一、停止受理甲拌磷等 11 种高毒、剧毒农药新增登记

自公告之日起，停止受理甲拌磷（phorate）、氧乐果（omethoate）、水胺硫磷（isocarbophos）、特丁硫磷（terbufos）、甲基硫环磷（phosfolan-methyl）、治螟磷（sulfotep）、甲基异柳磷（isofenphos-methyl）、内吸磷（demeton）、涕灭威（aldicarb）、克百威（carbofuran）、灭多威（methomyl）等 11 种高毒、剧毒农药（包括混剂）产品的新增临时登记申请；已受理的产品，其申请者在 3 个月内，未补齐有关资料的，则停止批准登记。通过缓释技术等生产的低毒化剂型，或用于种衣剂、杀线虫剂的，经农业部农药临时登记评审委员会专题审查通过，可以受理其临时登记申请。对已经批准登记的农药（包括混剂）产品，我部将商有关部门，根据农业生产实际和可持续发展的要

求，分批分阶段限制其使用作物。

## 二、停止批准高毒、剧毒农药分装登记

自公告之日起，停止批准含有高毒、剧毒农药产品的分装登记。对已批准分装登记的产品，其农药临时登记证到期不再办理续展登记。

## 三、撤销部分高毒农药在部分作物上的登记

自 2002 年 6 月 1 日起，撤销下列高毒农药（包括混剂）在部分作物上的登记：氧乐果在甘蓝上，甲基异柳磷在果树上，涕灭威在苹果树上，克百威在柑桔树上，甲拌磷在柑桔树上，特丁硫磷在甘蔗上。

所有涉及以上撤销登记产品的农药生产企业，须在本公告发布之日起 3 个月之内，将撤销登记产品的农药登记证（或农药临时登记证）交回农业部农药检定所；如果撤销登记产品还取得了在其他作物上的登记，应携带新设计的标签和农药登记证（或农药临时登记证），向农业部农药检定所更换新的农药登记证（或农药临时登记证）。

各省、自治区、直辖市农业行政主管部门和所属的农药检定机构要将农药登记管理的有关事项尽快通知到辖区内农药生产企业，并将执行过程中的情况和问题，及时报送我部种植业管理司和农药检定所。

# 中华人民共和国农业部公告【第 199 号】

（2002 年 5 月 24 日发布）

## 农业部公布禁用农药和高毒农药品种清单

为从源头上解决农产品尤其是蔬菜、水果、茶叶的农药残留超标问题，我部在对甲胺磷等 5 种高毒有机磷农药加强登记管理的基础上，又停止受理一批高毒、剧毒农药的登记申请，撤销一

批高毒农药在一些作物上的登记。现公布国家明令禁止使用的农药和不得在蔬菜、果树、茶叶、中草药材上使用的高毒农药品种清单。

**一、国家明令禁止使用的农药**

六六六（HCH），滴滴涕（DDT），毒杀芬（camphechlor），二溴氯丙烷（dibromochloropane），杀虫脒（chlordimeform），二溴乙烷（EDB），除草醚（nitrofen），艾氏剂（aldrin），狄氏剂（dieldrin），汞制剂（Mercurycompounds），砷（arsena）、铅（acetate）类，敌枯双，氟乙酰胺（fluoroacetamide），甘氟（gliftor），毒鼠强（tetramine），氟乙酸钠（sodiumfluoroacetate），毒鼠硅（silatrane）。

**二、在蔬菜、果树、茶叶、中草药材上不得使用和限制使用的农药**

甲胺磷（methamidophos），甲基对硫磷（parathion-methyl），对硫磷（parathion），久效磷（monocrotophos），磷胺（phospha-midon），甲拌磷（phorate），甲基异柳磷（isofenphos-methyl），特丁硫磷（terbufos），甲基硫环磷（phosfolan-methyl），治螟磷（sulfotep），内吸磷（demeton），克百威（carbofuran），涕灭威（aldicarb），灭线磷（ethoprophos），硫环磷（phosfolan），蝇毒磷（coumaphos），地虫硫磷（fonofos），氯唑磷（isazofos），苯线磷（fenamiphos）19种高毒农药不得用于蔬菜、果树、茶叶、中草药材上。三氯杀螨醇（dicofol），氰戊菊酯（fenvalerate）不得用于茶树上。任何农药产品都不得超出农药登记批准的使用范围使用。

各级农业部门要加大对高毒农药的监管力度，按照《农药管理条例》的有关规定，对违法生产、经营国家明令禁止使用的农药的行为，以及违法在果树、蔬菜、茶叶、中草药材上使用不得使用或限用农药的行为，予以严厉打击。各地要做好宣传教育工作，引导农药生产者、经营者和使用者生产、推广和使用安全、高效、经济的农药，促进农药品种结构调整步伐，促进无公害农产品生产发展。

# 中华人民共和国农业部公告【第 274 号】

（2003 年 4 月 30 日发布）

## 撤销甲胺磷等 5 种高毒农药及丁酰肼登记

为加强农药管理，逐步削减高毒农药的使用，保护人民生命安全和健康，增强我国农产品的市场竞争力，经全国农药登记评审委员会审议，我部决定撤销甲胺磷等 5 种高毒农药混配制剂登记，撤销丁酰肼在花生上的登记，强化杀鼠剂管理。现将有关事项公告如下：

撤销甲胺磷等 5 种高毒有机磷农药混配制剂登记。

自 2003 年 12 月 31 日起，撤销所有含甲胺磷、对硫磷、甲基对硫磷、久效磷和磷胺 5 种高毒有机磷农药的混配制剂的登记（具体名单由农业部农药检定所公布）。自公告之日起，不再批准含以上 5 种高毒有机磷农药的混配制剂和临时登记有效期满 4 年的单剂的续展登记。自 2004 年 6 月 30 日起，不得在市场上销售含以上 5 种高毒有机磷农药的混配制剂。

撤销丁酰肼在花生上的登记。

自公告之日起，撤销丁酰肼（比久）在花生上的登记，不得在花生上使用含丁酰肼（比久）的农药产品。相关农药生产企业在 2003 年 6 月 1 日前到农业部农药检定所换取农药临时登记证。

自 2003 年 6 月 1 日起，停止批准杀鼠剂分装登记，已批准的杀鼠剂分装登记不再批准续展登记。

# 中华人民共和国农业部公告【第 322 号】

(2003 年 12 月 30 日 发布)

## 分阶段削减高度有机磷农药的使用

为提高我国农药应用水平，保护人民生命安全和健康，保护环境，增强农产品的市场竞争力，促进农药工业结构调整和产业升级，经全国农药登记评审委员会审议，我部决定分三个阶段削减甲胺磷、对硫磷、甲基对硫磷、久效磷和磷胺 5 种高毒有机磷农药（以下简称甲胺磷等 5 种高毒有机磷农药）的使用，自 2007 年 1 月 1 日起，全面禁止甲胺磷等 5 种高毒有机磷农药在农业上使用。现将有关事项公告如下：

一、自 2004 年 1 月 1 日起，撤销所有含甲胺磷等 5 种高毒有机磷农药的复配产品的登记证（具体名单另行公布）。自 2004 年 6 月 30 日起，禁止在国内销售和使用含有甲胺磷等 5 种高毒有机磷农药的复配产品。

二、自 2005 年 1 月 1 日起，除原药生产企业外，撤销其他企业含有甲胺磷等 5 种高毒有机磷农药的制剂产品的登记证（具体名单另行公布）。同时将原药生产企业保留的甲胺磷等 5 种高毒有机磷农药的制剂产品的使用范围缩减为：棉花、水稻、玉米和小麦 4 种作物。

三、自 2007 年 1 月 1 日起，撤销含有甲胺磷等 5 种高毒有机磷农药的制剂产品的登记证（具体名单另行公布），全面禁止甲胺磷等 5 种高毒有机磷农药在农业上使用，只保留部分生产能力用于出口。

# 中华人民共和国农业部公告【第494号】

（2005年4月28日发布）

## 加强除草剂管理的意见

为从源头上解决甲磺隆等磺酰脲类长残效除草剂对后茬作物产生药害事故的问题，保障农业生产安全，保护广大农民利益，根据《农药管理条例》的有关规定，结合我国实际情况，经全国农药登记评审委员会审议，我部决定对含甲磺隆、氯磺隆和胺苯磺隆等除草剂产品实行以下管理措施。

一、自2005年6月1日起，停止受理和批准含甲磺隆、氯磺隆和胺苯磺隆等农药产品的田间药效试验申请。自2006年6月1日起，停止受理和批准新增含甲磺隆、氯磺隆和胺苯磺隆等农药产品（包括原药、单剂和复配制剂）的登记。

二、已登记的甲磺隆、氯磺隆和胺苯磺隆原药生产企业，要提高产品质量。对杂质含量超标的，要限期改进生产工艺。在规定期限内不能达标的，要撤销其农药登记证。

三、严格限定含有甲磺隆、氯磺隆产品的使用区域、作物和剂量。含甲磺隆、氯磺隆产品的农药登记证和产品标签应注明"限制在长江流域及其以南地区的酸性土壤（pH值<7）稻麦轮作区的小麦田使用"。产品的推荐用药量以甲磺隆、氯磺隆有效成分计不得超过 $7.5g/hm^2$（0.5g/亩）。

四、规范含甲磺隆、氯磺隆和胺苯磺隆等农药产品的标签内容。其标签内容应符合《农药产品标签通则》和《磺酰脲类除草剂合理使用准则》等规定，要在显著位置醒目详细说明产品限定使用区域、后茬不能种植的作物等安全注意事项。自2006年1月1日起，市场上含甲磺隆、氯磺隆和胺苯磺隆等农药产品的标签应符合以上要求，否则按不合格标签查处。

　　各级农业行政主管部门要加强对玉米、油菜、大豆、棉花和水稻等作物除草剂产品使用的监督管理，防止发生重大药害事故。要加大对含甲磺隆、氯磺隆和胺苯磺隆等农药的监管力度，重点检查产品是否登记、产品标签是否符合要求，依法严厉打击将甲磺隆、氯磺隆掺入其他除草剂产品的非法行为。要做好技术指导、宣传和培训工作，引导农民合理使用除草剂。

## 中华人民共和国农业部　国家发展和改革委员会国家工商行政管理总局　国家质量监督检验检疫总局　联合公告【第632号】

（2006年4月4日发布）

### 全面禁止在国内销售和使用甲胺磷等5种高毒有机磷农药

　　为贯彻落实甲胺磷、对硫磷、甲基对硫磷、久效磷和磷胺5种高毒有机磷农药（以下简称甲胺磷等5种高毒有机磷农药）削减计划，确保自2007年1月1日起，全面禁止甲胺磷等5种高毒有机磷农药在农业上使用，现将有关事项公告如下：

　　一、自2007年1月1日起，全面禁止在国内销售和使用甲胺磷等5种高毒有机磷农药。撤销所有含甲胺磷等5种高毒有机磷农药产品的登记证和生产许可证（生产批准证书）。保留用于出口的甲胺磷等5种高毒有机磷农药生产能力，其农药产品登记证、生产许可证（生产批准证书）发放和管理的具体规定另行制定。

　　二、各农药生产单位要根据市场需求安排生产计划，以销定产，避免因甲胺磷等5种高毒有机磷农药生产过剩而造成积压和损失。对在2006年底尚未售出的产品，一律由本单位负责按照环境保护的有关规定进行处理。

三、各农药经营单位要按照农业生产的实际需要，严格控制甲胺磷等 5 种高毒有机磷农药进货数量。对在 2006 年底尚未销售的产品，一律由本单位负责按照环境保护的有关规定进行处理。

四、各农药使用者和广大农户要有计划地选购含甲胺磷等 5 种高毒有机磷农药的产品，确保在 2006 年底前全部使用完。

五、各级农业、发展改革（经贸）、工商、质量监督检验等行政管理部门，要按照《农药管理条例》和相关法律法规的规定，明确属地管理原则，加强组织领导，加大资金投入，搞好禁止生产销售使用政策、替代农药产品和科学使用技术的宣传、指导和培训。同时，加强农药市场监督管理，确保按期实现禁用计划。自 2007 年 1 月 1 日起，对非法生产、销售和使用甲胺磷等 5 种高毒有机磷农药的，要按照生产、销售和使用国家明令禁止农药的违法行为依法进行查处。

# 农业部、国家发展和改革委员会公告【第 945 号】

（2007 年 12 月 12 日　发布）

## 关于规范农药名称命名的公告

为规范农药名称，维护农药消费者权益，根据《农药管理条例》的有关规定，现就农药名称的管理作出以下规定：

一、单制剂使用农药有效成分的通用名称。

二、混配制剂中各有效成分通用名称组合后不多于 5 个字的，使用各有效成分通用名称的组合作为简化通用名称，各有效成分通用名称之间应当插入间隔号（以圆点"·"表示，中实点，半角），按照便于记忆的方式排列。混配制剂中各有效成分通用名称组合后多于 5 个字的，使用简化通用名称，简化通用名称命名基本原则见附件1。

三、对卫生用农药，不经稀释直接使用的，以功能描述词语和剂型作为产品名称（详见附件2）；经稀释使用的，按第一、二条的规定使用农药名称。

四、农药混配制剂的简化通用名称目录见附件3。尚未列入名称目录的农药混配制剂，申请者应当按照第二、三条的规定，在申请农药登记时向农业部提出简化通用名称的建议，经农业部核准后，方可使用。

附件1：

农药简化通用名称命名基本原则

一、有效成分种类相同的农药混配制剂使用同一简化通用名称。

二、简化通用名称应当简短、易懂、便于记忆、不易引起歧义，一般由2~5个汉字组成。

三、混配制剂简化通用名称一般按以下原则命名：

（一）采用产品中有效成分的通用名称全称、通用名称的词头或可代表有效成分的关键词组合而成。

农药有效成分通用名称的词头或关键词见附件4。同一有效成分不同形式的盐或相同化学结构的不同异构体，在简化通用名称中可以使用同一词头或关键词，不同之处在标签有效成分栏目中体现。

（二）有效成分的通用名称、词头或关键词之间插入间隔号，以反映混配制剂中有效成分种类的数量。

（三）有效成分的词头或关键词按照通用名称汉语拼音顺序排序。简化通用名称含有某种有效成分通用名称全称的，应当将其置于简化通用名称的最后。

（四）简化通用名称应当尽量含有一种有效成分的通用名称全称，其选取基本原则如下：

1. 通用名称为 2~3 个汉字；

2. 与产品中其他有效成分相比，所选取的有效成分在我国生产、使用量相对较大；

3. 与产品中其他有效成分相比，所选取的有效成分在产品中所占的比例相对较大，或者潜在风险较高。

四、按照第三条命名导致简化通用名称与第二条的要求不相符的，按照以下顺序确定简化通用名称：

（一）调换有效成分通用名称的词头或关键词的排列顺序；

（二）以产品中所含有效成分通用名称的文字为基础，针对该种有效成分混配组合，调换有效成分通用名称的词头或可代表有效成分的关键词及其排列顺序；

（三）针对该种有效成分混配组合，选取与产品中所含有效成分通用名称无关的文字作为该种有效成分通用名称的代表关键词，其排列顺序也可以调整。

五、简化通用名称不得有下列情形之一：

（一）容易与医药、兽药、化妆品、洗涤品、食品、食品添加剂、饮料、保健品等名称混淆的；

（二）容易与农药有效成分的通用名称、俗称、剂型名称混淆的。

# 农业部、国家发展和改革委员会公告【第946号】

（2007 年 12 月 12 日　发布）

## 农药产品有效成分含量的管理规定

为进一步规范农药市场秩序，保护环境和维护农药消费者权益，促进农药行业发展，现就农药产品有效成分含量的管理作如下规定：

一、农药产品有效成分含量（混配制剂总含量）的设定应当符合提高产品质量、保护环境、降低使用成本、方便使用的原则。

二、农药产品有效成分含量设定应当为整数，常量喷施的农药产品的稀释倍数应当在 500～5 000 倍范围内。

三、国家标准或行业标准已对有效成分含量范围作出具体规定的，农药产品有效成分含量应当符合相应标准的要求。

四、尚未制定国家标准和行业标准，或现有国家标准或行业标准对有效成分含量范围未作出具体规定的，农药产品有效成分含量的设定应当符合以下要求：

（一）有效成分和剂型相同的农药产品（包括相同配比的混配制剂产品），其有效成分含量设定的梯度不得超过 5 个；

（二）乳油、微乳剂、可湿性粉剂产品，其有效成分含量不得低于已批准生产或登记产品（包括相同配比的混配制剂产品）的有效成分含量；

（三）有效成分含量≥10%（或 100g/L）的农药产品（包括相同配比的混配制剂产品），其有效成分含量的变化间隔值不得小于 5（%）或 50（g/L）；

（四）有效成分含量＜10%（或 100g/L）的农药产品（包括相同配比的混配制剂产品），其有效成分含量的变化间隔不得小于有效成分含量的 50%。

五、含有渗透剂或增效剂的农药产品，其有效成分含量设定应当与不含渗透剂或增效剂的同类产品的有效成分含量设定要求相同。

六、不经过稀释而直接使用的农药产品，其有效成分含量的设定应当以保证产品安全、有效使用为原则。

七、特殊情况的农药产品有效成分含量设定，应当在申请生产许可和登记时提交情况说明、科学依据和有关文献等资料。

自 2008 年 1 月 12 日起，不再受理和批准不符合本规定的农药产品的田间试验、农药登记和生产许可（批准）。不符合本规定的农药产品，已批准田间试验的，相关企业应当于 2009 年 1 月 1 日前办理田间试验变更手续；已批准生产或登记的，自 2009 年 1 月 1 日起，在申请生产许可（批准）延续、登记续展或正式登记时应当符合本规定。

## 国家发展改革委　农业部　国家工商总局
## 国家检验检疫总局　国家环保总局
## 国家安全监督总局　联合公告【2008 年第 1 号】

（2008 年 1 月 9 日发布）

### 关于停止甲胺磷等五种高毒农药生产流通使用的公告

为保障农产品质量安全，经国务院批准，决定停止甲胺磷等五种高毒农药的生产、流通、使用。现就有关事项公告如下：

一、五种高毒农药为：甲胺磷、对硫磷、甲基对硫磷、久效磷、磷胺，化学名称分别为：O，S-二甲基氨基硫代磷酸酯、O，O-二乙基-O-（4-硝基苯基）硫代磷酸酯、O，O-二甲基-O-（4-硝基苯基）硫代磷酸酯、O，O-二甲基-O-［1-甲基-2-（甲基氨基甲酰）］乙烯基磷酸酯、O，O-二甲基-O-［1-甲基-2-氯-2-（二乙基氨基甲酰）］乙烯基磷酸酯。

二、自本公告发布之日起，废止甲胺磷、对硫磷、甲基对硫磷、久效磷、磷胺的农药产品登记证、生产许可证和生产批准证书。

三、本公告发布之日起，禁止甲胺磷、对硫磷、甲基对硫磷、久效磷、磷胺在国内的生产、流通。

四、本公告发布之日前已签定有效出口合同的生产企业，限于履行合同，可继续生产至 2008 年 12 月 31 日，其生产、出口等按照《危险化学品安全管理条例》《化学品首次进口及有毒化学品进出口管理规定）等法律法规执行。

五、本公告发布之日起，禁止甲胺磷、对硫磷、甲基对硫磷、久效磷、磷胺在国内以单独或与其他物质混合等形式的使用。

六、各级发展改革（经贸）、农业、工商、质量监督检验、环保、安全监管等行政管理部门，要按照《农药管理条例》等有关法律法规的规定，加强对农药生产、流通、使用的监督管理。对非法生产、销售、使用甲胺磷、对硫磷、甲基对硫磷、久效磷、磷胺的，要依法进行查处。

## 工业和信息化部　环境保护部　农业部
## 国家质量监督检验检疫总局　联合公告
## 【工联产业政策（2010）第1号】

（2010 年 8 月 26 日）

### 农药产业政策

为贯彻落实《农药管理条例》和《国务院关于印发石化产业调整和振兴规划的通知》的要求，规范和引导我国农药产业健康、可持续发展，制定了《农药产业政策》，现予以公告。

农药是重要的农业生产资料和救灾物资，对防治农业有害生物，保障农业丰收，提高农产品质量，确保粮食安全，以及控制卫生、工业等相关领域的有害生物起着不可或缺的作用。经过半个多世纪的发展，我国农药的生产能力和产量已经处于世界前列，不仅能够满足国内农业和相关领域的需求，而且成为全球重要的农药生产和出口国。但是，在农药工业快速发展中，存在重复建设严重、产能过剩、行业结构性矛盾突出、经营秩序混乱等问题，影响了农药工业的可持续发展。

为加快农药工业产业结构调整步伐，增强农药对农业生产和粮食安全的保障能力，引导农药工业持续健康发展，依据国家相关法律法规，特制定本政策。

## 第一章　政策目标

**第一条**　确保农业生产和环境生态安全。通过政策的制定和实施，提高农药对粮食等作物生产的保障能力，确保农业生产和农产品质量安全，确保环境生态安全，促进农药行业持续健康发展。

**第二条**　控制总量。全面权衡国内外需求、经济效益与社会、资源、环境等关系，坚持适时、适度、有序发展的原则，遏制追求局部利益、忽视资源消耗、造成环境污染的盲目扩张和重复建设行为，严格控制农药生产总规模，将农药工业的发展模式由量的扩张转向质的提高。

**第三条**　优化布局。促使各地区农药工业合理定位、协调发展。大力推动产业集聚，加快农药企业向专业园区或化工聚集区集中，降低生产分散度，减少点源污染。到2015年，力争进入化工集中区的农药原药企业达到全国农药原药企业总数的50%以上，2020年达到80%以上。

**第四条**　加速组织结构调整。大力推进企业兼并重组，提高产业集中度；优化产业分工与协作，推动以原药企业为龙头，建立完善的产业链合作关系。促使农药工业朝着集约化、规模化、专业化、特色化的方向转变。到2015年，农药企业数量减少30%，国内排名前20位的农药企业集团的销售额达到全国总销售额的50%以上，2020年达到70%以上。

**第五条**　加快工艺技术和装备水平的提升。严格生产准入，加大技术改造力度，提高新技术和自动化在行业中的应用水平。

到 2015 年制剂加工、包装全部实现自动化控制；大宗原药产品的生产 70% 实现生产自动化控制和装备大型化，2020 年达到 90% 以上。

**第六条** 提高企业创新能力。进一步夯实创新基础，完善现有农药创新体制和机制，强化知识产权导向，推动农药创新由国家主导向企业或产学研相结合转变。到 2015 年，国内排名前十位的农药企业建立较完善的创新体系和与之配套的知识产权管理体系，创新研发费用达到企业销售收入的 3% 以上，2020 年达到 6% 以上。

**第七条** 降低农药对社会和环境的风险。严格农药安全生产和环境保护，强化工艺创新和污染物治理技术的研发与应用，推进清洁生产和节能减排；加快高安全、低风险产品和应用技术的研发，逐步限制、淘汰高毒、高污染、高环境风险的农药产品和工艺技术；建立和完善农药废弃物处置体系，减轻农药废弃物对环境的影响。到 2015 年，污染物处理技术满足环境保护需要，"三废"排放量减少 30%，副产物资源化利用率提高 30%，农药废弃物处置率达到 30%。到 2020 年，"三废"排放量减少 50%，副产物资源化利用率提高 50%，农药废弃物处置率达到 50%。

**第八条** 规范市场秩序。强化市场监管，规范市场行为，提高监管效率。推进诚信建设，提高行业自律水平，维护公平竞争环境；实施名牌战略，着力培养主导品牌，提高其市场份额。到 2015 年，在农药市场中拥有驰名商标的农药产品的销售额达到全国农药总销售额的 30% 以上，2020 年达到 50% 以上。

**第九条** 充分发挥市场配置资源、政府宏观调控与中介组织协调的协同作用。理顺和完善农药市场调控、法规管理和中介协调体系，创造公平竞争、充分协调和管理高效的市场环境。

## 第二章　产业布局

**第十条**　综合考虑地域、资源、环境和交通运输等因素调整农药产业布局。通过生产准入管理，确保所有农药生产企业的生产场地符合全国主体功能区规划、土地利用总体规划、区域规划和城市发展规划，并远离生态环境脆弱地区和环境敏感地区。

**第十一条**　新建或搬迁的原药生产企业要符合国家用地政策并进入工业集中区，新建或搬迁的制剂生产企业在兼顾市场和交通便捷的同时，鼓励进入工业集中区。

**第十二条**　对不符合农药产业布局要求的现有农药企业原则上不再批准新增品种和扩大生产能力，推动其逐步调整、搬迁或转产。

**第十三条**　严格控制产能过剩地区新增农药厂点和盲目新增产能，限制向中西部地区转移产能过剩产品的生产。引导中、西部地区发展适合本地资源条件、符合当地市场需求的产品。

## 第三章　组织结构

**第十四条**　完善相关法律法规和政策，鼓励优势企业对其控股、参股、联营、兼并、重组的企业进行生产要素重组和统一品牌经营；支持优势企业异地扩展优势产品生产能力，发展主导品牌；推动社会资源向优势企业集中，支持优势企业做大做强。

**第十五条**　在法律法规允许的范围内，促进知识产权、农药登记资料等无形资产合理流动和转移，推动农药行业调整、优化生产要素，实现集约化、规模化生产。

**第十六条**　支持农药生产企业跨地区合理利用生产要素，推动已取得相同产品的登记和生产许可的企业间委托生产。

**第十七条**　建立和完善原药去向备案制度，推动原药企业与制剂企业通过产品链建立长期稳定的分工、合作关系，形成战略联盟，共创品牌，净化市场。

**第十八条** 完善农药企业退出机制。通过严格行业准入条件和限制过剩、淘汰落后，拓宽生产要素合理流动和整合的渠道，完善相关引导政策和退出补偿机制，加快产品结构不合理、技术装备落后、管理水平差、环境污染严重的农药企业退出市场。

## 第四章 产品结构

**第十九条** 国家通过科技扶持、技术改造、经济政策引导等措施，支持高效、安全、经济、环境友好的农药新产品发展，加快高污染、高风险产品的替代和淘汰，促进品种结构不断优化。

**第二十条** 重点发展针对常发性、难治害虫、地下害虫、线虫、外来入侵害虫的杀虫剂和杀线虫剂，适应耕作制度、耕作技术变革的除草剂，果树和蔬菜用新型杀菌剂和病毒抑制剂，用于温室大棚、城市绿化、花卉、庭院作物的杀菌剂，种子处理剂和环保型熏蒸剂，积极发展植物生长调节剂和水果保鲜剂，鼓励发展用于小宗作物的农药、生物农药和用于非农业领域的农药新产品。

大力推动农用剂型向水基化、无尘化、控制释放等高效、安全的方向发展，支持开发、生产和推广水分散粒剂、悬浮剂、水乳剂、微胶囊剂和大粒剂（片剂）等新型剂型，以及与之配套的新型助剂，降低粉剂、乳油、可湿性粉剂的比例，严格控制有毒有害溶剂和助剂的使用。鼓励开发节约型、环保型包装材料。

**第二十一条** 加强非农用市场的研究，积极开发适销对路的产品和使用技术，拓展农药应用范围，满足国民经济相关领域的需求。

**第二十二条** 国家适时发布鼓励、限制、淘汰的农药产品目录，并通过土地、信贷、环保等政策措施严格控制资源浪费、"三废"排放量大、污染严重的农药新增产能，禁止能耗高、技术水平低、污染物处理难的农药产品的生产转移，加快落后产品淘汰。

## 第五章　技术政策

第二十三条　支持和鼓励企业运用新技术和新装备，加快技术进步，提高信息化水平，实现生产连续化、控制自动化、设备大型化、管理现代化。

第二十四条　重点支持农药核心技术、关键共性技术的开发和应用，加强高效催化、高效纯化、定向合成、手性异构体深度利用、生物技术的应用，加快低溶剂化、水基化、缓释化制剂及高效、经济的"三废"治理等技术的研发与推广。

第二十五条　国家继续将农药作为高新技术产业，在基础平台建设、创新体系完善和新品种创制等方面给予扶持；支持企业建立技术中心，与研究单位、高等院校等组成产学研实体。国家组织制定《农药工业技术发展指南》，引导企业、科研单位和高等院校开展有针对性的创新工作。

第二十六条　鼓励农药企业采用投资、合资、合作、并购等方式到境外设立技术研发机构，广泛吸纳国际先进技术和优秀人才。支持企业、研究单位到海外申请专利、登记产品和注册商标。

第二十七条　完善知识产权管理机制，从科研、生产到销售、出口等环节，强化知识产权意识，提升农药企业知识产权的创造、运用和保护能力。

第二十八条　国家结合农药行业发展情况，适时更新和发布鼓励、限制和淘汰的工艺技术与装备目录，引导和规范投资，促进技术进步，提高行业整体水平。

第二十九条　在农药行业全面推行 ERP（企业资源计划，如 SAP）等信息管理体系，全面提高农药企业信息化管理水平。

## 第六章　生产管理

**第三十条**　国家对农药生产实行准入管理、对农药产品实行登记和生产许可制度，未经核准的企业不得从事农药生产，未取得登记和生产许可的产品不得生产、销售、出口和使用。农药生产和登记管理部门应及时向社会公布农药企业核准、延续核准、产品登记和生产许可信息。

**第三十一条**　国家对农药企业生产升级和新增生产类型以及企业搬迁视同新开办农药厂点实行准入管理。

**第三十二条**　建立包括农药准入许可、生产、销售、环保、出口、诚信记录、知识产权等相关内容的农药企业信息库，逐步实现工业、农业、环保、工商、质检、海关、统计、知识产权等相关部门的信息资源共享，提高管理效率。

**第三十三条**　农药企业要建立健全从原料购进到产品销售、出口全过程的相关数据档案，完善产品质量的可追溯制度。

**第三十四条**　建立和完善国家防灾减灾农药储备和预警机制，加大农药淡季储备投入，提高应对突发自然灾害的能力。完善税收和信贷政策，根据国内外市场变化和淡旺季节差异，调节农药进出口，确保农药市场供应。

**第三十五条**　规范并加强农药产品质量标准的制定和管理工作体系，确保农药产品标准制定科学、统一。积极推动标准的制定、修订和完善，并加大标准贯彻执行力度，确保产品质量。

**第三十六条**　加强统计工作，确保农药统计数据的真实、准确。农药生产企业要按照《中华人民共和国统计法》的要求，严格执行国家统计制度，认真按照统计指标含义和填报要求，准确填报统计数据。生产主管部门要协助统计部门做好农药生产统计工作。行业协会要协助统计部门加强数据审核工作。为农药法律法规、行业规划、产业政策、标准规范等制定和实施提供决策依据。

## 第七章 进出口管理

**第三十七条** 改进农药进出口管理制度。加强出口农药的生产准入、生产许可和登记审核。禁止环保不达标的企业生产和出口农药。限制或禁止列入"双高"目录的农药产品进出口。

**第三十八条** 强化农药外贸企业的相关资质审查，鼓励农药外贸企业和合法农药生产企业建立稳定的合作关系。严禁借证、套证等非法出口行为。

**第三十九条** 完善原药和制剂产品的相关税收政策，鼓励农药深加工产品出口，提高附加值和出口竞争力。制定限制高污染、高环境风险农药产品出口的相关税收政策，优化农药产品出口结构。

**第四十条** 加强进口农药的原产地标识、登记和产品质量等管理，确保消费者的知情权和市场公平竞争。

**第四十一条** 建立农药产品进出口信息平台和预警机制，加强农药国际交流和国际农药发展态势研究，积极应对国际贸易摩擦，保护企业合法权益。

**第四十二条** 健全相关风险基金、信用担保、投融资机制，支持有条件的农药生产企业到境外兼并重组、扩展生产能力，拓展国际市场。

## 第八章 市场规范

**第四十三条** 推动农药市场监管的有效整合，明确职责、合理分工，确保权力和责任统一，提高市场监管效率，维护公平竞争秩序。

**第四十四条** 建立并完善社会举报渠道和举报奖励制度，提高社会监督效率。

第四十五条　加强农药企业品牌建设和商标管理，实现由产品经营向品牌经营转变。鼓励企业实施品牌和商标发展战略，充分发挥优势农药品牌的带动和引领作用，支持企业之间开展品牌联合或整合经营，扩大优势品牌的市场份额。

第四十六条　鼓励创新营销模式和开发安全、环保的农药使用技术，强化企业对农药使用的指导，提高科学用药水平，减少农药的浪费及其对环境的污染。

第四十七条　建立和完善重大事故应急处置制度和机制。试行问题产品召回、处置制度和损失赔偿基金制度。

## 第九章　中介组织

第四十八条　支持相关行业协会、商会、咨询机构和产品检测、认证机构等中介组织的建设，完善组织体系和服务定位。鼓励农药企业积极加入行业协会、商会等中介组织。

第四十九条　大力发挥行业协会、商会等社会中介组织在有关农药规划、政策制定、生产和进出口、贸易争议及知识产权保护中的作用，进一步完善政府征询、购买服务、工作委托等制度，提高中介组织的参与度和影响力。

第五十条　支持行业协会、商会围绕规范市场秩序，健全各项自律性管理制度、约束机制和行业协调机制，提高行业自律水平。制订并组织实施行业职业道德准则，大力推动行业诚信建设，维护公平竞争的市场环境。

行业协会、商会等中介组织应建立和完善信息统计与发布、技术开发与交流、知识产权咨询、管理创新、人才培养、进出口协调、贸易促进、争端与摩擦协调等服务平台，提高服务水平和质量。

第五十一条　大力推动合法检测和认证机构的检测、认证结果在各部门的平等认同工作，积极维护检测、认证机构的第三方公正地位。

## 第十章 社会责任

第五十二条 严格执行国家和地方相关环境保护、污染治理和清洁生产、农药管理等法律法规、标准及总量控制要求，完善污染预防和治理措施，努力降低农药企业产污强度，严格控制污染物排放，定期开展清洁生产审核工作，全面改善农药生产对环境和社会的影响。

第五十三条 加快农药工业综合能耗、资源消耗、污染物排放等标准的制定，加强综合利用，提高资源利用率。

第五十四条 鼓励和支持农药企业使用可循环、环保的包装材料，强化农药企业回收处理过期、废弃农药和包装物的责任，支持有条件的企业回收处理农药废弃包装物，减少农药废弃物的污染。

第五十五条 推动"责任关怀"体系建设，建立评定标准、评价指标以及有效的监查、评估和约束机制。建立和完善环境污染责任保险制度。

第五十六条 加快农药行业诚信体系建设，开展农药企业信用评级，引导农药企业遵守商业道德、诚信经营、提高服务质量和水平。

第五十七条 农药企业应当履行社会责任，积极配合国家应对自然灾害或突发事件，服从国家在特殊时期的计划安排、调拨和征用。

## 第十一章 其 他

第五十八条 国家制定农药产业政策和农药工业发展规划，加强和规范行业管理，引导行业健康、有序和可持续发展。

各地农药生产主管部门，应贯彻执行国家农药产业政策和农药工业发展规划，并根据本地实际情况，制定本地区农药工业发展规划，指导本地农药工业的发展。

**第五十九条** 有关农药管理部门要按照《农药管理条例》和相关法律法规，各司其职，加强部门间沟通与协调，形成合力，提高管理效率。

**第六十条** 境外投资者在中国内地投资农药工业的，按本政策的规定执行。

**第六十一条** 本政策自发布之日起实施，由工业和信息化部、农业部、环境保护部、质检总局依据各自职责分工负责解释，并根据产业发展情况会同有关部门及时进行修订。

## 农业部、工业和信息化部　联合公告【第1158号】
### （2009年2月25日发布）
### 农药产品有效成分含量管理补充规定

为进一步规范农药市场秩序，贯彻实施农业部、国家发展和改革委员会联合发布的第946号公告精神，现就农药产品有效成分含量的管理做如下补充规定：

一、按照第946号公告关于有效成分含量梯度设定和间隔值确定的原则，对阿维菌素等47个农药品种的单制剂产品部分有效成分含量做出规定（见附件1）。已取得农药田间试验批准证书和已批准登记的相关农药产品，其有效成分含量与附件1规定不符的，应当按照相近原则和本公告第四条的规定进行有效成分含量变更。新增登记的农药产品，其有效成分含量与附件1规定不符的，按照第946号公告规定的有效成分含量梯度设定和间隔值确定的原则审批。

二、已批准登记的农药产品，其有效成分含量不符合国家标准或行业标准要求的，应当按照相近原则和本公告第四条的规定进行有效成分含量变更。新增登记的农药产品，其有效成分含量优于国家标准或行业标准要求的，按照第946号公告规定的有效成分含量梯度设定和间隔值确定的原则审批。

三、自本公告发布之日起，停止批准有效成分含量低于30%的草甘膦水剂登记。已取得农药田间试验批准证书和已批准登记的草甘膦水剂，其有效成分含量低于30%的，应当按照相近原则和本公告第四条（一）、（三）、（四）项的规定，在2009年12月31日前进行有效成分含量变更。逾期不再保留其农药田间试验批准证书、农药登记证、农药临时登记证和农药生产批准证书。

四、农药产品有效成分含量变更按以下程序和要求进行。

（一）已取得农药田间试验批准证书而尚未申请登记的农药产品，在申请登记时进行有效成分含量变更。

（二）已批准临时登记的农药产品，在申请正式登记时进行有效成分含量变更；已批准正式登记的农药产品，在申请续展登记时进行有效成分含量变更。

（三）生产企业在农药登记证有效成分含量变更后，相应的批准证书或生产许可证可在申请换证或更名的时候申请变更。

（四）生产企业在进行农药产品有效成分含量变更时，应当提交以下资料：

1. 农药产品有效成分含量变更申请表；

2. 变更后的农药产品质量标准、标准编制说明；

3. 变更后的农药产品质量检测报告（省级以上法定质量检测机构出具）；

4. 变更后的农药产品标签样张。农药产品毒性级别按照已批准登记的相同农药产品毒性级别标注。如需变更农药产品毒性级别，生产企业应当重新提交毒理学资料；

5. 需调整农药产品登记使用剂量的，应当提供相关试验资料。

五、本公告未涉及的其他已批准登记的农药产品,其有效成分含量不需要变更。新增登记农药产品和已批准登记农药产品有效成分含量相同的,按照有关规定审批。新增登记农药产品和已批准登记农药产品有效成分含量不同的,按照第 946 号公告规定的有效成分含量梯度设定和间隔值确定的原则审批。

六、卫生杀虫剂等不经过稀释而直接使用的农药产品,其有效成分含量及梯度设定可根据实际应用情况而定。混配制剂产品的有效成分含量管理规定另行制定。

七、已批准登记的农药产品按照本公告规定进行有效成分含量变更的,变更前按原农药登记证、农药临时登记证、农药生产批准证书已生产的农药产品,在其产品质量保证期内可以销售和使用。

八、新增登记和生产许可的农药产品,其有效成分含量原则上统一以质量百分含量(%)表示。

九、已在境外取得登记的农药产品,其有效成分含量与本公告规定不符的,生产企业可申请保留其农药登记证和农药生产批准证书或生产许可证书。


## 农业部　工业和信息化部　环境保护部 国家工商行政管理总局　国家质量监督 检验检疫总局　联合公告【第 1586 号】

(2011 年 6 月 15 日发布)

### 高毒农药采取进一步禁限用管理措施

为保障农产品质量安全、人畜安全和环境安全,经国务院批准,决定对高毒农药采取进一步禁限用管理措施。现将有关事项公告如下：

一、自本公告发布之日起，停止受理苯线磷、地虫硫磷、甲基硫环磷、磷化钙、磷化镁、磷化锌、硫线磷、蝇毒磷、治螟磷、特丁硫磷、杀扑磷、甲拌磷、甲基异柳磷、克百威、灭多威、灭线磷、涕灭威、磷化铝、氧乐果、水胺硫磷、溴甲烷、硫丹等 22 种农药新增田间试验申请、登记申请及生产许可申请；停止批准含有上述农药的新增登记证和农药生产许可证（生产批准文件）。

二、自本公告发布之日起，撤销氧乐果、水胺硫磷在柑橘树，灭多威在柑橘树、苹果树、茶树、十字花科蔬菜，硫线磷在柑橘树、黄瓜，硫丹在苹果树、茶树，溴甲烷在草莓、黄瓜上的登记。本公告发布前已生产产品的标签可以不再更改，但不得继续在已撤销登记的作物上使用。

三、自 2011 年 10 月 31 日起，撤销（撤回）苯线磷、地虫硫磷、甲基硫环磷、磷化钙、磷化镁、磷化锌、硫线磷、蝇毒磷、治螟磷、特丁硫磷等 10 种农药的登记证、生产许可证（生产批准文件），停止生产；自 2013 年 10 月 31 日起，停止销售和使用。

# 农业部公告【第 2032 号】

*（2013 年 12 月 9 日发布）*

## 农业部对 7 种农药采取进一步禁限用管理措施

为保障农业生产安全、农产品质量安全和生态环境安全，维护人民生命安全和健康，根据《农药管理条例》的有关规定，经全国农药登记评审委员会审议，决定对氯磺隆、胺苯磺隆、甲磺隆、福美胂、福美甲胂、毒死蜱和三唑磷等 7 种农药采取进一步禁限用管理措施。现将有关事项公告如下。

一、自 2013 年 12 月 31 日起，撤销氯磺隆的农药登记证，自 2015 年 12 月 31 日起，禁止氯磺隆在国内销售和使用。

二、自 2013 年 12 月 31 日起，撤销胺苯磺隆单剂产品登记证，自 2015 年 12 月 31 日起，禁止胺苯磺隆单剂产品在国内销售和使用；自 2015 年 7 月 1 日起撤销胺苯磺隆原药和复配制剂产品登记证，自 2017 年 7 月 1 日起，禁止胺苯磺隆复配制剂产品在国内销售和使用。

三、自 2013 年 12 月 31 日起，撤销甲磺隆单剂产品登记证，自 2015 年 12 月 31 日起，禁止甲磺隆单剂产品在国内销售和使用；自 2015 年 7 月 1 日起撤销甲磺隆原药和复配制剂产品登记证，自 2017 年 7 月 1 日起，禁止甲磺隆复配制剂产品在国内销售和使用；保留甲磺隆的出口境外使用登记，企业可在 2015 年 7 月 1 日前，申请将现有登记变更为出口境外使用登记。

四、自本公告发布之日起，停止受理福美胂和福美甲胂的农药登记申请，停止批准福美胂和福美甲胂的新增农药登记证；自 2013 年 12 月 31 日起，撤销福美胂和福美甲胂的农药登记证，自 2015 年 12 月 31 日起，禁止福美胂和福美甲胂在国内销售和使用。

五、自本公告发布之日起，停止受理毒死蜱和三唑磷在蔬菜上的登记申请，停止批准毒死蜱和三唑磷在蔬菜上的新增登记；自 2014 年 12 月 31 日起，撤销毒死蜱和三唑磷在蔬菜上的登记，自 2016 年 12 月 31 日起，禁止毒死蜱和三唑磷在蔬菜上使用。

# 参考文献

[1] 安凤春，莫汉宏，郑明辉，等.化学农药污染土壤植物修复中的环境化学问题 [J].环境化学，2003（05）：420－424.

[2] 曹翠玲.浅谈有机磷农药中毒的治疗 [J].临床急诊杂志，2005，6（6）：37－38.

[3] 陈齐斌，季玉玲.化学农药的安全性评价及风险管理 [J].云南农业大学学报，2005，20（1）：99－106.

[4] 陈庆园，黄刚，商胜华.烟草农药残留研究进展 [J].安徽农业科学，2008，36（11）：4575－4576.

[5] 陈荣华，张祖清，肖先仪，等.烟草农药使用过程中存在的问题及对策 [J].江西植保，2006，29（4）：187－190.

[6] 陈铁春，周慰.我国农药 GLP 建设管理与发展 [J].农药科学与管理，2009，30（6）：14－16.

[7] 陈喜劳，黄军定.提高农药使用安全性的思考 [J].广东农业科学，2006，（8）：58－59.

[8] 程燕，周军英，单正军，等.国内外农药神态风险评价研究综述 [J].农药生态环境，2005，21（3）：62－66.

[9] 程占省，李松岭，孙保方，等.科学施用农药防止烟叶污染 [J].河南农业科学，1999（2）：20－21.

[10] 戴奋奋，袁会珠，等.植保机械与施药技术规范化 [M].北京：中国农业科学技术出版社，2002.

[11] 方壮衡.急性有机磷、有机氮农药混合中毒的抢救 [J].国际医药卫生导报，2003，9（8）：54－55.

[12] 高桂枝，王圣巍，王俏，等.残留农药污染危害及其防治 [J].延安大学学报，2002，21（1）：52－55.

[13] 高仁君，陈隆智，张文吉.农药残留急性膳食风险评估研究进展 [J].食品科学，2007（02）：363－367.

[14] 高仁君，陈隆智，郑明奇，等.农药对人体健康影响的风险评估 [J].农药学报，2004，6（3）：8－14.

[15] 郭武棣.农药剂型加工丛书（第三版）—液体制剂 [M].北京：化学工业出版社，2003.

[16] 郝保平，于志勇.当前农药使用中存在的主要问题与对策探讨 [J].山西农业科学，2007，35（1）：58－60.

[17] 韩丽娟，顾中言，王强，等.农药复配与复配农药 [M].南京：江苏办科学技术出版社，1994.

[18] 胡坚.烟草上农药使用存在的问题 [J].植物医生，2006，19（5）：45.

[19] 胡艳，王开运，许学明，等，烯酰吗啉对我国烟草黑胫病菌的毒力研究 [J].农药学学报，2006，8（4）：339－343.

[20] 花日茂，汤桂兰，李学德，等.几种农药在烟草上的消解动态与复合效应 [J].中国环境科学，2003，23（4）：440－443.

[21] 黄琼辉.澳大利亚 GLP 概况与我国农药 GLP 建设的几点思考 [J].福建农药科技，2007，（5）：84－85.

[22] 黄韶清.杀鼠剂中毒的诊断与治疗 [J].急症医学，2008，9（4）：272－274.

[23] 李安，潘立刚，王纪华，等.农药残留加工因子及其在膳食暴露评估中的应用 [J].食品安全质量检测学报，2014，（02）：34－37.

[24] 李斌，龚国淑，周修勇，等.6 种杀菌剂对烟草黑胫病菌的毒力测定 [J].烟草科技，2009，1：64－66.

［25］李梅云.烟草野火病病原菌对农用链霉素的抗药性测定［J］.中国农学通报，2007，23（12）：328－332.

［26］李梅云，祝明亮.烟草赤星病菌对菌核净的抗药性测定［J］.西南农业学报，2007，20（3）：412－416.

［27］李琦，何鹏.急性有机磷农药中毒急救分析［J］.中国实用医药，2010，5（3）：129－130.

［28］李秋华.农药对环境的污染与防治对策［J］.山东环境，2003，（6）：37－38.

［29］李义强，王凤龙，米建华.烟草农药的科学使用［J］.烟草科技，2004，（6）：46－48.

［30］李岳军，李敬，温红伟.有机氯杀虫农药的中毒与救治［J］.植物医生，2002，15（4）：39－40.

［31］李应全.烟草农药复配剂筛选与应用技术研究［D］.杭州：浙江大学，2005.

［32］梁桂梅.农民安全科学使用农药必读［M］.北京：化学工业出版社，2010.

［33］梁震，黄耀师.农药安全评价与 GLP［J］.农药，2000，39（12）：45－46.

［34］林孔勋，杀菌剂毒力学［M］.北京：中国农业出版社，1995：101－140.

［35］凌世海.农药剂型加工丛书（第三版）—固体制剂［M］.北京：化学工业出版社，2003.

［36］刘光学，乔雄梧，陶传江，等.农药残留试验准则.中华人民共和国农业部，2004：1.

［37］刘君丽，陈亮，孟玲.疫霉病害的发生与化学防治研究进展［J］.农药，2003，42（4）：13－15.

［38］刘明，张红欣，王其新.急性有机磷农药中毒的药物治疗新进展及最新用药注意事项［J］.中国医学文摘.内科学，

1998，19（6）：621-622.

[39] 刘苏. GLP 管理推中国农药加速国际化 [J]. 农药市场信息，2008，（19）：7.

[40] 刘毅华，杨仁斌，肖曲，等. 三唑酮水解动力学研究 [J]. 农业环境科学学报，2004，（06）：1133-1135.

[41] 刘勇，周冀衡. 烤烟农药残留的来源分析及解决方案 [J]. 作物研究，2009，23：167-171.

[42] 刘政. 农药的开发与安全性的评价 [J]. 化工劳动保护，1990，11（4）：184-186.

[43] 卢洪秀，程杰，花日茂. 化学农药的风险评价 [J]. 安徽农业科学，2008，36（24）：10660-10662.

[44] 卢中秋，杜园园，黄唯佳，程俊彦，等. 混合农药急性中毒的诊断与治疗 [J]. 临床急诊杂志，2003，4（3）：21-22.

[45] 马国胜. 烟草黑胫病菌生理生态及对甲霜灵抗性监测与遗传研究 [D]. 安徽农业大学，2002，86-87.

[46] 马奇祥，赵永谦，张玉聚，等. 农田杂草识别与防除原色图谱 [M]. 北京：金盾出版社，2009.

[47] 马忠玉. 西欧的综合农药研究述评 [J]. 农药环境与发展. 1997，（2）：1-4.

[48] 孟凡乔，周陶陶，丁晓雯，等. 食品安全性 [M]. 北京：中国农业大学出版社，2004：55-58.

[49] 孟凡乔，周陶陶，丁晓雯. 食品安全性 [M]. 北京：中国农业出版社，2005，222-231.

[50] 祁之秋，王建新，陈长军，等. 现代杀菌剂抗性研究进展 [J]. 农药，2006，45（10）：655-659.

[51] 邱小燕. 农药污染与生态环境保护 [J]. 现代农业科学，2008，15（8）：53-54.

[52] 单正军，陈祖义. 农产品农药污染途径分析 [J]. 农药

科学与管理, 2008, 29 (3): 40 - 49.

[53] 申荣艳, 刘学敏, 董长军, 等. 菌核净、代森锰锌及其混剂对烟草赤星病的菌毒力测定 [J]. 农药科学与管理, 2004, 25 (6): 24 - 27.

[54] 石利利. 三十烷醇在水体中的光解与水解特性 [J]. 农村生态环境, 1997, (04): 55 - 56.

[55] 时亮, 宁淑东, 丁佳, 等. 烟草中氨基甲酸酯农药残留量在卷烟烟气中捕集转移率的测定 [J]. 分析测试学报, 2001, 20 (4): 53 - 55.

[56] 谭成侠, 沈德隆, 翁建全, 等. 农药安全性评价在农药工业中的应用 [J]. 浙江化工, 2004, 35 (3): 9 - 11.

[57] 屠豫钦. 农药使用技术标准化 [M]. 北京: 中国标准出版社, 2001.

[58] 屠豫钦. 农药使用技术原理 [M]. 上海: 上海科学技术出版社, 1986.

[59] 屠豫钦. 农药科学使用指南 [M]. 北京: 金盾出版社, 2009.

[60] 屠豫钦. 植物化学保护与农药应用工艺 [M]. 北京: 金盾出版社, 2008.

[61] 王彬, 米娟, 潘学军, 等. 我国部分水体及沉积物中有机氯农药的污染状况 [J]. 昆明理工大学学报 (理工版), 2010, 35 (3): 93 - 99.

[62] 王刚, 王凤龙, 等. 烟草农药合理使用技术指南 [M]. 北京: 中国农业科学技术出版社, 2004.

[63] 王汉斌, 牛文凯, 刘晓玲. 急性氰化物中毒的诊治现状 [J]. 中国全科医学, 2009, 12 (10B): 1882 - 1884.

[64] 王汉斌, 赵德禄. 我国急性化学品中毒特点与救治现状 [J]. 中华内科杂志, 2006, 45 (8): 619 - 620.

［65］王捷，罗红哗，宋宏宇.农药工业与安全评价［J］.农药，1999，38（10）：25-26.

［66］王津军，文国松，丁金玲，等.烟草农药残留研究进展及降低烟叶农药残留的探讨［J］.云南农业大学学报，2006，21（3）：329-332.

［67］汪军，黄俊生，张艳玲，等，植物病原物对杀菌剂的抗药性研究进展［J］.植物保护科技创新与发展，2006，127-130.

［68］王寿祥，徐寅良.利用微宇宙土芯研究六六六在环境中的动向［J］.科技通报，1985，1（4）：9-10.

［69］王万能，肖崇刚.烟草黑胫病的综合防治及其研究进展［J］.广西农业科学，2003（2）：42-44.

［70］王玉霞，赵晓宇，张先成，等.化学农药对环境的污染及生物整治措施［J］.国土与自然资源研究，2008，（4）：69-70.

［71］魏启文，陶岭梅，宋修伟.我国农药安全管理现状、机遇及发展对策［J］.农产品质量与安全，2011，（01）：11-14.

［72］吴春华，陈欣.农药对农区生物多样性的影响［J］.应用生态学报，2004，15（2）：341-344.

［73］吴谷丰，胡明月，徐剑波，等.农药安全性的模糊综合评价［J］.农业系统科学与综合研究，2001，17（2）：133-136.

［74］吴霞.农药残留分析及其与风险特性、摄入评估之间的关系［J］.世界农药，2003，25（2）：12-15.

［75］吴政庚，周从阳.急性有机磷农药中毒的治疗进展［J］.江西医药，2006（S1）：1148-1150.

［76］肖军，赵景波.农药污染对生态环境的影响及防治对策［J］.安徽农业科学，2005，33（12）：2376-2377.

［77］徐墨清.拟除虫菊酯农药急性中毒的诊断与治疗［J］.

蚌埠医药，1995，13（3）：47－48.

[78] 杨胜华.磷化铝熏蒸杀虫发生燃烧中毒及预防的探讨[J]，粮油仓储科技通讯，1999，（2）：28－31.

[79] 尹可锁，吴文伟，郭志祥等.保护地蔬菜病虫害发生及土壤农药残留污染状况.云南大学学报（自然科学版），2008，30（S1）：174－177.

[80] 袁玉伟，王强，朱加虹，等.食品中农药残留的风险评估研究进展[J].浙江农业学报，2011，（02）：394－399.

[81] 袁宗胜，张广民，刘延荣，等，烟草黑胫病菌对甲霜灵的敏感性测定.中国烟草科学，2001，（4）：9－12.

[82] 曾希柏，陈同斌.农用化学品对农业生态环境的影响及其防治[J].科技导报，2000，（4）：52－54.

[83] 詹祖仁，张文勤，罗盛健，等.化学农药污染问题及可持续森林保护对策[J].林业经济问题，2007，27（3）：280－283.

[84] 张承来，欧小明.植物病原物对杀菌剂的抗药性机制概述[J].湖南化工，2000，30（5）：7－10.

[85] 张晋，王汉斌.常见农药杀虫剂、杀鼠剂中毒的解毒治疗[J]，中国医刊，2008，43（1）：4－6.

[86] 张相汤，刘振玉.急性有机硫类农药中毒的诊治[J].赣南医学院学报，1994.4：297－298.

[87] 张学珍，董家行，郑淑清.农药使用存在的问题及对策[J].北京农业，2010，（21）：63－65.

[88] 张应芝.农药混配四原则[J].广西蚕业，2008，45（2）.

[89] 张永春，袁有波，关国经，等.贵州植烟区烟草农药使用现状调查[J].耕作与栽培，2006，（4）：32－33.

[90] 张振华.化学农药对蔬菜的污染及人体健康的危害[J].海峡预防医学杂志，2009，15（6）：59－60.

[91] 赵善欢.植物化学保护 [M].北京：农业出版社，1998：17 – 28.

[92] 郑永权，袁会珠.农药安全使用技术 [M].北京：中国农业大学出版社，2008.

[93] 中华人民共和国农业部.GB/T 19378—2003 农药剂型名称及代码 [S].北京：中国标准出版社，2003.

[94] 中民译.有关农药安全性评价信息数据库的开发 [J].农药译丛，1993，15（4）：36 – 38.

[95] 周明国.甾醇合成抑制剂杀菌剂抗性的研究 [J].农药，1987，（1）：27 – 28.

[96] 周真，路奎远，于辉.农药使用情况调查、存在的问题及建议 [J].农药科学与管理，2010，31（4）：18 – 21.

[97] 朱琳，佟玉洁.中国生态风险评价应用探讨 [J].安全与环境学报，2003，3（3）：22 – 24.

[98] 朱忠林.吡虫啉的光解、水解和土壤降解.江苏省农药学术研讨会论文集 [C].1997.

[99] 邹明强.农药与农药污染 [J].大学化学，2004，19（6）：1 – 8.

[100] Beyer E M, Duffy M J, Hay J V, et al. sulfonylurea herbicides [A] // Herbicide chemistry, degradation and mode of action, 1988. 117 – 189.

[101] Dry I B, Yuan K H, Hutton D G. Di-carboximide resistance in field isolates of alternaria alternate is mediated by a mutation in a two-component histidine kinase gene. Fungal Genetics and Biology, 2004, 41：102 – 108.

[102] Stein J M, Kirk W W. The generation and quantification of resistance to dimethomorph in phytophthora infestans. Plant Disease, 2004, 88（9）：930 – 934.